主　编　斯越秀

副主编　王忠华　俞　超　谭志文

编　者（按姓氏汉语拼音为序）

包永波　毛芝娟　斯越秀

谭志文　王忠华　俞　超　张　捷

高等院校生物类专业系列教材

基因工程实验技术

GENETIC ENGINEERING EXPERIMENT TECHNOLOGY
AND IMPLEMENTATTION TUTORIAL

与实施教程

ZHEJIANG UNIVERSITY PRESS
浙江大学出版社

图书在版编目（CIP）数据

基因工程实验技术与实施教程 / 斯越秀主编. —杭州：浙江大学出版社，2011.11(2025.1 重印)

ISBN 978-7-308-08842-8

Ⅰ.①基… Ⅱ.①斯… Ⅲ.①基因工程－实验－高等教育－教材 Ⅳ.①Q78-33

中国版本图书馆 CIP 数据核字（2011）第 134476 号

基因工程实验技术与实施教程

斯越秀　主编

责任编辑	周卫群	
封面设计	刘依群	
出版发行	浙江大学出版社	
	（杭州市天目山路 148 号　邮政编码 310007）	
	（网址：http://www.zjupress.com）	
排　　版	浙江时代出版服务有限公司	
印　　刷	浙江新华数码印务有限公司	
开　　本	787mm×1092mm　1/16	
印　　张	13.75	
字　　数	335 千	
版 印 次	2011 年 11 月第 1 版　2025 年 1 月第 10 次印刷	
书　　号	ISBN 978-7-308-08842-8	
定　　价	28.00 元	

前　言

　　基因工程是一门实验性很强的学科,近年来发展相当迅速,其任何进展都是以实验为基础的。基因工程方法与技术随着分子生物学的迅猛发展,已渗透到现代生命科学的各个分支领域,成为生物工程的核心技术。基因工程实验课程具有综合设计性和实践性强等特点,并且与农业、医药、环境、能源和食品等行业紧密结合,发展空间广阔。

　　近年来,我国高等教育改革步伐加快。21世纪的教育是开发人的创造力、想象力,培养创造能力、创新型人才的教育。根据新时代发展的需要,高等院校必须进行全面的教育改革,实现单一的验证理论向探索未知的转变;实现学科专业素质培养向综合素质教育的转变;实现侧重获取知识的教育向增强创造性教育的转变;实现学生被动接受知识向主动合作学习知识的观念转变。随着生命科学的迅猛发展和教育改革的不断深入,实验教学改革也在不断深化,构建相关实验的课程项目体系、改革实验教学模式及建立科学合理的实验考评考核方式是应用型人才培养的必要措施。本教材结合浙江省新世纪高等教育教学改革项目《以创新能力培养为导向的基因工程实验教学改革与探索》,浙江万里学院生物技术、生物工程专业实验教学体系建设,以及近十年的实践教学经验而编写,作为《分子生物学与基因工程》省级精品课程建设配套实验教材,是一本实用性较强的具有明显特色的基因工程实验教材。

　　《基因工程实验技术与实施教程》是新的教学形势催生的产物,不同于传统的基因工程实验指导书,本教材由基因工程实验技术教学组织实施形式、基因工程实验技术与原理、基础实验、综合设计实验和附录五部分组成,并全程体现实验教学方法的实施和运用。

　　教程中所选实验项目融入了教师多年的实验教学经验,收集了部分现代基因工程实验指导教材的精华,内容涵盖基因克隆、表达、表达产物检测与分析等基因工程基本实验领域,涉及基因组DNA提取、质粒提取、PCR扩增目的基因、酶切、酶切产物纯化、连接、转化、重组子筛选鉴定、目的蛋白的诱导表达等常用的基因工程基本技术以及电泳技术、层析技术、分光光度法等分离鉴定和分析手段。

　　特别是教材的第一部分介绍教学实施方案,第四部分综合设计实验融教学组织实施方式于教学内容中,有利于教师实验的组织实施、学生预习和复习实验,对基因工程实验课程进行设计性、开放式实验教学改革有很大帮助。整个实验内容的编写思路是以专业的实践技能和行业应用为导向,循序递进设置实验项目,突出实验教学内容的技能综合性、设计性、应用性与自主探索性,构建基础性实验——综合性设计性实验的教学内容体系。本教材是高校生物专业学生自主学习的良好基因工程实验教材。

　　基础实验部分介绍10个基因工程基础实验技术,侧重于实验原理的学习、方法的掌握和分析讨论,着重训练学生的基本基因操作实验技能,并通过实验技术加深对理论知识的理解。综合设计实验部分以目的基因的克隆和原核表达为训练项目，包含 4 个研究性、行业相关性的实验项目。每个实验项目包括实验目的、实验背景、实验设计要求、实验设计示例、结果展示、合作研讨题、实验设计及学习参考资料 7 个内容。教材内容的编排与具体的教学实施过程配套。教师在教学过程可针对每个实验项目提出实验目标，并将实验方法和重要参数告诉学生，然后要求学生查阅相关文献和资料，每组学生根据实验总要求，自行确定实验材料、自主设计实验技术路线并提交，指导教师审核后参考实验指导书中的相关步骤与方法进行实验，形成总结性材料，从而进一步培养学生综合运用各种分子生物学实验技术能力、分析与设计能力、逻辑思维能力。同时为适应自主式学习需要，每个实验项目提供了课后研讨题及学习参考资料，便于学生开展实验设计及实验讨论。

在附录中，收集了基因工程实验常用的一些数据、分子生物学常用试剂的配制方法、实验注意事项等，为从事综合性基因工程实验的师生们提供方便。

本书特色：(1)教材内容围绕基因的克隆与表达，循序递进设置实验项目，构建基础性实验——综合性设计性实验的教学内容体系，明确基因的克隆与原核表达的实验教学技能体系。(2)教材中穿插了实验教学组织形式，便于教师实验教学的开展。综合性设计性实验项目的编写以专业的实践技能和行业应用为导向，以鼓励和培养学生自己动手、开发创新的精神为主导，在编写实验项目和内容的同时，更体现教学方法的改革和创新。(3)提供了实验的参考资料，有利于学生开展自主学习和自主设计实验。(4)提供实验研讨要求和题目，引导学生之间互相分析讨论实验全过程。

本教材主要针对地方本科院校、应用型人才培养目标而设计编写，也可供其他理工科高等院校的生命科学、生物技术、生物工程等专业学生及相关领域的科技人员使用。

本教材由斯越秀、王忠华、俞超、谭志文、毛芝娟、包永波、张捷等老师参与编写，借鉴兄弟院校基因工程实验教材经验，供我院开设的各专业选用。借此出版机会，表示由衷的感谢！

本书作为生物技术、生物工程专业课程实验教材，我们力求使之具备实验性、可操作性。但是由于主客观条件，限于我们的学识和水平，而且编写时间仓促，肯定有不少缺点和错误，敬请各位老师与同学提出宝贵意见，帮助我们不断改进教学，谢谢！

编　者

2011 年 6 月

目 录

第一部分 基因工程实验技术教学组织实施形式

一、实验学习目标

《基因工程实验技术与实施教程》是以渐进式训练学生基因工程基础实验技能、学科研究综合设计技能为目标的实验教材。实验教学过程采用自主设计、全程参与、研讨合作的实验教学模式。通过实验前查阅资料和自主设计实验的要求,提高学生的创新意识,培养学生的创新能力和实验设计能力;通过学生准备实验和全程参与实验过程,培养学生掌握分子生物学实验的基本技术,规范操作技能,强化动手能力;通过学生之间相互合作、讨论和分析实验全过程的要求,培养学生分析研究问题的逻辑思维能力和团队合作精神。

基因工程实验技术课程开设的实验项目,包括基础性实验和综合设计性实验,通过这些实验项目的开设,以强化学生的分子生物学基本操作技能和综合应用能力,并达到以下目标:

1. 巩固和深化对分子生物学基本理论的理解,训练并掌握基因工程相关实验技术的基本操作技能,为今后专业学习和科研工作打下实验技能基础。

2. 通过基础实验的学习和操作,要求学生掌握基因组 DNA 的提取、PCR、质粒提取、酶切、连接、感受态细胞的制备、重组质粒的转化、重组子的鉴定、重组蛋白的诱导表达、目的蛋白的分离纯化、检测等基因工程基本实验技术。

3. 综合设计性实验以目的基因的克隆和原核表达为训练项目,培养学生综合运用各种分子生物学实验技术的能力,提高实验设计与分析能力,培养分析问题、解决问题和实践创新的能力。

二、实验学习要求

1. 课前预习:基础实验学习前明确实验目的、原理、方法及操作中的注意事项。综合设计实验部分学习前,务必对基因工程实验技术与原理部分做好学习,明确实验目标,了解实验背景,查阅资料,按照要求分组写好实验设计方案。

2. 实验过程:基础实验按照实验指导书所列步骤和要求实施实验操作,综合设计实验项目,鼓励学生综合所学知识开拓创新,可运用多种实验方法完成实验目标,也可根据指导书示例进行操作学习。

3. 实验结果与分析:真实记录实验结果数据,对结果要认真分析,得出结论;异常的结果要进行理论分析并找出原因。坚持实验的严肃性、严格性、严密性。

4. 讨论与报告:对实验结果进行分析研讨,写出实验报告或小论文,并汇报交流实验收获和知识拓展情况。

5. 注意事项:严格遵守大型精密仪器操作管理及实验室规则,防止各种事故发生;综合设计实验每个项目都是连续的实验,每次实验结束应注意妥善保管各自的实验产物,以便为下次实验提供材料保证。

三、实验教学组织实施流程

基因工程实验教学过程可把基础性实验融入综合设计性实验项目中,采取自主、开放、探索式实验教学方式,以"项目驱动"为主线,根据实际条件,开设几个综合设计性实验项目,让学生自主选择一个自己感兴趣的实验项目(每个项目 64 学时),自主设计实验方案,自主实施实验过程,教师仅起引导、辅助解疑的作用。综合设计性实验教学组织实施流程如下:

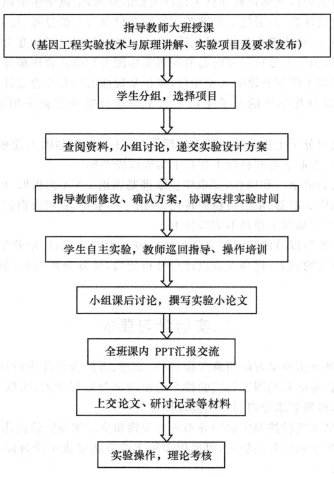

指导教师大班授课
(基因工程实验技术与原理讲解、实验项目及要求发布)

↓

学生分组,选择项目

↓

查阅资料,小组讨论,递交实验设计方案

↓

指导教师修改、确认方案,协调安排实验时间

↓

学生自主实验,教师巡回指导、操作培训

↓

小组课后讨论,撰写实验小论文

↓

全班课内 PPT汇报交流

↓

上交论文、研讨记录等材料

↓

实验操作,理论考核

(一)理论讲解与任务布置

第一次课,教师先发布实验项目,下达实验要求及项目完成的目标。教师把开展综合设计实验的总体思路、要求、方法和步骤告诉学生,让学生明确思想,做好准备。其次,教师简要讲解基因工程实验技术的基本原理,进行针对实验项目的理论辅导,使学生在设计和开展实验前具备分子克隆相关的理论基础,便于自主学习和设计。

(二)分组与项目选择

学生自由组合分组或教师按学号安排,一般 4 人为一组,学生根据自己的兴趣在教师发布的实验项目中选择一个开展实验。根据选定的实验项目指定相应的实验指导教师。

(三)实验方案设计与审核

学生在学习理论知识、查阅资料的基础上,写出实验设计方案。小组讨论每个组员的实验设计方案,最终形成小组的实验设计方案。老师审核实验设计可行性及修改后,进行实施训练。

(四)实验实施

各小组先填写预约,申请提交实验中心,审核通过后,学生可根据自己设计的实验方案,利用课余时间到实验室进行实验;实验后,清理实验室、检查水电、登记离开。这段时间实验室全天对学生开放,并为学生配备所需的实验材料、试剂和仪器等,以满足实验需要。在项目的实施过程中,小组成员可进行合理分工。

指导教师负责实验实施全过程的指导。在实训过程中老师全程指导并及时与学生交流,互动式探讨实验遇到的问题,并分析解决,将传统的"学生"和"教师"的角色转换为实验探索合作者,教师成为解决仪器应用培训、疑难问题提供协助者。

(五)实验总结

实验完成后,在教师指导下完成实验小论文的写作。重点强调 4 个方面的内容:实验意义;材料和方法;实验结果;分析讨论。论文完成后各小组制作演示汇报文稿(PPT),课堂上进行全班集中交流汇报演示。教师对学生每个汇报项目在给予肯定和积极鼓励的前提下,从设计内容、知识原理、演示文稿制作水平、发言水平以及对教师、学生所提出的质疑解答等方面进行点评,纠正及引导学生解决问题。通过讨论,鼓励学生学习的积极性及创新精神,引发同学深入思考,进一步提高学生掌握知识和技能能力。

因此,这一项目化训练从文献资料检索、阅读、思维能力、组织能力、计算机软件应用能力、口头表达能力、演讲能力、论文撰写能力、团结协作等多方面培养了学生综合能力,体现了合作式、自主探索式实验教学在培养综合素质应用型人才中的作用。

(六)上交材料

整个实验过程需上交的材料包括:文档一、基因工程实验设计方案(小组);文档二、基因工程实验报告(个人);文档三、基因工程实验任务分工(小组);文档四、实验研讨记录(小组);汇报 PPT(小组,电子版)。

(七)实验考核

为充分发挥评价的激励作用,提高实验教学效果,适合以能力培养为核心的实验教学模式,应建立既注重过程又注重结果的课程考核方法,以促进学生的全面发展。本教程是以实验实施的参与过程、技能提高、设计与研究能力、实验结果与分析能力等为观察点,作为考核评价的主要依据。具体指标如下:

1.实验设计:考核实验设计方案格式,可行性、创新性,参考文献资料等。

2.实验研讨:以小组为单位对本实验进行小组研讨,形成研讨成果,并定期在全班大组中进行讨论汇报。讨论评价以小组为单位。

　　3.实验小论文：每个综合设计实验项目形成一篇研究性小论文。评价实验论文格式、实验论文数据及图谱结果、实验讨论分析，引用文献，观点阐述等。

　　4.实验操作测评：确定每个基础实验知识点与技能点，明确测评内容和要求，考试时由学生抽取1个考题，当场操作完成，当场评定打分。

　　5.实验理论测试：针对实验原理和内容进行理论考试。

　　6.平时表现与出勤：出勤情况、实验前的准备、实验过程、实验后的清理等给予相应的成绩。

基因工程实验技术课程成绩构成表

构　　成	分　　值
实验设计	10
实验研讨	10
实验小论文	30
实验操作测评	15
实验理论测试	25
平时表现与出勤	10

四、实验报告要求

　　实验报告是做完每个实验后的总结，完全是根据自己的实验历程所撰写的，除小部分引用他人的文献之外，都必须是实际实验过程和结果的记录。每个人要写一份自己的实验报告，照片等结果可以打印附上。

　　实验报告或实验小论文的格式可参考科学期刊里的论文格式，要求写得合理、准确。

(一)封面

　　第一页为封面，依次写入实验课程、实验题目、组别、姓名、完成日期等信息。

(二)摘要与关键词

　　摘要包括研究的对象和主要目的；研究的主要内容；主要成果及意义。从摘要的内容可以知道：你利用什么材料与方法，做了什么研究，得到了怎样的结果，得出了什么结论。

　　关键词：3～5个不等。

(三)前言

　　简要说明实验的目的与目标。需要引用他人文献时要注明出处。注意引用的文献要尽可能是最新的文献，当然常规方法的引用文献除外。

(四)材料与方法

描述要简洁,写出实验的实际操作步骤,记录自己所操作的流程与条件,不要完全照抄实验讲义或论文上的内容,但要写清楚,以便他人能够重复。若使用已知的报告或论文中的方法,要加注出处(参考文献)。

(五)结果与讨论

结果是论文的核心之一,基本要求是表达清楚,前后连贯。应记录、陈述实际观察到的实验现象,简明点出获得的实验结果,而不是重复实验方法,也不是照抄实验书所列的应得到的实验结果。要详细记录实验现象的所有细节。切忌拼凑实验数据与结果。报告在实验中的真实发现是非常重要的,在科研中仔细观察,应特别注意未预期的实验现象。此外,实验数据要经过整理后,做成图表以便阅读,不要将原始资料完全抄录。请写出有意义的实验结果,但切勿遗漏重要结果。

图表一定要精确制作,正确而易懂的图表最有助于研究结果的阅读。图表都要加说明文字,好的图表只要阅读图表即可了解其实验结果。使用计算机软件作图,多参考别人如何安排图表内容,是最佳的学习方式。

一篇报告的分量主要反映在讨论这部分内容,讨论不是实验结果的重述,而是由结果所得到的观察,进一步综合分析,说明由结果所透露出来的信息。若有与事实或已知不符的现象,请仔细讨论或解释分析。讨论部分也可以包括对于实验设计的认识、体会和建议,以及对实验课改进的意见、对自己的实验质量作出的评价等。总之,这一部分最需要发挥专业实力与写作水平。

(六)参考文献

报告中若有引用他人方法与结果,一定要列出参考文献。编辑参考文献要多花时间,不可因为文献不好查或不易输入而随便应付。参考文献的写法相当复杂,不同期刊有不同的格式,但应注意在同一篇文章中统一用一种格式。

五、文档格式

文档格式详见格式一至格式四。

格式一

基因工程实验设计方案

项目名称					
专业班级		组别		组长	
小组其他成员					

一、项目研究意义（结合国内外研究、生产或市场现状）

二、研究的预期目标

三、实验总体流程

四、实验具体步骤(每个分步骤包括以下部分,尽可能详细)

1. 原理
2. 实验用品
(1)材料
(2)试剂
(3)仪器
3. 实验步骤

五、结果预测(查阅文献报告可能出现的结果)

六、参考文献

指导教师评阅意见

指导教师签名:_____

年   月   日

格式二

基因工程实验报告

实验名称: _____

班级组别: _____

学　　号: _____

姓　　名: _____

指导教师: _____

完成日期: _____

报告内容应包括:摘要、关键词、前言、材料与方法、结果与分析、参考资料。具体格式如下:

1.论文标题

一、二、三、四级标题分别采用 1、1.1、1.1.1、1.1.1.1 依次标出。如"1 前言、1.1 研究现状、1.1.1 国内研究现状"。标题文字为宋体小四加粗,数字为新罗马小四加粗,行距 1.5 倍,段前、段后间距设定为 0。与正文内容之间不空行。

2.正文内容

宋体小四,不加粗。行距 1.5 倍,两端对齐,每段首行缩进 2 字符。段与段之间不空行,段前、段后间距设定为 0。标点符号在中文状态下输入。

3.图表

图序及图名居中置于图的下方,图中的术语、符号、单位等应与正文表述所用一致;三线表,表序及表名置于表的上方,表中参数应标明量和单位的符号;图名、表名采用宋体五号,图序、表序为新罗马五号,加粗;表格中字体五号,左对齐,图表整体均要居中。若图或表中有附注,采用英文小写字母顺序编号,附注写在图或表的下方。如示例"表 1"。

表 1　海洋化能异养细菌类型

	革兰氏阳性菌	革兰氏阴性菌
1	产芽孢的棒状菌和球状菌	棒状菌和球状菌:好氧菌(假单胞菌科)
2	不产芽孢的棒状菌	兼性菌(弧菌科)
3	不产芽孢的球状菌	厌氧菌(还原硫酸盐细菌)

4.参考资料

列出在正文中被引用过的文献资料。按顺序,在引用句句末以上标的形式标注[1]、[2]……按文中引用的顺序,将参考文献附于文末。作者姓名写到第三位,余者写",等"或",et al"。文献正文采用 5 号宋体及新罗马字体,行距 1.5 倍,标点符号在英文状态下输入。几种主要参考文献著录表的格式为:

(1)书籍格式

[序号]作者著编.书名[M].出版地:出版社,出版年:起止页码.与后面文字间空一格。一行不够到下一行,不缩进。如:

[1]池振明著.现代微生物生态学[M].北京:科学出版社,2005,8:52.

(2)期刊格式

[序号]作者.文章题目[J].期刊名,年份,卷号(期号):起止页码.如:

[2]韦蔓新,童万平.北海湾无机氮的分布及其与环境因子的关系[J].海洋环境科学,2007,19(2):25-29.

(3)报纸文章格式

[序号]作者.文章题目[N].报纸名,出版日期(版次).如:

[3]谢习德.创造学习的新思路[N].人民日报,1998-12-25(10).

（4）各类标准格式

［序号］发布单位.标准编号.标准名称［S］.

［4］中华人民共和国国家技术监督局. GB3100～3102［S］.

（5）学位论文格式

［序号］作者.文章题目［D］.［XX学位论文］.授予单位所在地：授予单位，授予年.

［5］刘忠.新型液压冲击机械设计理论与控制策略研究［D］.［博士学位论文］.长沙：中南大学，2002.

（6）电子文献格式［序号］作者.文章题目［文献类型标识/载体类型标识］.发表或更新日期（加圆括号）、引用日期（加方括号）和电子文献的网址. 如：

［6］萧钰.出版业信息化迈入快车道［EB/OL］.（2001－12－19）［2002－04－15］. http:// www. creader. com/ news/ 20011219/ 200212190019. html.

格式三

基因工程实验任务分工

第＿＿＿＿组　　组长＿＿＿＿＿＿

	项目名称		承担的组员
	任务分解		承担的组员
1			
2			
3			
4			
5			
研讨内容记录者			
小组实验方案设计整理者			
PPT 制作者			
发言人			

此表填制时间：＿＿＿年＿＿＿月＿＿＿日
填制人：＿＿＿＿＿＿

格式四

实验研讨记录

班级_____　　　第_____组

项目名称：_____

第一次：

研讨时间：____年____月____日_____至_____　　　研讨地点：_____

遇到的问题：_____

_____提议：_____

_____提议：_____

_____提议：_____

_____提议：_____

达成的共识：_____

_____

第二次：

研讨时间：____年____月____日_____至_____　　　研讨地点：_____

遇到的问题：_____

_____提议：_____

_____提议：_____

_____提议：_____

_____提议：_____

达成的共识：_____

第三次：

研讨时间：＿＿＿年＿＿＿月＿＿＿日＿＿＿＿＿＿至＿＿＿＿＿　　研讨地点：＿＿＿＿＿＿＿＿

遇到的问题：＿＿＿＿＿＿＿＿＿＿＿＿＿＿＿＿＿＿＿＿＿＿＿＿＿＿＿＿＿＿＿＿

＿＿＿＿＿＿＿提议：＿＿＿＿＿＿＿＿＿＿＿＿＿＿＿＿＿＿＿＿＿＿＿＿＿＿＿＿＿＿

＿＿＿＿＿＿＿提议：＿＿＿＿＿＿＿＿＿＿＿＿＿＿＿＿＿＿＿＿＿＿＿＿＿＿＿＿＿＿

＿＿＿＿＿＿＿提议：＿＿＿＿＿＿＿＿＿＿＿＿＿＿＿＿＿＿＿＿＿＿＿＿＿＿＿＿＿＿

＿＿＿＿＿＿＿提议：＿＿＿＿＿＿＿＿＿＿＿＿＿＿＿＿＿＿＿＿＿＿＿＿＿＿＿＿＿＿

达成的共识：＿＿＿＿＿＿＿＿＿＿＿＿＿＿＿＿＿＿＿＿＿＿＿＿＿＿＿＿＿＿＿＿

第四次：

研讨时间：＿＿＿年＿＿＿月＿＿＿日＿＿＿＿＿＿至＿＿＿＿＿　　研讨地点：＿＿＿＿＿＿＿＿＿

遇到的问题：＿＿＿＿＿＿＿＿＿＿＿＿＿＿＿＿＿＿＿＿＿＿＿＿＿＿＿＿＿＿＿＿

＿＿＿＿＿＿＿提议：＿＿＿＿＿＿＿＿＿＿＿＿＿＿＿＿＿＿＿＿＿＿＿＿＿＿＿＿＿＿

＿＿＿＿＿＿＿提议：＿＿＿＿＿＿＿＿＿＿＿＿＿＿＿＿＿＿＿＿＿＿＿＿＿＿＿＿＿＿

＿＿＿＿＿＿＿提议：＿＿＿＿＿＿＿＿＿＿＿＿＿＿＿＿＿＿＿＿＿＿＿＿＿＿＿＿＿＿

＿＿＿＿＿＿＿提议：＿＿＿＿＿＿＿＿＿＿＿＿＿＿＿＿＿＿＿＿＿＿＿＿＿＿＿＿＿＿

达成的共识：＿＿＿＿＿＿＿＿＿＿＿＿＿＿＿＿＿＿＿＿＿＿＿＿＿＿＿＿＿＿＿＿

第五次：

研讨时间：＿＿＿年＿＿＿月＿＿＿日＿＿＿＿＿＿至＿＿＿＿＿　　研讨地点：＿＿＿＿＿＿＿＿

遇到的问题：＿＿＿＿＿＿＿＿＿＿＿＿＿＿＿＿＿＿＿＿＿＿＿＿＿＿＿＿＿＿＿＿

＿＿＿＿＿＿＿提议：＿＿＿＿＿＿＿＿＿＿＿＿＿＿＿＿＿＿＿＿＿＿＿＿＿＿＿＿＿＿

＿＿＿＿＿＿＿提议：＿＿＿＿＿＿＿＿＿＿＿＿＿＿＿＿＿＿＿＿＿＿＿＿＿＿＿＿＿＿

_____提议：

_____提议：

达成的共识：

第二部分 基因工程实验技术与原理

第一章 基因组 DNA 的提取

一、概述

基因组是指细胞或生物体中,一套完整单倍体的遗传物质的总和,或原核生物染色体、质粒、真核生物的单倍染色体组、细胞器、病毒中所含有的一整套基因。基因组 DNA 提取的基本原理在于利用基因组 DNA 较长的特性,当加入一定量的异丙醇或乙醇,基因组的大分子 DNA 即沉淀形成纤维状絮团漂浮其中,而小分子 DNA 则只形成颗粒状沉淀附于壁上及底部,从而达到与细胞器或质粒等小分子 DNA 分离的目的。在 DNA 提取过程中,染色体会发生机械断裂,产生大小不同的片段,因此分离基因组 DNA 时应在温和的条件下操作,混匀过程要轻缓,以保证基因组 DNA 的完整性。一般来说,构建基因组文库,初始 DNA 长度必须在 100kb 以上,否则酶切后两边都带合适末端的有效片段很少。而进行 RFLP 和 PCR 分析,初始 DNA 长度可短至 50kb,在该长度以上,可保证酶切后产生 RFLP 片段(20kb 以下),并可保证包含 PCR 所扩增的片段(一般 2kb 以下)。

基因组 DNA 的提取通常用于 PCR 模板、Southern 杂交、构建基因组文库(包括 RFLP)等。不同生物(植物、动物、微生物)的基因组 DNA 提取方法有所不同;同种生物的不同种类或同一种类的不同组织因其细胞结构及所含的成分不同,分离方法也有差异。无论何种生物基因组 DNA,其提取方法基本可分为两步:先是温和裂解细胞及溶解 DNA,接着采用化学或酶学的方法,去除蛋白、RNA 及其他大分子,再用乙醇沉淀出 DNA。提取基因组 DNA 总的原则包括:

(1)保证核酸一级结构的完整性;

(2)其他生物大分子,如蛋白质、多糖、酚类、脂类分子的污染应尽量降到最低;

(3)核酸样品中不应存在对酶有抑制作用的有机溶剂和过高浓度的金属离子;

(4)其他核酸分子,如 RNA,也应尽量去除。

二、基因组 DNA 的常用提取方法

1. CTAB 法(植物 DNA 提取经典方法)

原理:CTAB(hexadecyltrimethylammonium bromide,十六烷基三甲基溴化铵),是一种阳离子去污剂,可溶解细胞膜,并与核酸形成复合物。该复合物在高盐溶液中($>0.7mol/L$ NaCl)是可溶的,通过有机溶剂抽提,去除蛋白、多糖、酚类等杂质后加入乙醇沉淀即可使核酸分离出来。该方法所需其他主要试剂还有:Tris-HCl(pH8.0)提供一个缓冲环境,防止核

酸被破坏;EDTA 可螯合 Mg^{2+} 或 Mn^{2+},从而抑制 DNase 活性;NaCl 提供一个高盐环境,使 DNP 充分溶解,并存在于液相中;β-巯基乙醇是抗氧化剂,可有效地防止酚氧化成醌,避免褐变,使酚容易去除。

基本实验流程:

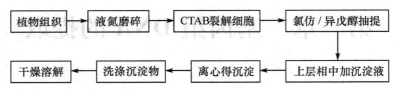

2. SDS 法(动物 DNA 提取经典方法)

原理:SDS 是一种阴离子蛋白质变性剂,在高温(55~65℃)条件下能裂解细胞,使染色体离析、蛋白变性,释放出核酸。提高盐(KAc 或 NH_4Ac)浓度并降低温度(冰浴),可使蛋白质及多糖杂质沉淀,离心后除去沉淀。上清液用酚/氯仿/异戊醇反复抽提除去蛋白质,再用乙醇沉淀水相中的 DNA。然后用 RNase 除去 RNA 即可得到较纯的 DNA。

基本实验流程:

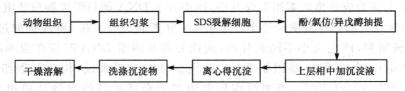

三、其他提取方法

1. 根据细胞裂解方式的不同划分

(1)物理方式:玻璃珠法、超声波法、研磨法、冻融法。

(2)化学方式:异硫氰酸胍法、碱裂解法。

(3)生物方式:酶法。

2. 根据核酸分离纯化方式的不同划分

(1)吸附材料结合法:硅质材料:高盐低 pH 值结合核酸,低盐高 pH 值洗脱,快捷高效。阴离子交换树脂:低盐高 pH 值结合核酸,高盐低 pH 值洗脱,适用于纯度要求高的实验。磁珠:磁性微粒挂上不同基团可吸附不同的目的物,从而达到分离目的。

(2)浓盐法:利用 RNP 和 DNP 在盐溶液中溶解度不同,将二者分离。

(3)有机溶剂抽提法:有机溶剂作为蛋白变性剂,同时抑制核酸酶的降解作用。

(4)密度梯度离心法:利用内容物密度不同的原理分离各种内容物。

四、研讨题

1. 基因组 DNA 提取的基本步骤及总原则是什么?

2. CTAB 法和 SDS 法提取基因组 DNA 的共同点和不同点是什么?

3. DNA 提取后跑电泳出现多个条带,分析其原因。

五、主要参考文献

[1] 刘进元.分子生物学实验指导[M].北京:清华大学出版社,2002.

[2] 郝福英.分子生物学实验技术[M].北京:北京大学出版社,1999.

[3] 李钧敏.分子生物学实验[M].杭州:浙江大学出版社,2010.

[4] 朱旭芬.基因工程实验指导[M].北京:高等教育出版社,2006.

[5] [美]J.莎姆布鲁克著,黄培堂译.分子克隆实验指南(第三版)[M].北京:科学出版社,2005.

第二章　质粒载体

一、质粒概述

质粒(plasmid)是细菌拟核裸露 DNA 外的遗传物质,为双股闭合环形的 DNA,存在于细胞质中,质粒编码非细菌生命所必需的某些生物学性状,如性菌毛、细菌素、毒素和耐药性等。质粒具有可自主复制、传给子代,也可丢失及在细菌之间转移等特性,与细菌的遗传变异有关。质粒的复制和转录需利用宿主细胞编码的酶和蛋白质,如离开宿主细胞则不能存活,而宿主即使没有它们也可以正常存活。质粒的存在使宿主具有一些额外的特性,如对抗生素的抗性等。天然质粒大小约 1kb~200kb,F 质粒(又称 F 因子或性质粒)、R 质粒(抗药性因子)和 Col 质粒(产大肠杆菌素因子)等都是常见的。图 2-2-1 是常用的人工质粒 pUC19。

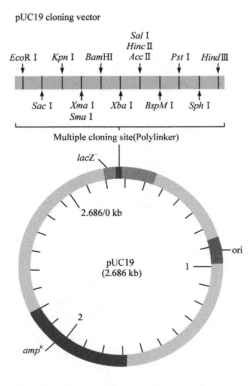

图 2-2-1　pUC19 质粒图谱

二、质粒的复制

质粒 DNA 携带有自己的复制起始区以及一个控制质粒拷贝数的基因，因此它能独立于宿主细胞的染色体 DNA 外进行自主复制。不同的质粒在宿主细胞内的拷贝数不同，如 pUC 质粒拷贝数多达几千个。

质粒在细胞内的复制一般有两种类型：紧密控制型（stringent control）和松弛控制型（relaxed control）。前者只在细胞周期的一定阶段进行复制，当染色体不复制时，它也不能复制，通常每个细胞内只含有 1 个或几个质粒分子，如 F 因子。后者的质粒在整个细胞周期中随时可以复制，在每个细胞中有许多拷贝，一般在 20 个以上，如 ColE1 质粒。在使用蛋白质合成抑制剂氯霉素时，细胞内蛋白质合成、染色体 DNA 复制和细胞分裂均受到抑制，紧密型质粒复制停止，而松弛型质粒继续复制，质粒拷贝数可由原来 20 多个扩增至 1000～3000 个，此时质粒 DNA 占总 DNA 的含量可由原来的 2％增加至 40％～50％。

利用同一复制系统的不同质粒不能在同一宿主细胞中共同存在，当两种质粒同时导入同一细胞时，它们在复制及随后分配到子细胞的过程中彼此竞争，在一些细胞中，一种质粒占优势，而在另一些细胞中另一种质粒却占上风。当细胞生长几代后，占少数的质粒将会丢失，因而在细胞后代中只有两种质粒的一种，这种现象称质粒的不相容性。但利用不同复制系统的质粒，则可以稳定地共存于同一宿主细胞中。

三、质粒载体的构建

可以插入核酸片段、能携带外源核酸进入宿主细胞，并在其中进行独立和稳定的自我复制的核酸分子叫载体（vector）。细菌质粒是重组 DNA 技术中常用的载体。

质粒载体是在天然质粒的基础上为适应实验室操作而进行人工构建的。与天然质粒相比，质粒载体通常带有一个或一个以上的选择性标记基因（如抗生素抗性基因）和一个人工合成的含有多个限制性内切酶识别位点的多克隆位点序列，并去掉了大部分非必需序列，使分子量尽可能减少，以便于基因工程操作。大多质粒载体带有一些多用途的辅助序列，这些用途包括通过组织化学方法肉眼鉴定重组克隆、产生用于序列测定的单链 DNA、体外转录外源 DNA 序列、鉴定片段的插入方向、外源基因的大量表达等。一个理想的克隆载体大致应有下列一些特性：（1）分子量小、多拷贝、松弛控制型；（2）具有多种常用的限制性内切酶的单一位点；（3）能插入较大的外源 DNA 片段；（4）具有容易操作的检测表型。常用的质粒载体大小一般在 1kb 至 10kb 之间，如 pBR322、pUC 系列、pGEM 系列和 pBluescript（简称 pBS）等。

人工构建的质粒根据其功能及用途分为：

（1）基因扩增的质粒：拷贝数达到每个细胞数千。

（2）测序质粒：高拷贝数、加装测定顺序所必需的序列。

（3）整合质粒：带有整合酶，会识别基因组特定的位点整合自身的序列。

（4）穿梭质粒：能在两种不同的受体细胞中复制。

（5）表达质粒：使外源基因能在受体细胞内高效表达。

（6）探针质粒：筛选克隆或寻找基因元件，它通常装有一个可以定量测定其表达的标记基因，如抗性基因。

四、质粒载体的提取

从细菌中分离质粒 DNA 的方法包括三个基本步骤：培养细菌使质粒扩增；收集和裂解细胞；分离和纯化质粒 DNA。在提取质粒过程中，除了超螺旋形式的共价闭环质粒 DNA（Covalently closed circular DNA，简称 cccDNA）外，还会产生其他形式的质粒 DNA。如果质粒 DNA 两条链中有一条链发生一处或多处断裂，分子就能旋转而消除链的张力，形成松弛型的环状分子，称开环 DNA（Open circular DNA，简称 ocDNA）；如果质粒 DNA 的两条链在同一处断裂，则形成线状 DNA（Linear DNA）。当提取的质粒 DNA 电泳时，同一质粒 DNA 其超螺旋形式的泳动速度要比开环和线状分子的泳动速度快。三种形态质粒电泳图见图 2-2-2。

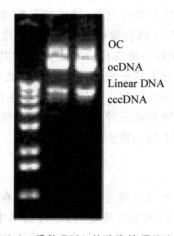

OC
ocDNA
Linear DNA
cccDNA

图 2-2-2　质粒 DNA 的琼脂糖凝胶电泳图

1. 碱裂解法提取质粒 DNA

染色体 DNA 和质粒 DNA 均为共价闭环分子，但染色体 DNA 比质粒 DNA 大得多。当用碱处理 DNA 溶液时，染色体 DNA 发生变性呈长线状不易复性，而质粒 DNA 虽也变性，但在回到中性 pH 时即可立即恢复其天然构象。变性的长线状染色体 DNA 易与变性蛋白质和细胞碎片结合形成沉淀，而复性的超螺旋质粒 DNA 分子则以溶解状态存在液相中，通过离心将两者分开，再通过乙醇沉淀即可分离到质粒 DNA。

碱裂解法提取质粒流程图：

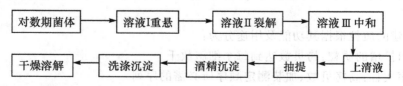

对数期菌体 → 溶液Ⅰ重悬 → 溶液Ⅱ裂解 → 溶液Ⅲ中和
干燥溶解 ← 洗涤沉淀 ← 酒精沉淀 ← 抽提 ← 上清液

2. 煮沸法提取质粒 DNA

染色体 DNA 和质粒 DNA 均为共价闭环分子，但染色体 DNA 比质粒 DNA 大得多。当加热处理 DNA 溶液时，染色体 DNA 发生变性呈长线状不易复性，质粒 DNA 虽也变性但在冷却时即恢复其天然构象。变性长线状染色体 DNA 易与变性蛋白质和细胞碎片结合形成沉淀，而复性的超螺旋质粒 DNA 分子则以溶解状态存在液相中，通过离心将两者分开,再通过乙醇沉淀即可分离到质粒 DNA。

煮沸法提取质粒流程图:

五、研讨题

1. 质粒载体区别于天然质粒有何特性?

2. 质粒 DNA 和基因组 DNA 提取有何异同?

3. 质粒 DNA 提取过程中利用何种特性将它与染色体 DNA 分开?

六、主要参考文献

[1] 李钧敏. 分子生物学实验[M]. 杭州:浙江大学出版社,2010

[2] 梁国栋. 最新分子生物学实验技术[M]. 北京:科学出版社,2001.

[3] 朱旭芬. 基因工程实验指导[M]. 北京:高等教育出版社,2006.

[4] J. 莎姆布鲁克[美]著 黄培堂译. 分子克隆实验指南(第三版)[M]. 北京:科学出版社,2005.

[5] Williams R J. Methods in Molecular Biology [M]. Humana Press,2001.

[6] 郝福英. 分子生物学实验技术[M]. 北京:北京大学出版社,1999.

第三章　PCR 基因扩增与引物设计

一、PCR 原理

聚合酶链式反应(Polymerase Chain Reaction,简称 PCR),1983 年由 Dr. Kary B. Mullis 发明,是一种选择性的体外扩增 DNA 或 RNA 的分子生物学技术。PCR 技术操作简单,可在短时间内获得数百万个特异序列的拷贝,因此 PCR 技术虽然问世时间仅数年,但它已迅速渗透到分子生物学的各个领域,在分子克隆、遗传病的基因诊断、法医学、考古学等方面均得到了广泛的应用。Mullis 也因此获得了 1993 年诺贝尔化学奖。

PCR 技术的基本原理类似于 DNA 的天然复制过程,其特异性依赖于与靶序列两端互补的寡核苷酸引物。PCR 由变性、退火、延伸三个基本反应步骤构成:①模板 DNA 的变性(denature):模板 DNA 经加热至 94℃左右一定时间后,使模板 DNA 双链或经 PCR 扩增形成的双链 DNA 解离,成为单链,以便它与引物结合,为下轮反应作准备;②模板 DNA 与引物的退火(anneal):模板 DNA 经加热变性成单链后,温度降至 50℃左右,引物与模板 DNA 单链的互补序列配对结合;③引物的延伸(extension):DNA 模板—引物结合物在 TaqDNA 聚合酶的作用下,以 dNTP 为反应原料,靶序列为模板,按碱基互补配对与半保留复制原理,合成一条新的与模板 DNA 链互补的半保留复制链。重复循环:变性—退火—延伸这三个过程就可获得更多的"半保留复制链",而且这种新链又可成为下次循环的模板。每完成一个循环需 2~4 分钟,2~3 小时就能将待扩增目的基因扩增放大几百万倍(见图 2-3-1)。

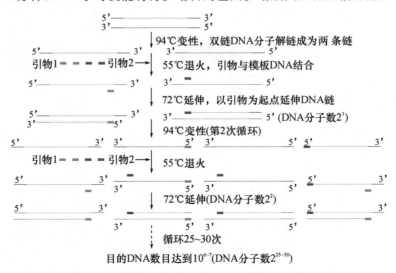

图 2-3-1　PCR 反应示意图

二、PCR 反应中的主要成分

1. 引物

PCR 反应产物的特异性由一对上下游引物所决定。引物的好坏往往是 PCR 成败的关键。PCR 反应中引物浓度为 $0.1\sim0.5\mu mol/L$,引物与模板的摩尔比至少为 108：1。如此过量的引物才能确保模板 DNA 一旦变性就与引物退火,而不能与其自身退火。但引物浓度偏高会引起错配和非特异性产物扩增,且可增加引物之间形成二聚体的几率,降低扩增效率。但如果该比例太低,PCR 效率也会降低。

2. 4 种三磷酸脱氧核苷酸(dNTP)

dNTP 溶液具有较强的酸性。使用时应用 NaOH 将 pH 值调至 $7.0\sim7.5$,并用分光光度计测定其准确浓度。dNTP 原液可配成 $5\sim10mmol/L$,并分装小管,于-20℃存放,过多冻融会使 dNTP 产生降解。在 PCR 反应中,dNTPs 浓度应在 $20\sim200\mu mol/L$。dNTP 浓度过高可加快反应速度,同时还可增加碱基的错误掺入率和实验成本。反之,低浓度的 dNTP 会导致反应速度的下降,但可提高反应的特异性及实验的精确性。4 种 dNTP 在使用时必须以等摩尔数浓度配制,以减少合成中由于某种 dNTP 的不足出现的错配误差。

3. Mg^{2+} 浓度

Mg^{2+} 浓度对 Taq DNA 聚合酶影响很大,它可影响酶的活性和真实性,Mg^{2+} 浓度过低,会显著降低酶活性。Mg^{2+} 浓度过高又使酶催化非特异性扩增增强。Mg^{2+} 影响引物退火和解链温度,影响产物的特异性以及二聚体的形成等,从而影响扩增片段的产率。通常 Mg^{2+} 浓度范围为 $0.5\sim2mmol/L$。对于一种新的 PCR 反应,可以用 $0.1\sim5\ mmol/L$ 的递增浓度 Mg^{2+} 进行预备实验,选出最适的 Mg^{2+} 浓度。在 PCR 反应混合物中,应尽量减少高浓度的带负电荷的基团,如磷酸基团或 EDTA 等可能影响 Mg^{2+} 浓度的物质,以保证最适 Mg^{2+} 浓度。

4. 模板

模板 DNA 可以是单链分子,也可以是双链分子;可以是线状分子,也可以是环状分子(线状分子比环状分子的扩增效果稍好)。就模板 DNA 而言,影响 PCR 的主要因素是模板的数量和纯度,一般反应中的模板数量为 $10^2\sim10^5$ 个拷贝,对于单拷贝基因,就需要 $0.1\mu g$ 的人基因组 DNA,10ng 的酵母 DNA,1ng 的大肠杆菌 DNA。扩增多拷贝序列时,用量更少。一定范围内 PCR 产量随模板浓度的升高而显著升高,但模板浓度过高会导致反应的非特异性增加。

5. TaqDNA 聚合酶

TaqDNA 聚合酶的酶活性单位定义为 74℃下,30 分钟,掺入 10nmol/LdNTP 到核酸中所需的酶量,工作浓度常用 $2.5\sim5U$。TaqDNA 聚合酶在 $75\sim80℃$ 具有最高的聚合酶活性。$75\sim80℃$ 每个酶分子每秒可延伸约 150 个核苷酸,70℃时延伸速度在 60 个核苷酸/秒以上;55℃时为 22 个核苷酸/秒;37℃和 22℃时分别为 1.5 个和 0.25 个核苷酸/秒;温度超过 80℃时,合成速度明显下降,可能与引物和模板结合稳定性遭到破坏有关。

TaqDNA 聚合酶没有 $3'\rightarrow5'$ 外切酶活性,没有校正功能。对于 30 次循环的 PCR 扩增反应,此酶的错配率为 0.1%～0.25%。TaqDNA 聚合酶体外扩增 DNA 的忠实性是所有已知 DNA 聚合酶中最低的。因此在特别考虑扩增产物忠实性时,推荐采用具有校对功能的其他耐热的 DNA 聚合酶。如 Vent 和 Pfu DNA 聚合酶。

6. PCR 反应的缓冲液

反应缓冲液一般含 10～50mmol/L Tris-HCl(20℃下 pH 值 8.3～8.8)、50mmol/LKCl 和适当浓度的 Mg^{2+}。另外,反应液中可加入 5mmol/L 的二硫苏糖醇(DDT)或 $100\mu g/mL$ 的牛血清蛋白(BSA),它们可稳定酶活性,另外加入 T4 噬菌体的基因 32 蛋白对扩增较长的 DNA 片段有利。各种 TaqDNA 聚合酶商品都有自己特定的一些缓冲液。

7. 其他因素

热启动:提高扩增的特异性。

添加剂:消除引物与模板的二级结构,降低 DNA 的解链温度,增进 DNA 复性时的特异配对,增加或改进 DNA 聚合酶的稳定性。

液体石蜡:防止反应液蒸发后引起的冷却及反应成分的改变。

三、影响 PCR 反应的因素

1. 预变性

第一轮循环前 94℃预变性 5～10 分钟非常重要,它可使模板 DNA 完全解链,然后加入 TaqDNA 聚合酶趁热启动,可减少聚合酶在低温下仍有活性,从而延伸非特异性配对的引物与模板复合物所造成的错误。

2. 循环中的变性步骤

循环中一般 94℃、30 秒足以使各种靶 DNA 序列完全变性,对于富含 GC 的序列,可适当提高变性温度。但变性温度过高或时间过长都会导致酶活性的损失。

3. 引物退火

退火温度是影响 PCR 特异性的较重要因素。变性后温度快速冷却至 40～60℃,可使引物和模板发生结合。由于模板 DNA 比引物复杂得多,引物和模板之间的碰撞结合机会远远高于模板互补链之间的碰撞。退火温度与时间,取决于引物的长度、碱基组成及其浓度,还有靶基因序列的长度。实际使用的退火温度比扩增引物的 T_m 值约低 5℃。一般当引物中 GC 含量高、长度长并与模板完全配对时,应提高退火温度。退火温度越高,所得产物的特异性越高。

对于 20 个核苷酸,G+C 含量约 50%的引物,选择 55℃作为退火温度的起点较为理想。对于较短靶基因(长度为 100～300bp 时)可采用二温度点法,即将退火与延伸温度合二为一,一般采用 94℃变性,65℃左右退火与延伸。

4. 引物延伸

引物延伸一般在 72℃进行,接近于 Taq 酶最适温度 75℃。延伸反应时间的长短取决于目的序列的长度和浓度。1kb 以内的 DNA 片段,延伸时间 1 分钟。3～4kb 的靶序列,需 3～4 分钟。扩增 10kb 需延伸至 15 分钟。延伸时间过长会导致产物非特异性增加。但对很低浓度的目的序列,则可适当增加延伸反应的时间。

5. 循环数

当其他参数确定之后,循环次数取决于 DNA 浓度。大多数 PCR 含 25～40 个循环,过多易产生非特异扩增。

6. 最后延伸

在最后一个循环后,反应在 72℃维持 5～15 分钟.使引物延伸完全,并使单链产物退火成双链,以获得尽可能完整的产物,对以后进行克隆或测序反应尤为重要。

四、引物设计

1. 引物设计的原则

(1)引物长度:15～30bp,常用为 20bp 左右,太短会降低退火温度影响引物与模板配对,从而使非特异性增高。太长则比较浪费,且难以合成。

(2)引物扩增跨度:以 200～500bp 为宜,特定条件下可扩增至 10kb 的片段。

(3)引物碱基:G+C 含量以 40%～60% 为宜,G+C 太少扩增效果不佳,G+C 过多易出现非特异条带。ATGC 最好随机分布,避免 5 个以上的嘌呤或嘧啶核苷酸成串排列。

(4)避免引物内部出现二级结构,避免两条引物间互补,特别是 3′端的互补,否则会形成引物二聚体,产生非特异的扩增条带。

(5)引物 3′端的碱基,特别是最末及倒数第二个碱基,应严格要求配对,以避免因末端碱基不配对而导致 PCR 失败。

(6)引物 5′端对扩增特异性影响不大,可在引物设计时加上合适的酶切位点、核糖体结合位点、起始密码子、缺失或插入突变位点以及标记生物素、荧光素、地高辛等。通常应在 5′端限制酶位点外再加 1～2 个保护碱基。

(7)引物应用核酸系列保守区内设计并具有特异性,引物与非特异扩增序列的同源性不要超过 70% 或有连续 8 个互补碱基同源。

(8)简并引物应选用简并程度低的密码子,如扩增编码区域,引物 3′端不要终止于密码子的第 3 位,因密码子的第 3 位易发生简并,会影响扩增特异性与效率。

2. 引物设计的操作流程

(1)引物的设计以及初步筛选

引物的设计与初步筛选基本上通过一些分子生物学软件和相关网站来完成,目前运用软件 Primer Premier 5 或美国 whitehead 生物医学研究所基因组研究中心在因特网上提供的一款免费在线 PCR 引物设计程序 Primer 3 来设计引物,再用软件 Oligo 6 进行引物评估,就可以初步获得一组比较满意的引物。

Primer Premier 5 和 Oligo 6 可以在 www. bbioo. comsoft 下载,Primer 3 的下载主页位置在 http://www. broadinstitute. org/genome_software/other/primer3. html。

(2)引物的二次筛选

引物的二次筛选是指在初次筛选出的几对引物中进一步筛选出适合我们进行特异、高效 PCR 扩增的那对引物。本步骤应注意以下两点,一是得到的一系列引物分别在 GenBank 中进行回检。也就是把每条引物在比对工具(http://blast. ncbi. nlm. nih. gov/Blast. cgi)的 blastn 中进行同源性检索,弃掉与基因组其他部分同源性比较高的引物,避免有可能形

成错配的引物。一般连续 10bp 以上的同源有可能形成比较稳定的错配,特别是引物的 3′
端应避免连续 5~6bp 的同源。二是以 mRNA 为模板设计引物时要先利用生物信息学的知
识大致判断外显子与内含子的剪接位点(如 http://genes. mit. edu/GENSCAN. html 的
GENESCAN 工具或者 GeneParser 软件),然后弃掉正好位于剪接位点的引物。

(3)引物的最终评估

经过初次筛选和二次筛选后得到的那对引物便可以用于合成,合成后我们经过 PCR 扩
增对引物进行最终的评估。一是 PCR 扩增的特异性和效率。经过 PCR 条件优化后能否获
得特异性条带,即有无目的条带之外的多余条带。另外,PCR 产物的量是否足够,即有无不
出带和条带很弱的现象。二是以 DNA 为模板设计引物时,PCR 扩增产物是否与预期 PCR
产物大小相当。如果相差大于 100bp,有可能是错配产物。三是是否形成引物二聚体带。

(4)用比较基因组学分离新基因

扩增已知基因时经过初次筛选和二次筛选后得到的引物基本上能够满足要求,但是当
运用比较基因组学分离新基因时,设计引物还应注意以下两点:①模板的选择。如果以
DNA 为模板设计引物,首先在 GenBank 中找到与待分离新基因同源的其他物种的该基因。
利用 http://blast. ncbi. nlm. nih. gov/Blast. cgi 的 Blast 工具和 http://www. ebi. ac. uk/
Tools/msa 的 ClustalW2 工具把已检索到的基因进行同源性比较,根据比较基因组定位的
原理,选择研究深入、标记稠密的人和哺乳动物(如小鼠)保守功能基因 DNA 序列设计引
物,该引物区段要求在各物种间绝对保守,差异不要大于 2bp,特别是 3′端必须完全同源。
如果以电脑克隆策略获得的待分离物种新基因的 ESTs 重叠群为模板设计引物,要求 ESTs
与信息探针之间同源性大于 80%,长度大于 100bp,并且避免在 EST 的并接部位和可能的
外显子与内含子剪接位点处设计引物。②引物序列最好位于相邻的外显子区且至少距离外
显子与内含子剪接处 25bp 以上,这样便于对扩增出来的片段进行功能鉴定和表型分析。

3. 常用的引物设计工具

primer Premier:序列分析与引物设计,非常棒的一个软件。

Oligo:引物分析著名软件,主要应用于核酸序列引物分析,同时计算核酸序列的杂交温
度(T_m)和理论预测序列二级结构。

Primer Designer:免费的引物设计辅助软件,专门用于 pASK-IBA 和 pPR-IBA 表达载
体,简化引物设计工作。

Array Designer:DNA 微阵列(microarray)软件,批量设计 DNA 和寡核苷酸引物工具。

Beacon Designer:实时荧光定量 PCR 分子信标(Molecular beacon)及 TaqMan 探针设
计软件。

NetPrimer:JAVA 语言写成的免费引物设计软件,用 IE 打开运行。

FastPCR 6.0.165b2:快速设计各种类型 PCR 引物,还包括一些常用的 DNA 与蛋白序
列软件工具。

The Primer Generator:在线引物设计程序。网址:http://www. hopkinsmedicine. org/。

Primer 3:比较有名的在线引物设计程序。网址:http://frodo. wi. mit. edu/primer3/。

Primo Pro 3.4:在线 PCR 引物设计 JAVA 系列软件。网址:http://www. changbio-
science. com/primo/。

Primer-BLAST:NCBI 基于 Primer3 and BLAST 的在线引物设计软件。网址:

http://www.ncbi.nlm.nih.gov/tools/primer-blast/index.cgi? LINK_LOC = Blas-tHomeAd

AutoPrime：快速设计真核表达实时定量 PCR 引物在线软件。网址：http://www.autoprime.de/AutoPrimeWeb

五、NCBI 网站介绍及碱性磷酸酶基因的引物设计

NCBI 为 National Center of Biotechnology Information 的简称，中文名称为美国国家生物技术信息中心，由美国国立医学图书馆（NLM）于 1988 年 11 月 4 日建立。该中心的主要任务为：为存储和分析分子生物学、生物化学、遗传学知识创建自动化系统；从事研究基于计算机的信息处理过程的高级方法，用于分析生物学上重要的分子和化合物的结构与功能；促进生物学研究人员和医护人员应用数据库软件；努力协作以获取世界范围内的生物技术信息。

NCBI 提供检索的服务包括：

1. GenBank（NIH 遗传序列数据库）

一个可以公开获得所有的 DNA 序列的注释过的收集。GenBank 是由 NCBI 受过分子生物学高级训练的工作人员通过来自各个实验室递交的序列和同国际核酸序列数据库（EMBL 和 DDBJ）交换数据建立起数据库的。它同日本和欧洲分子生物学实验室的 DNA 数据库共同构成了国际核酸序列数据库合作。这三个组织每天交换数据。其中的数据以指数形式增长，最近的数据为它已经有来自 47000 个物种的 30 亿个碱基。

2. Molecular Databases（分子数据库）

Nucleotide Sequence（核酸序列库）：从 NCBI 其他如 Genbank 数据库中收集整理核酸序列，提供直接的检索。

Protein Sequence（蛋白质序列库）：与核酸类似，也是从 NCBI 多个不同资源中编译整理的，方便研究者的直接查询。

Structure（结构）：关于 NCBI 结构小组的一般信息和他们的研究计划，另外也可以访问三维蛋白质结构的分子模型数据库（MMDB）和用来搜索和显示结构的相关工具。

MMDB（分子模型数据库）：一个关于三维生物分子结构的数据库，结构来自于 X-ray 晶体衍射和 NMR 色谱分析。

Taxonomy（分类学）：NCBI 的分类数据库，包括大于 7 万余个物种的名字和种系，这些物种都至少在遗传数据库中有一条核酸或蛋白质序列。其目的是为序列数据库建立一个一致的种系发生分类学。

3. Literature Databases（文献数据库）

（1）PubMed：是 NLM 提供的一项服务，能够对 MEDLINE 上超过 1200 万条的 20 世纪 60 年代中期至今的杂志引用和其他的生命科学期刊进行访问，并可以链接到参与的出版商网络站点的全文文章和其他相关资源。

（2）PMC/PubMed Center：也是 NLM 的生命科学期刊文献的数字化存储数据库，用户可以免费获取 PMC 的文章全文，除了部分期刊要求对近期的文章付费。

（3）OMIM（孟德尔人类遗传）：有关人类基因和无序基因的目录数据库由 Victor A.

McKusick 和他的同事共同创造和编辑的，由 NCBI 网站负责开发，其中也包括对 MED-
LINE 众多资源和 Entrez 系统的序列记录，以及 NCBI 中其他有关资源的链接。

（4）Books：NCBI 的书库不断收集生物医学方面的书籍，提供这些书籍的出版信息、摘
要、目录和全文的链接，用户可以直接在检索文本框内输入一个观念就可以查询。

4. NCBI 提供的附加的软件工具

开放阅读框寻觅器（ORF Finder）、保守域检索（Conserved Domain Search Service）、载
体序列检索（Vector Alignment Search Tool）、有机小分子生物活性数据检索（PubChem
Structure Search）、引物设计及分析（Primer-BLAST）等，所有的 NCBI 数据库和软件工具
都可以从 WWW 或 FTP 来获得。NCBI 还有 E-mail 服务器，提供用文本搜索或序列相似
搜索访问数据库一种可选方法。NCBI 网站上还提供了一些诸如研究热点问题、研究小组
情况、教育培训、联系方式等信息，还提供了到 NIH、NLM 等的链接。

我们将以枯草芽孢杆菌的碱性磷酸酶为例讲解如何在 NCBI 网站查询基因编码序列以
及对该序列进行限制酶切位点分析，然后根据相应的表达载体的多克隆位点选择合适的酶
切位点进行引物设计。

（1）碱性磷酸酶编码基因序列查找

NCBI 的网站地址是 http://www.ncbi.nlm.nih.gov/，点击进入该网站，新版的界面
如下：

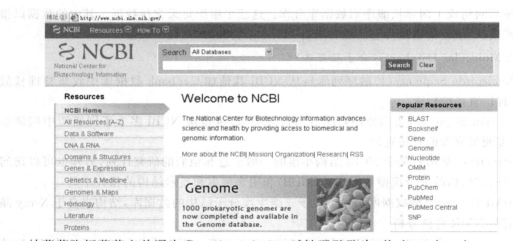

枯草芽孢杆菌英文单词为 *Bacillus subtilis*，碱性磷酸酶为 alkaline phosphatase。

在 Search 栏选择 protein 数据库，搜索词为 Bacillus subtilis and alkaline phosphatase。
图示如下：

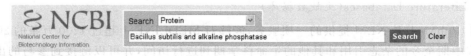

点击 **Search** 即可进入 Protein 数据库中已有的 Bacillus subtilis 的碱性磷酸酶的有关
信息。如下图所示：

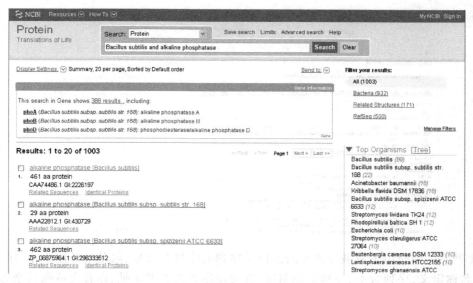

结果显示了有 1003 条相关信息，每条相关信息包含了该蛋白质序列的长度大小，Genbank 登录号以及该蛋白质序列对应的唯一的序列编号，即 GI 号。由于我们要查找的枯草芽孢杆菌 Bacillus subtilis AS 1.398 在 NCBI 上还没有登录碱性磷酸酶的相关序列，所以我们选择了 Bacillus subtilis 的另一个亚种 Bacillus subtilis subsp. Subtilis str. 168，点击上图中右边 TOP Organisms［Tree］项目栏中的 Bacillus subtilis subsp. Subtilis str. 168(22) 进入下图，数字(22)代表了有 22 条相关参考信息。

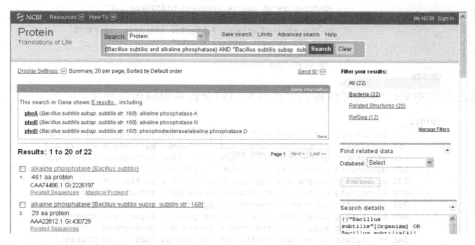

我们选择了第三条信息，alkaline phosphatase A［Bacillus subtilis subsp. subtilis str. 168］，该序列有 461 个氨基酸，序列登录号为 NP_388822.2，在 Protein 数据库里的序列编号 GI 为 255767221。

点击第三条信息后进入以下界面：

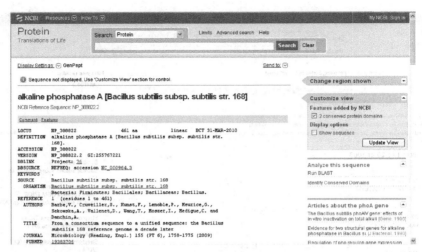

　　此界面主要介绍了该碱性磷酸酶蛋白质序列的序列登录号、氨基酸长度大小、序列提交时间、名称定义、序列版本、序列来源菌株，有关该序列的参考文献、作者文章题目杂志等，最重要的一项是该序列对应的编码序列即 CDS，如下图，点击该处可以得到该蛋白质序列的相对应的编码核苷酸序列。

```
                          /site_type="active"
                          /db_xref="CDD:73179"
        CDS               1..461
                          /gene="phoA"
                          /locus_tag="BSU09410"
                          /coded_by="complement(NC_000964.3:1017083..1018468)"
                          /inference="ab initio prediction:AMIGene:2.0"
                          /note="Evidence 1a: Function experimentally demonstrated
                            in the studied strain; PubMedId: 10913081, 12897025,
                            8830275; Product type e: enzyme"
                          /transl_table=11
                          /db_xref="GeneID:936265"
        ORIGIN
```

点击上图中的CDS 就可以得到碱性磷酸酶的全长基因编码序列了。

```
        ORIGIN
           1 ttattttcca gtttttaaaa tcttaaatat gatgtttgcc tggtccgtat tgttaatcaa
          61 tccgcggaat tttttttc cggggccgta cgcgtatacc ggtacttctt cgccggtatg
         121 atcggtactc gtccatccgc tgttggagcg ggtattaaaa atcttgatga tggctttgga
         181 ggccccttg cttttgtcag cctgtgcagc tgcttcaacg cttttgattt cttcagatgt
         241 gactttcaga ttggcatgag gggcgagcac atctttaacc ggcttgcctt cactgatttt
         301 tttggccatg aattcaggtg tttttcttagc ggagagaatc ggttctgcgt gccaattctt
         361 ttccccgttt gcgccaatgg taaagccgcc ggttgtatgg tcagcagttg caatcacaag
         421 tgtatgtttg tcttttttcg caaattcaat cgcggcttta taggcctgtt caaaatcttt
         481 aacctcgctc atggctccta ctgtatcatt gtcatgggcc gcccagtcaa tctggctccc
         541 ttcgaccatc aagaaaaatc ctttttttatt ttggttcaag cgatcaattg ctgaaaccgt
         601 catgtctttg agagacggtg ttttactgtc acggtcgagc gctttagcaa gccctccatc
         661 tgcgaaaagc ccgagcacct gctgatcttt attttttc aatgcttgtt tagttgtcac
         721 atagctgtag ccggcttgtt tgaattcctt tgtcaagttt ctgtccttgc ggttaaaata
         781 agattttccg ccgccgagca gcacgtctat tttatgtttg ccttttatct tgtcatccat
         841 atagctgttg gcgatttggt ccatgttttt ccgtgattca ttgtgggcgc catatgcggc
         901 tggagtggcg tggttaattt cagacgtggc gacaagccct gttgacttgc cttgctgttt
         961 ggcctcttca agtacagatt tcactttttt tccgttttta tcgacgccaa ttgctgttt
        1021 atatgtctta acgcctgtcg ctaatgctgt tccggctgct gctgaatctg taatattata
        1081 gtcagggtca tccggatgcg tcatcatcat gcctgtcagg ttccggtcaa attctgttaa
        1141 cttcgggtta ttcggtgtgt caccgttatt tttcatggaa cggtaggctc ttatgtaagg
        1201 cgtccccatg ccgtcgccta tcatcacaat gacatttctg atctcagctt tgtcttgttt
        1261 tttggcgctg gccttttctg tttgctgaag ctcagctccg gcaaagattc cagctgtaag
        1321 gacagaaaca gcggcgattg gcagaagttt tgatttcata ttttgaaaca aactcattt
        1381 tttcat
        //
```

此序列显示的是碱性磷酸酶转录模板链。有义链是 5′端为起始密码子 ATG 开头,终止密码子 TAA 结尾的一段序列。

(2)碱性磷酸酶编码基因序列限制性酶切位点分析

将外源基因整合到合适的表达载体上时,首先要选择合适的限制性酶切位点。本实验选择的表达载体是 PET-28a,该载体上的多克隆位点有:BamHI、EcoRI、SacI、SalI、HindIII、NotI、XhoI 7 种酶切位点。首先对外源基因进行限制性位点分析,以避免选择外源基因上存在的限制性内切酶。分析编码基因序列的限制性位点的方法和软件以及网站有很多,这里我们选择了网站 www.bio-soft.net 里面的在线分析限制性位点的功能。打开该网站后选择在线资源里的 SMS 中文版,界面如下:

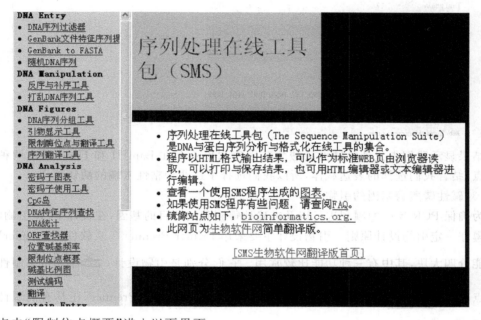

然后点击"限制位点概要"进入以下界面:

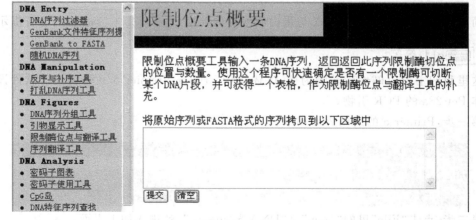

将我们查找到的碱性磷酸酶基因复制粘贴到空白区域,点击"提交"按钮,就能得到碱性磷酸酶基因的限制性位点概要了。结果如图:

The Sequence Manipulation Suite: Restriction Summary
Results for 1386 residue sequence starting "ttattttcca".
Each position is the first base after a cut site on the direct strand of the linear form of the sequence.

Item:	Positions:
AatII gacgt|c	none
AccIII t|ccgga	1092
AluI ag|ct	210, 725, 845, 1248, 1291, 1296, 1314
ApaI gggcc|c	none
AvaI c|ycgrg	671
BamHI g|gatcc	none
BclI t|gatca	none
BglII a|gatct	none
BssHII g|cgcgc	none
ClaI at|cgat	none
DraI ttt|aaa	17
EcoRI g|aattc	311, 743
EcoRV gat|atc	none
HincII gty|rac	944, 1139
HindIII a|agctt	none
HinfI g|antc	337, 876, 1065, 1307
HpaI gtt|aac	1139
HpaII c|cgg	81, 100, 114, 280, 390, 732, 1053, 1093, 1124, 1299
KpnI ggtac|c	none
MboI |gatc	120, 582, 684, 1240
MboII gaagannnnnnnn|	none

结果显示我们查找到的碱性磷酸酶基因序列里不存在 BamHI 和 HindIII 这两种内切酶位点,结合我们选择的表达载体,所以我们选择了这两种粘性末端的酶切位点。

(3)碱性磷酸酶基因的引物设计

为确保 PCR 反应的顺利进行以及准确地得到我们的目的基因,在设计 PCR 引物时,我们须遵守一定引物设计原则。引物设计主要采用 Primer Premier 5.0 软件,"Premier"的主要功能分四大块,其中有三种功能比较常用。它们分别是引物设计(Primer),限制性内切酶位点分析(Enzyme)和 DNA 基元(motif)查找(Motif)。"Premier"还具有同源性分析功能(Align),但此功能不是该软件特长之处。此外,该软件还有一些特别的功能,比如设计简并引物、序列"朗读"、DNA 与蛋白质序列的互换(DNA Protein)、语音提示键盘输入(⌨)等等。

这里我们主要以碱性磷酸酶为例,讲述运用 Primer Premier 5.0 引物设计软件设计针对载体 Pet-28a 的 PCR 引物。

第一步,Primer 5 的启动界面如下:

第二步,点击"File"里的"New"至"DNA Sequence",就进入如下界面:

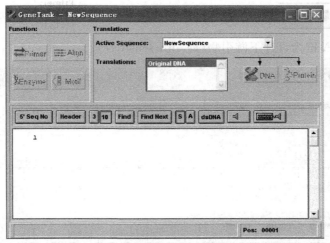

第三步,将从 NCBI 查找到的碱性磷酸酶基因序列复制粘贴到上图中的空白处,需按住键盘中的"Ctrl+V"完成(注意:此软件不支持鼠标的右键复制粘贴功能)。由于我们在 NC-BI 上查找到的碱性磷酸酶基因序列是该基因序列开放阅读框的反义链,所以我们选择"Reverse Complemented"选项。然后点击"OK"键,如下图:

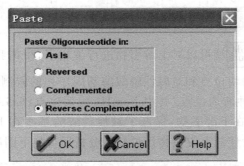

即出现如下界面。图中显示了基因序列的起始密码子 ATG 以及序列结束端的终止密码子 TAA。

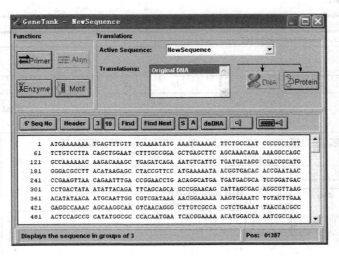

第四步，点击 ⇄Primer 进入引物设计界面，如下图。其中 **Primer:** S A 点击 S 键为设计上游引物（即 sensitive），A 键为设计下游引物（即 anti-sensitive）。

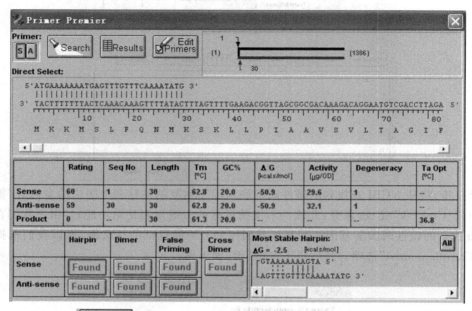

在该界面点击 Edit Primers 就可以对上游引物进行编辑了，根据我们后面实验用到的载体 PET-28a 图谱的多克隆酶切位点和对碱性磷酸酶基因序列的限制酶切位点分析，我们选择了 BamHI 和 HindIII 两种酶切位点，其中 BamHI 酶切位点（GGATCC）按放在上游引物，HindIII（AAGCTT）按放在下游引物，保证了碱性磷酸酶基因在 PET-28a 载体的 T7 启动子控制下被正确转录。设计的上游引物经过软件分析后得到下图所示结果：

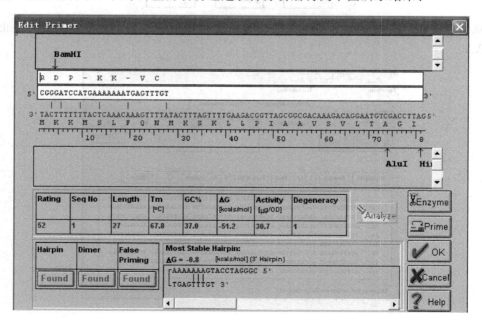

然后点击"OK"键进入下游引物设计步骤，点击后如下图所示：

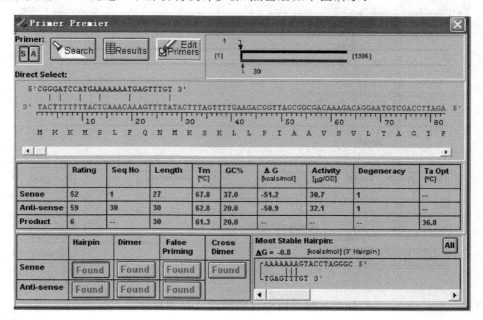

点击 Primer: S A 中的"A"键，然后将滚动条往右边拉到底并将引物位置定位在末端，如下图所示：

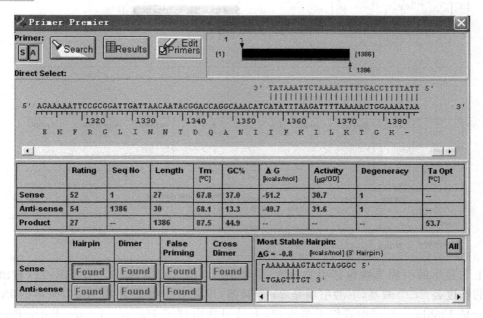

点击 Edit Primers 进入下游引物编辑，我们设计的下游引物经过该软件分析后结果如下图：

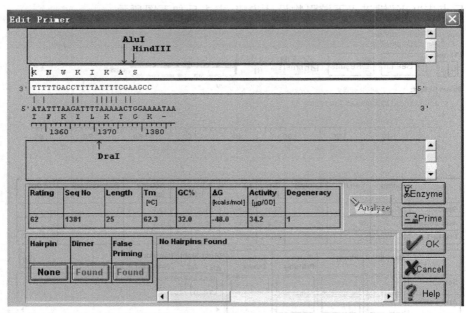

点击"OK"键后，显示的是对上下游引物的总体评价。如图所示：

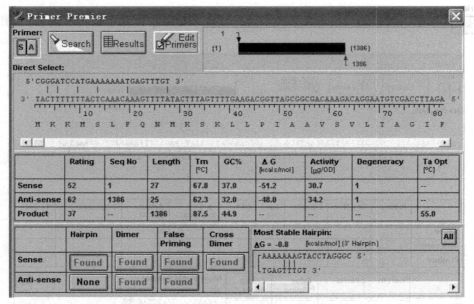

上图显示的引物参数包括引物长度、引物的 T_m 值、GC 含量等。从上图可以看出上游引物的长度是 27 个碱基，下游引物是 25 个碱基，用此对引物做 PCR 反应，所得的 PCR 产物长度是 1386bp。从图中我们不难发现，上游引物出现了 Hairpin、Dimer、False Priming、Cross Dimer 等，下游引物也同样出现了 Dimer、False Priming 等。运用此引物设计软件设计引物时，这些结果是很难避免的，因此有些情况下很难设计出完全遵循引物设计原则的引物。

最终得到的设计引物为：

上游引物 5′-CGGGATCCATGAAAAAAATGAGTTTGT-3′(BamHI)

下游引物 5′-CCG<u>AAGCTT</u>TTATTTTCCAGTTTTT-3′（HindIII）

引物前端的碱基为内切酶的保护性碱基,保护性碱基的引入可以提高内切酶的酶切效率。最后我们将设计好的上下游引物复制保存下来,注意引物的 3′和 5′端的方向。然后就可以将设计好的引物送往相关引物合成公司进行合成了。

六、研讨题

1. PCR 过程有哪几个方面的影响因素?

2. 如何减少 PCR 过程中的非特异性扩增?

3. 引物设计中哪些重要问题会导致 PCR 结果失败?

4. 通过网站或软件设计一对免疫球蛋白基因的引物。

七、主要参考文献

[1] 刘进元. 分子生物学实验指导[M]. 北京:清华大学出版社,2002.

[2] 郝福英. 分子生物学实验技术[M]. 北京:北京大学出版社,1999.

[3] [美]J. 莎姆布鲁克著,黄培堂译. 分子克隆实验指南(第三版)[M]. 北京:科学出版社,2005.

[4] 李衍达,孙之荣等译. 生物信息学:基因和蛋白质分析的实用指南[M]. 北京:清华大学出版社,2000.

[5] 参考网站:美国国立生物技术信息中心 NCBI http://www.ncbi.nlm.nih.gov.

[6] 参考网站:生物软件网 http://www.bio-soft.net/.

第四章 DNA 重组技术

一、DNA 重组技术相关概念

（1）DNA 克隆：是指应用酶学的方法，将不同来源的 DNA 分子在体外进行特异切割、重组连接，结合成一具有自我复制能力的 DNA 分子——复制子（replication），继而通过转化或转染宿主细胞，筛选出含有目的基因的转化子细胞，再进行扩增、提取获得大量同一 DNA 分子，即 DNA 克隆。由于早期研究是从较大的染色体分离、扩增特异性基因，因此 DNA 克隆又称基因克隆（gene cloning）。

（2）基因工程：实现基因克隆所采用的方法及相关的工作，又称为 DNA 重组技术（recom-binant DNA technology）。

（3）工具酶：在重组 DNA 技术即基因工程技术中需应用某些基本酶类进行基因操作，称为工具酶。常用的工具酶包括 DNA 聚合酶 I、DNA 连接酶、末端转移酶、反转录酶、多聚核苷酸激酶，而限制性核酸内切酶特别重要，应用最广。

限制性核酸内切酶（restriction endonuclease）：是能够识别 DNA 的特异序列，并在识别位点或其周围切割双链 DNA 的一类内切酶，是细菌内存在的保护性酶。限制性内切核酸酶分为 I、II、III 三类。I 类和 III 类酶在同一蛋白质分子中兼有切割和修饰（甲基化）作用，且依赖 ATP 的存在。I 类酶结合于识别位点并随机切割识别位点不远处的 DNA，而 III 类酶在识别位点上切割 DNA 分子，然后从底物上解离。II 类酶由两种酶组成：一种为限制性内切酶（简称限制酶），它切割某一特异的核苷酸序列；另一种为独立的甲基化酶，它修饰同一识别序列。重组 DNA 技术中常用的限制性内切核酸酶为 II 类酶，例如，EcoRI、BamH I 等就属于这类酶。大部分 II 类酶识别 DNA 位点的核苷酸序列呈二元旋转对称，通常称这种特殊的结构顺序为回文结构。所有限制性内切核酸酶切割 DNA 均产生含 5′磷酸基和 3′羟基基团的末端。限制性内切核酸酶的特点：①识别 DNA 的特异序列并切割；②不同的酶识别核苷酸序列往往包含 4 个到 6 个核苷酸；③不同的酶切割 DNA 频率不同；④可产生粘性或钝性末端；带有相同类型的粘性末端或钝性末端的 DNA 都可以再相互连接。

（4）目的基因：基因工程中常为分离、获得某一感兴趣的基因或 DNA 序列，或为得到感兴趣的基因的蛋白质表达产物，这种感兴趣的基因或 DNA 序列称为目的基因。目的基因可来自 cDNA 和基因组 DNA。cDNA（complementary DNA）是指以 mRNA 或病毒 RNA 经反转录酶催化合成互补单链 DNA，再聚合生成的双链 cDNA；基因组 DNA（genomic DNA）则指代表一个细胞或生物体全套遗传信息的所有 DNA 序列。

（5）基因载体：也称克隆载体，是指用以携带外源目的基因，实现无性繁殖所采用的可独立复制的完整 DNA 分子，又称克隆载体。其中为表达出蛋白质设计的载体又称表达载体。

常用基因载体包括质粒、噬菌体、病毒 DNA 等。载体的选择标准包括：有独立复制能力，能够利用宿主酶系转录和翻译；有多种限制性内切酶单一切口的多克隆位点，便于外源 DNA 插入；有两个以上的筛选标记，便于重组体的筛选和鉴定；分子量小，以容纳较大的外源 DNA。

二、重组 DNA 技术策略与技术路线

DNA 重组的总体策略：分离制备待克隆的 DNA 片段、基因载体的选择与构建、目的基因与载体在体外进行连接、重组 DNA 分子转入受体细胞，筛选并鉴定阳性重组子。DNA 重组的技术路线如图 2-4-1。

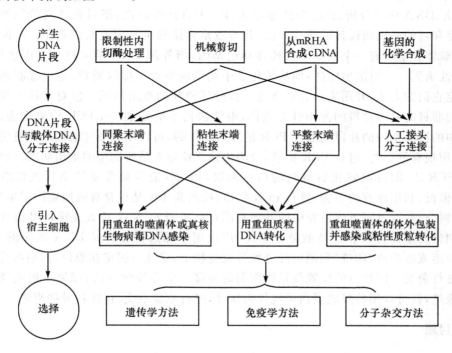

图 2-4-1　重组 DNA 的基本技术路线

（1）DNA 片段的制备：①用限制性核酸内切酶将高分子量 DNA 切成一定大小的 DNA 片段；②用物理方法（如超声波）取得 DNA 随机片段；③在已知蛋白质的氨基酸顺序情况下，用人工方法化学合成对应的基因片段；④从 mRNA 反转录产生 cDNA。

（2）克隆载体的选择和构建：将外源 DNA 连到复制子上，外源 DNA 则可作为复制子的一部分在受体细胞中复制。这种复制子就是克隆载体。常用的克隆载体包括质粒、噬菌体 DNA、柯斯（Cos）质粒等。

（3）目的基因与载体在体外进行连接：①粘性末端连接：包括同一限制酶切割位点连接和不同限制性内切酶位点连接；②平端连接：限制性内切酶作用产生的平端粘端经特殊酶处理变为平端；③同聚物加尾连接：由末端转移酶作用，在 DNA 片段末端加上同聚物序列；④人工接头连接：由平端加上带有新的酶切位点的寡核苷酸，再用限制酶切产生粘性末端，进行连接。

（4）重组 DNA 分子转入受体细胞：①转化（transformation）或转染（transfection）：方法

是将重组质粒 DNA 或噬菌体 DNA(M13)与氯化钙处理过的宿主细胞混合置于冰上,待 DNA 被吸收后铺在平板培养基上,再根据实验设计使用选择性培养基筛选重组子。宿主细胞为细菌时,常采用电穿击法、热击法等。通常重组分子的转化效率比非重组 DNA 低,原因是连接效率不高,有许多 DNA 分子无转化能力,而且重组后的 DNA 分子比原载体 DNA 分子大,转化困难。②感染(infection):病毒类侵染宿主菌的过程称为感染,一般效率比转化高。

(5)筛选并鉴定阳性重组子:筛选是指通过某种特定的方法,从被分析的细胞群体或基因文库中鉴定出真正具有所需重组 DNA 分子的特定克隆的过程。常见的重组子筛选和鉴定方法有:平板筛选法(抗药性筛选、蓝白斑筛选等)、电泳鉴定法(提质粒限制性酶切后电泳)、PCR 法、DNA 序列分析、核酸探针鉴定法等。①直接筛选法:指对载体携带某种或某些标志基因和目的基因而设计的筛选方法,其特点是直接测定基因或基因表型。②间接筛选:有引起载体分子带有一个或多个抗药性标记基因,当外源 DNA 插入抗药基因区后,基因失活,抗性消失。③电泳鉴定法:即从转化子中利用碱变性法提取质粒,通过琼脂糖凝胶电泳法测定它们的大小,并用酶切后电泳进一步验证质粒的重组情况。但对于插入片段是大小相似的非目的基因片段的假阳性重组体,电泳法仍不能鉴别。④PCR 检测方法:如果克隆载体中的目的基因的片段是通过 PCR 的方法获得的,可以用碱变性法提取的重组质粒为模板,利用现有的引物,进行 PCR 扩增,检测构建质粒是否是所期望的重组质粒。也可以进行菌落 PCR 法,即挑取转化后得到的白色菌落,用 LB 液体培养基扩增后直接取菌液 DNA 作为模板,利用现有的引物,进行 PCR 扩增,检测菌体中是否含有所期望的重组质粒。⑤DNA 序列分析:通过对重组质粒中的外源基因片段进行测序,来检查克隆的基因片段是否是我们期望的基因片段。⑥核酸分子杂交:广泛用于筛选含有特异 DNA 顺序的克隆。方法是将菌落或噬菌斑"印迹"到硝酸纤维膜等支持物上,变性后固定在原位,然后与标记的核酸探针进行杂交。阳性点的位置就是所需要的克隆。⑦免疫学方法:如果重组克隆能在宿主菌中表达,就可以用特异的蛋白质抗体为探针,进行原位杂交,选择特异的克隆。

三、研讨题

1. 基因重组技术与转基因技术有什么区别?
2. 举例说明在基因重组技术中哪些步骤需要用到工具酶?
3. 为何在筛选重组子的过程中会出现假阳性?

四、主要参考文献

[1] 魏春红,李毅. 现代分子生物学实验技术[M]. 北京:高等教育出版社,2006.

[2] 赵亚华. 生物化学与分子生物学实验技术教程[M]. 北京:高等教育出版社,2005.

[3] 朱旭芬. 基因工程实验指导[M]. 北京:高等教育出版社,2006.

[4] 孙明. 基因工程[M]. 北京:高等教育出版社,2006.

[5] 李立家,肖庚富. 基因工程[M]. 北京:科学出版社,2004.

第五章　重组体分析与检测

一、概述

重组体分析与检测通常用于明确外源目的基因是否导入宿主基因组中,为下一步基因表达与蛋白质分离纯化及制备奠定基础。

重组体的分析与检测通常采用分子杂交的方法进行。互补的核苷酸序列通过 Watson-Crick 碱基配对形成稳定的杂合双链分子 DNA 分子的过程称为杂交。杂交过程是高度特异性的,可根据所使用的已知序列探针进行特异性重组体靶序列检测。

杂交的双方是所使用探针和要检测的重组体核酸。该检测对象可以是克隆化的基因组 DNA,也可以是细胞总 DNA 或总 RNA。根据使用的方法被检测的核酸可以是提纯的,也可以在细胞内杂交,即细胞原位杂交。探针必须经过标记,以便示踪和检测。使用最普遍的探针标记物是同位素,但由于同位素的安全性,近年来发展了许多非同位素标记探针的方法,多使用甾类化合物地高辛配基(digoxigenin,DIG)标记。

核酸分子杂交具有很高的灵敏度和特异性,因而该技术在重组体分析与检测中已广泛使用。

二、核酸探针标记的方法

核酸探针根据核酸的性质,可分为 DNA 和 RNA 探针;根据是否使用放射性标记物,可分为放射性标记探针和非放射性标记探针;根据是否存在互补链,可分为单链和双链探针;根据放射性标记物掺入情况,可分为均匀标记和末端标记探针。下面介绍几种主要类型的探针及其标记方法。

1. 双链 DNA 探针及其标记方法

在重组体分析与检测中,最常用的探针即双链 DNA 探针。其合成方法主要有切口平移法和随机引物合成法两种。

(1)切口平移法(nick translation):当双链 DNA 分子的一条链上产生切口时,*E. coli* DNA 聚合酶 I 就可将核苷酸连接到切口的 $3'$ 羟基末端。同时该酶具有从 $5' \rightarrow 3'$ 的核酸外切酶活性,能从切口的 $5'$ 端除去核苷酸。由于在切去核苷酸的同时又在切口的 $3'$ 端补上核苷酸,从而使切口沿着 DNA 链移动,用放射性核苷酸代替原先无放射性的核苷酸,将放射性同位素掺入到合成新链中。最合适的切口平移片段一般为 $50\sim500$ 个核苷酸。切口平移反应受下列几种因素的影响:a)产物的比活性取决于 $[\alpha^{-32}P]dNTP$ 的比活性和模板中核苷酸被置换的程度;b)DNA 酶 I 的用量和 *E. coli* DNA 聚合酶的质量会影响产物片段的大小;c)DNA 模板中的抑制物如琼脂糖会抑制酶的活性,故应使用纯化后的 DNA。

（2）随机引物合成法：随机引物合成双链探针是使寡核苷酸引物与 DNA 模板结合，在 Klenow 酶的作用下，合成 DNA 探针。合成产物的大小、产量、比活性依赖于反应中模板、引物、dNTP 和酶的量。通常，产物平均长度为 400～600 个核苷酸。利用随机引物进行反应的优点是：a）Klenow 片段没有 $5'\rightarrow 3'$ 外切酶活性，反应稳定，可以获得大量的有效探针；b）反应时对模板的要求不严格，用微量制备的质粒 DNA 模板也可进行反应；c）反应产物的比活性较高，可达 4×10^9 cpm/μg 探针；d）随机引物反应还可以在低熔点琼脂糖中直接进行。

注意：a）引物与模板的比例应仔细调整，当引物高于模板时，反应产物比较短，但产物的累积较多；反之，则可获得较长片段的探针；b）模板 DNA 应是线性的，如为超螺旋 DNA，则标记效率不足 50%。

2. 单链 DNA 探针

用双链探针杂交检测另一个远缘 DNA 时，探针序列与被检测序列间有很多错配。而两条探针互补链之间的配对却十分稳定，即形成自身的无效杂交，结果使检测效率下降。采用单链探针则可解决这一问题。单链 DNA 探针的合成方法主要有下列两种。

（1）从 M13 载体衍生序列合成单链 DNA 探针：合成单链 DNA 探针可将模板序列克隆到噬粒或 M13 噬菌体载体中，以此为模板，以特定的通用引物或以人工合成的寡核苷酸为引物，在 $[\alpha^{-32}\text{P}]$-dNTP 的存在下，由 Klenow 片段作用合成放射标记探针，反应完毕后得到部分双链分子。在克隆序列内或下游用限制性内切酶切割这些长短不一的产物，然后通过变性凝胶电泳（如变性聚丙烯酰胺凝胶电泳）将探针与模板分离开。双链 RF 型 M13 DNA 也可用于单链 DNA 的制备，选用适当的引物即可制备正链或负链单链探针。

（2）从 RNA 合成单链 cDNA 探针：cDNA 单链探针主要用来分离 cDNA 文库中相应的基因。用 RNA 为模板合成 cDNA 探针所用的引物有两种：1）用寡聚 dT 为引物合成 cDNA 探针。本方法只能用于带 Poly(A) 的 mRNA，并且产生的探针极大多数偏向于 mRNA $3'$ 末端序列。2）用随机引物合成 cDNA 探针。该法可避免上述缺点，产生比活性较高的探针。但由于模板 RNA 中通常含有多种不同的 RNA 分子，所得探针的序列往往比以克隆 DNA 为模板所得的探针复杂得多，应预先尽量富集 mRNA 中的目的序列。

反转录得到的产物 RNA/DNA 杂交双链经碱变性后，RNA 单链可被迅速地降解成小片段，经 Sephadex G-50 柱层析即可得到单链探针。

注意：RNA 极易降解，因而实验中的所有试剂和器皿均应在 DEPC 处理后，灭菌备用。

3. 寡核苷酸探针

利用寡核苷酸探针可检测到靶基因上单个核苷酸的点突变。常用的寡核苷酸探针主要有两种：单一已知序列的寡核苷酸探针和许多简并性寡核苷酸探针组成的寡核苷酸探针库。单一已知序列寡核苷酸探针能与它们的目的序列准确配对，可以准确地设计杂交条件，以保证探针只与目的序列杂交而不与序列相近的非完全配对序列杂交，对于一些未知序列的目的片段则无效。

除了常见的同位素标记探针外，还有利用非同位素标记探针和杂交的方法，许多公司都有不同的非同位素标记探针的杂交系统出售，可根据这些公司提供的操作步骤进行探针的标记和杂交。

4. RNA 探针

许多载体如 pBluescript、pGEM 等均带有来自噬菌体 SP6 或 *E.coli* 噬菌体 T7 或 T3 的启动子,它们能特异性地被各自噬菌体编码的依赖于 DNA 的 RNA 聚合酶所识别,合成特异性的 RNA。在反应体系中若加入经标记的 NTP,则可合成 RNA 探针。RNA 探针一般都是单链,它具有单链 DNA 探针的优点,又具有许多 DNA 单链探针所没有的优点,主要是:RNA∶DNA 杂交体比 DNA∶DNA 杂交体有更高的稳定性,所以在杂交反应中 RNA 探针比相同比活性的 DNA 探针所产生信号要强。RNA∶RNA 杂交体用 RNA 酶 A 酶切比 S1 酶切 DNA∶RNA 杂交体容易控制,所以用 RNA 探针进行 RNA 结构分析比用 DNA 探针效果好。

噬菌体依赖 DNA 的 RNA 聚合酶所需的 rNTP 浓度比 Klenow 片段所需的 dNTP 浓度低,因而能在较低浓度放射性底物的存在下,合成高比活性的全长探针。用来合成 RNA 的模板能转录许多次,所以 RNA 的产量比单链 DNA 高。并且用来合成 RNA 的模板能转录多次,可获得比单链 DNA 更高产量的 RNA。

反应完毕后,用无 RNA 酶的 DNA 酶Ⅰ处理,即可除去模板 DNA,而单链 DNA 探针则需通过凝胶电泳纯化才能与模板 DNA 分离。

另外,噬菌体依赖于 DNA 的 RNA 聚合酶不识别克隆 DNA 序列中的细菌、质粒或真核生物的启动子,对模板的要求也不高,故在异常位点起始 RNA 合成的比率很低。因此,当将线性质粒和相应的依赖 DNA 的 RNA 聚合酶及四种 rNTP 一起保温时,所有 RNA 的合成,都由这些噬菌体启动子起始。而在单链 DNA 探针合成中,若模板中混杂其他 DNA 片段,则会产生干扰。但它也存在着不可避免的缺点,因为合成的探针是 RNA,它对 RNase 特别敏感,应而所用的器皿试剂等均应仔细地去除 RNase;另外如果载体没有很好地酶切则等量的超螺旋 DNA 会合成极长的 RNA,它有可能带上质粒的序列而降低特异性。

四、几种常见的分子杂交技术

分子杂交是通过各种方法将核酸分子固定在固相支持物上,然后用放射性标记的探针与被固定的分子杂交,经显影后显示出目的 DNA 或 RNA 分子所处的位置。根据被测定的对象,分子杂交基本可分为以下几大类:

(1)Southern 杂交:DNA 片段经电泳分离后,从凝胶中转移到硝酸纤维素滤膜或尼龙膜上,然后与探针杂交。被检对象为 DNA,探针为 DNA 或 RNA。

(2)Northern 杂交:RNA 片段经电泳后,从凝胶中转移到硝酸纤维素滤膜上,然后用探针杂交。被检对象为 RNA,探针为 DNA 或 RNA。

下面具体介绍上述两种分子杂交技术。

1. Southern 杂交

Southern 杂交可用来检测经限制性内切酶切割后的 DNA 片段中是否存在与探针同源的序列,它包括下列步骤:1)酶切 DNA,凝胶电泳分离各酶切片段,然后使 DNA 原位变性;2)将 DNA 片段转移到固体支持物(硝酸纤维素滤膜或尼龙膜)上;3)预杂交滤膜,掩盖滤膜上非特异性位点;4)让探针与同源 DNA 片段杂交,然后漂洗除去非特异性结合的探针;5)通过显影检查目的 DNA 所在的位置。

Southern 杂交能否检出杂交信号取决于很多因素,包括目的 DNA 在总 DNA 中所占的比例、探针的大小和比活性、转移到滤膜上的 DNA 量以及探针与目的 DNA 间的配对情况等。在最佳条件下,放射自显影曝光数天后,Southern 杂交能很灵敏地检测出低于 0.1pg 与 ^{32}P 标记的高比活性探针的($>10^9$ cpm/μg)互补 DNA。如果将 10μg 基因组 DNA 转移到滤膜上,并与长度为几百个核苷酸的探针杂交,曝光过夜,则可检测出哺乳动物基因组中 1kb 大小的单拷贝序列。

将 DNA 从凝胶中转移到固体支持物上的方法主要有 3 种:1)毛细管转移:本方法由 Southern 发明,故又称为 Southern 转移(或印迹)。毛细管转移方法的优点是简单,不需要用其他仪器。缺点是转移时间较长,转移后杂交信号较弱。2)电泳转移:将 DNA 变性后,可电泳转移至带电荷的尼龙膜上。该法的优点是不需要脱嘌呤/水解作用,可直接转移较大的 DNA 片段。缺点是转移中电流较大,温度难以控制。通常只有当毛细管转移和真空转移无效时,才采用电泳转移。3)真空转移:有多种真空转移的商品化仪器,它们一般是将硝酸纤维素膜或尼龙膜放在真空室上面的多孔屏上,再将凝胶置于滤膜上,缓冲液从上面的一个贮液槽中流下,洗脱出凝胶中的 DNA,使其沉积在滤膜上。该法的优点是快速,在 30 分钟内就能从正常厚度 4～5mm 和正常琼脂糖浓度<1%的凝胶中定量地转移出来。转移后得到的杂交信号比 Southern 转移强 2～3 倍。缺点是如不小心,会使凝胶碎裂,并且在洗膜不严格时,其背景比毛细管转移要高。

2. Northern 杂交

Northern 杂交与 Southern 杂交很相似,主要区别是被检测对象为 RNA,其电泳在变性条件下进行,以去除 RNA 中的二级结构,保证 RNA 完全按分子大小分离。变性电泳主要有 3 种:乙二醛变性电泳、甲醛变性电泳和羟甲基汞变性电泳。电泳后的琼脂糖凝胶用与 Southern 转移相同的方法将 RNA 转移到硝酸纤维素滤膜上,然后与探针杂交。

注意:a)如果琼脂糖浓度高于 1%,或凝胶厚度大于 0.5cm,或待分析的 RNA 大于 2.5kb,需用 0.05M NaOH 浸泡凝胶 20min,部分水解 RNA 并提高转移效率。浸泡后用经 DEPC 处理的水淋洗凝胶,并用 20×SSC 浸泡凝胶 45min。然后再转移到滤膜上;b)如果滤膜上含有乙醛酰 RNA,杂交前需用 20mM Tris-HCl (pH8.0)于 65℃洗膜,以除去 RNA 上的乙二醛分子;c)RNA 自凝胶转移至尼龙膜所用方法,与 RNA 转移至硝酸纤维素滤膜所用方法类似;d)含甲醛的凝胶在 RNA 转移前需用经 DEPC 处理的水淋洗数次,以除去甲醛。当使用尼龙膜杂交时注意,有些带正电荷的尼龙膜在碱性溶液中具有固着核酸的能力,需用 7.5mM NaOH 溶液洗脱琼脂糖中的乙醛酰 RNA,同时可部分水解 RNA,并提高较长 RNA 分子(>2.3kb)转移的速度和效率。此外,碱可以除去 mRNA 分子的乙二醛加合物,免去固定后洗脱的步骤。乙醛酰 RNA 在碱性条件下转移至带正电荷尼龙膜的操作也按 DNA 转移的方法进行,但转移缓冲液为 7.5mmol/LNaOH,转移结束后(4.5～6.0h),尼龙膜需用 2×SSC、0.1% SDS 淋洗片刻、于室温晾干;e)尼龙膜的不足之处是背景较高,用 RNA 探针时尤为严重。将滤膜长时间置于高浓度的碱性溶液中,会导致杂交背景明显升高,可通过提高预杂交和杂交步骤中有关阻断试剂的量来予以解决;f)如用中性缓冲液进行 RNA 转移,转移结束后,将晾干的尼龙膜夹在两张滤纸中间,80℃干烤 0.5～2h,或者 254nm 波长的紫外线照射尼龙膜带 RNA 的一面。后一种方法较为繁琐,但却优先使用,因为某些批号的带正电荷的尼龙膜经此处理后,杂交信号可以增强。然而为获得最佳效果,务必确保尼龙膜不被过度照射,适度照射可促进 RNA 上小部分碱基与尼龙膜表面带正电荷的胺基形成交联结构,而过度照射却使 RNA 上一部分胸腺嘧啶共价结合于尼龙膜表面,导致杂交信号减弱。

3. 杂交反应的条件及参数的优化

不同的反应条件对杂交结果的影响如下:

(1)根据杂交液的体积确定杂交的时间:一般来说使用较小体积的杂交液比较好,因为在小体积溶液中,核酸重新配对的速度快、探针用量少,从而使滤膜上的 DNA 在反应中起主要作用。但在杂交中必须保证有足够的杂交溶液覆盖杂交膜。

(2)根据所用的杂交溶液确定杂交的温度:一般来说,杂交相为水溶液时,则在 68℃ 杂交,而在 50％ 甲酰胺溶液中时,则在 42℃ 下杂交。

(3)选用不同的封闭试剂:如 Denhardt's 试剂、肝素或一种由 5％ 脱脂奶粉组成的 BLOTTO,这些试剂中需加入断裂的鲑鱼精子 DNA 或酵母 DNA,并和 SDS 一起使用。与 Denhardt's 试剂相比,BLOTTO 价格便宜,使用方便,同样可获得满意的结果,但它不能用于 RNA 杂交。一般而言,尼龙膜用 Denhardt's 试剂比用 BLOTTO 能得到更高的信噪比。对硝酸纤维素滤膜而言,通常在预杂交溶液和杂交溶液中都含有封闭剂。但是对尼龙膜,经常从杂交溶液中省去封闭剂,因为高浓度的蛋白质会干扰探针和目的基因的退火。

(4)根据需要在杂交过程中选用不同的振荡方法和程度,许多杂交膜一起反应时,连续的轻微振荡可获得较好的杂交结果。

(5)在杂交过程中加入其他化合物,如反应体系中加入 10％ 硫酸葡聚糖或 10％PEG,杂交速度可增加约 10 倍。检测稀有序列时常用该方法,但它们有时会导致本底较高,并由于溶液的黏稠性而使操作困难。因此,除非在滤膜上含有的目的 DNA 量很少,或放射性探针的量有限,一般不用硫酸葡聚糖或 PEG。

(6)根据探针与被检测目标之间的同源程度选择清洗的程度,如具有很高的同源性可选用严紧型洗脱方式(高浓度 SSC),反之则选用非严紧型洗脱方式(低浓度 SSC)。洗脱通常在低于杂交体解链温度 12～20℃ 的条件下进行。解链温度(melting temperature,Tm)是指在双链 DNA 或 RNA 分子变性形成分开的单链时光吸收度增加的中点处温度。通常富含 G·C 碱基对的序列比富含 A·T 碱基对序列的 Tm 温度高。有关 Tm 的计算方法,请参考第八章。

(7)根据标记探针的浓度及其比活性,选择不同的杂交条件及检测方法。一般使用新的同位素可获得较强的信号。

(8)在水溶液中杂交时,用 6×SSC 或 6×SSPE 溶液的效果都一样。但在甲酰胺溶液中杂交时,应该用具有更强缓冲能力的 6×SSPE。

上述这些条件的改变,对杂交的结果有不同的影响,应根据研究的具体情况,选用适当的方法。

五、研讨题

1. 进行重组体分析与检测时,一般采用哪些分子杂交技术?
2. 分子杂交技术有哪些关键性环节?影响这些环节的因素有哪些?
3. 分子杂交时没有杂交信号,分析其原因。

六、参考文献

[1] 梁国栋. 最新分子生物学实验技术[M]. 北京:科学出版社,2001.

[2] 刘进元. 分子生物学实验指导[M]. 北京:清华大学出版社,2002.

[3] 胡维新. 医学分子生物学[M]. 长沙:中南大学出版社,2002.

[4] J·萨姆布鲁克,E.F·弗里奇,T·曼尼阿蒂斯.分子克隆实验指南(第二版)[M]. 北京:科学出版社,2002.

[5] Williams R J. Methods in Molecular Biology [M]. Humana Press,2001.

[6] 郝福英. 分子生物学实验技术[M]. 北京:北京大学出版社,1999.

第六章　基因表达

一、概述

重组体的原核与真核表达用于诱导外源目的基因的表达,是目的蛋白或目标产物高效产出的主要途径,为下一步蛋白质分析及其分离纯化与制备奠定基础。

生物有机体的遗传信息都是以基因的形式储存在细胞的遗传物质 DNA 分子上的,而 DNA 分子的基本功能之一,就是把它所承载的遗传信息转变为由特定氨基酸顺序构成的多肽或蛋白质(包括酶)分子,从而决定生物有机体的遗传表型。这种从 DNA 到蛋白质的过程叫做基因表达(gene expression)。

重组体的表达系统一般分为原核和真核两种系统。在大肠杆菌细胞中,参与特定新陈代谢的基因是趋于成簇地集成一个转录单位,即操纵子。在操纵子中主要的控制片段包括操纵基因和启动子,位于它的起始部位。在基因表达过程中,操纵子先转录成多顺反子 mRNA,然后再从多顺反子 mRNA 转译成多肽分子。为了使重组体能够在细菌寄主中实现功能表达,就必须使外源目的基因置于寄主细胞的转录和 mRNA 分子的有效转译控制之下。而且在有的情况下,还涉及表达产物蛋白质分子的转译后修饰的问题。而后者是指利用各种先进的基因导入技术及细胞培养方法实现外源基因在动、植物及酵母等真核宿主细胞中的表达。

二、原核表达系统

在原核细胞中表达外源基因时,由于实验设计的不同,总的来说可产生融合型和非融合型表达蛋白。不与细菌的任何蛋白或多肽融合在一起的表达蛋白称为非融合蛋白。非融合蛋白的优点在于它具有非常接近于真核细胞体内蛋白质的结构,因此表达产物的生物学功能也就更接近于生物体内天然蛋白质。非融合蛋白的最大缺点是容易被细菌蛋白酶所破坏。为了在原核生物细胞中表达出非融合蛋白,可将带有起始密码 ATG 的真核基因插入到原核启动子和 S-D 序列的下游,组成一个杂合的核糖体结合区,经转录翻译,得到非融合蛋白。

融合蛋白是指蛋白质的 N 末端由原核 DNA 序列或其他 DNA 序列编码,C 端由真核 DNA 的完整序列编码。这样的蛋白质由一条短的原核多肽或具有其他功能的多肽和真核蛋白质结合在一起,故称为融合蛋白。含原核细胞多肽的融合蛋白是避免细菌蛋白酶破坏的最好措施。而含另外一些多肽的融合蛋白则为表达产物的分离纯化等提供了极大的方便。表达融合型蛋白应非常注意其阅读框架,其阅读框架应与融和的 DNA 片段的阅读框架一致,翻译时才不至于产生移码突变。下面简要介绍几种常用的原核表达载体。

1. 非融合型表达蛋白载体 pKK223-3

这个载体是由 Brosius 等在哈佛大学的 Gilbert 实验室组建的。在大肠杆菌细胞中,它能极有效地高水平表达外源基因。它具有一个强的 tac(trp-lac)启动子。这个启动子是由 trp 启动子的—35 区、lacUV5 启动子的—10 区、操纵基因及 S-D 序列组成。紧接 tac 启动子的是一个取自 pUC8 的多位点接头,使之很容易把目的基因定位在启动子和 S-D 序列后。在多位点下游的一段 DNA 序列中,还包含一个很强的核糖体 RNA 的转录终止子,目的是稳定载体系统。因为上游强的 tac 启动子控制的转录必须由强终止子抑制,才不至于干扰与载体本身稳定性有关的基因表达。载体的其余部分由 pBR322 组成。在使用 pKK223-3 质粒时,应相应地使用一个 lacI 宿主,如 JM 105。

2. 分泌型克隆表达载体 pinⅢ系统

这个载体系统是以 pBR322 为基础构建的。它带有大肠杆菌中最强的启动子之一,即 Ipp(脂蛋白基因)启动子。在启动子的下游装有 lacUV5 的启动子及其操纵基因,并且把 lac 阻遏子的基因(lac I)也克隆在这个质粒上。这样,目的基因的表达就成为可调节的了。在转录控制的下游再装上人工合成的高效翻译起始顺序(S-D 序列及 ATG)。作为分泌克隆表达载体中关键的编码信号肽的序列,取自于大肠杆菌中分泌蛋白的基因 ompa(外膜蛋白基因)。在编码顺序下游紧接着的是一段人工合成的多克隆位点片段,其中包括 3 个单一酶切位点 EcoRI、HindⅢ和 BamHI。

3. 融合型蛋白表达载体 pGEX 系统

pGEX 系统由 Pharmacia 公司构建,由 3 种载体 pGEX-lXT、pGEX-2T 和 pGEX-3X 以及一种用于纯化表达蛋白的亲和层析介质 Glutathione Sepharose 4B 组成。载体的组成成分基本上与其他表达载体相似,含有启动子 tac 及 lac 操纵基因、S-D 序列、lacI 阻遏蛋白基因等。这类载体与其他表达载体不同之处在于 S-D 序列下游是谷胱甘肽疏基转移酶基因,而克隆的外源基因则与谷胱甘肽疏基转移酶基因相连。当进行基因表达时,表达产物为谷胱甘肽疏基转移酶和目的基因产物的融合体。

三、真核表达系统

尽管原核表达系统能够在较短时间内获得基因表达产物,且所需的成本相对比较低廉。但原核表达系统中的目的蛋白常以包涵体形式表达,导致产物纯化困难;而且原核表达系统翻译后加工修饰体系不完善,表达产物的生物活性较低。因此,利用真核表达系统来表达目的蛋白越来越受到重视。目前,重组体表达研究中常用的真核表达系统有酵母表达系统、昆虫细胞表达系统和哺乳动物细胞表达系统。

1. 酵母表达系统

最早应用于重组体表达的酵母是酿酒酵母,后来人们又相继开发了裂殖酵母、克鲁维酸酵母、甲醇酵母等,其中,甲醇酵母表达系统是目前应用最广泛的酵母表达系统。目前甲醇酵母主要有 *H Polymorpha*、*Candida Bodini*、*Pichia Pastris* 3 种。以 *Pichia Pastoris* 应用最多。

甲醇酵母的表达载体为整合型质粒,载体中含有与酵母染色体中同源的序列,因而比较容易整合入酵母染色体中。大部分甲醇酵母的表达载体中都含有甲醇酵母醇氧化酶基因—

1（AOx1），在该基因的启动子（PAXOI）作用下，外源基因得以表达。PAXOI 是一个强启动子，在以葡萄糖或甘油为碳源时，甲醇酵母中 AOx1 基因的表达受到抑制，而在以甲醇为唯一碳源时 PAXOI 可被诱导激活，因而外源基因可在其控制下表达。将目的基因多拷贝整合入酵母染色体后可以提高外源蛋白的表达水平及产量。此外，甲醇酵母的表达载体都为 E. coli/Pichia Pastoris 的穿梭载体，其中含有 E. coli 复制起点和筛选标志，可在获得克隆后采用 E. coli 细胞大量扩增。目前，将质粒载体转入酵母菌的方法主要有原生质体转化法、电击法及氯化锂法等。甲醇酵母一般先在含甘油的培养基中生长，培养至高浓度，再以甲醇为碳源，诱导表达外源蛋白，这样可大大提高表达产量。利用甲醇酵母表达外源性蛋白质其产量往往可达克级，与酿酒酵母相比，其翻译后的加工更接近哺乳动物细胞，不会发生超糖基化。

利用 PAXOI 表达外源蛋白时，一般需很长时间才能达到峰值水平，而甲醇是高毒性、高危险性的化工产品，使得实验操作过程中存在不小的危害性，且不宜于食品等蛋白生产。因此那些不需要甲醇诱导的启动子受到人们的青睐，包括 GAP、FLD1、PEX8、YPTI 等。利用三磷酸甘油醛脱氢酶（GAP）启动子代替 PAXOI，不需要甲醇诱导。培养过程中无需更换碳源，操作更为简便，可缩短外源蛋白到达峰值水平的时间。

酵母表达系统作为一种后起的外源蛋白表达系统，由于兼具原核以及真核表达系统的优点，正在重组体表达领域中得到日益广泛的应用。

2. 昆虫细胞表达系统

杆状病毒表达系统是目前应用最广的昆虫细胞表达系统，该系统通常采用目宿银纹夜蛾杆状病毒（AcNPV）作为表达载体。在 AcNPV 感染昆虫细胞的后期，核多角体基因可编码产生多角体蛋白，该蛋白包裹病毒颗粒可形成包涵体。核多角体基因启动子具有极强的启动蛋白表达能力，故常被用来构建杆状病毒传递质粒。克隆入外源基因的传递质粒与野生型 AcNPV 共转染昆虫细胞后可发生同源重组，重组后多角体基因被破坏，因而在感染细胞中不能形成包涵体，利用这一特点可挑选出含重组杆状病毒的昆虫细胞但效率比较低，且载体构建时间长，一般需要 4～6 周。此外，昆虫细胞不能表达带有完整 N 联聚糖的真核糖蛋白。

在病毒感染晚期，由于大量外源蛋白的表达引起昆虫细胞的裂解，胞质内的物质释放出来，与目的蛋白混在一起，从而使蛋白的纯化工作变得很困难，另外水解酶的释放会降解重组蛋白。为了克服以上这些困难，科学工作者先后尝试用丝蛾肌动蛋白基因启动子或杆状病毒 ie-1 基因启动子表达外源蛋白，但效果都不明显。Farrel 等介绍了一种新型的鳞翅目昆虫细胞表达系统，该系统主要包括 3 个调节外源蛋白表达序列：（1）Bombyx mori 的肌动蛋白基因启动子；（2）Bombyx mori 的核型多角体病毒（B）mNPV 的复制必需基因 ie-1（编码 IE-1 蛋白，该蛋白是种转录激活因子，可在体外激活肌动蛋白基因启动子）；（3）BmNPV 的同源重复序列 3 可作为肌动蛋白基因启动子的增强子。三者协同作用，可使转录活性提高 1000 倍以上，从而大大地提高外源蛋白的表达水平。另外目前还有一种新型的宿主范围广的杂合核多角体病毒（HyNPV）被应用于昆虫细胞表达系统的构建，该病毒由 AcNPV 及 Bni'qP 发展而来。

一般情况下，杆状病毒表达系统所能表达的外源蛋白只有少部分是分泌性的，大部分为非分泌性。为了解决这个问题将 Hsp70（热休克蛋白 70）与外源蛋白共表达可明显提高重组蛋白的分泌水平，这是因为分泌性多肽被翻译后必须到达内质网进行加工才能被分泌至胞外。如果到达内质网前，前体多肽就伸展开来，暴露出疏水残基，残基间的相互作用可引起多肽的凝聚，这对最终的表达水平有很大影响。而 Hsp70 是一种分子伴侣，能够与新翻译的多肽结合，抑制前体肽的凝聚使前体肽顺利到达内质网进行加工，从而提高蛋白的分泌水平。

最近，人们又构建了杆状病毒-S2 表达系统，该系统能将重组杆状病毒转染果蝇 S2 细胞，以前人们认为杆状病毒仅能在鳞翅目昆虫细胞（如 sf9、sf21）中复制，不能在其他昆虫细胞中复制，然而目前研究表明在一定条件下，杆状病毒也能感染果蝇细胞。在果蝇细胞中，杆状病毒的多角体基因启动子几乎不发生作用。杆状病毒-S2 表达系统的表达载体利用的是果蝇启动子如 Hsp70 启动子、肌动蛋白 5C 启动子、金属硫蛋白基因启动子等，其中，Hsp70 启动子的作用最强。重组杆状病毒感染 S2 细胞后不会引起宿主细胞的裂解，且蛋白表达水平与鳞翅目细胞相似，因此，杆状病毒-S2 系统是一个很有应用前景的昆虫细胞表达系统。昆虫细胞表达系统，特别是杆状病毒表达系统由于其操作安全，表达量高，目前与酵母表达系统一样被广泛应用于重组体的表达。

　　3. 哺乳动物细胞表达系统

由哺乳动物细胞翻译后再加工修饰产生的外源蛋白质，在活性方面远胜于原核表达系统及酵母、昆虫细胞等真核表达系统，更接近于天然蛋白质。哺乳动物细胞表达载体包含原核序列、启动子、增强子、选择标记基因、终止子和多聚核苷酸信号等。

将外源基因导入哺乳动物细胞主要通过两类方法：一是感染性病毒颗粒感染宿主细胞；二是通过脂质体法、显微注射法、磷酸钙共沉淀法及 DEAE-葡聚糖法等非病毒载体的方式将外源目的基因导入到细胞中。外源基因的体外表达一般采用质粒表达载体，如将重组质粒导入 CHO 细胞可建立高效稳定的表达系统，而利用 COS 细胞可建立瞬时表达系统。目前，病毒载体已成为动物体内表达外源基因的有力工具，在临床基因治疗的探索中也发挥了重要作用。痘苗病毒由于其基因的分子量相当大（约 187kb），利用它作为载体可同时插入几种外源基因，从而构建多价疫苗。另外，逆转录病毒感染效率高，某些难转染的细胞系也可通过其导入外源基因，但要注意的是逆转录病毒可整合入宿主细胞染色体，具有潜在的危险性。

由于腺病毒易于培养、纯化，宿主范围广，故采用该类病毒构建的载体被广泛应用腺病毒载体的构建依赖于腺病毒穿梭质粒和包装载体之间的同源重组。但是哺乳动物细胞内的这种同源重组效率很低，利用细菌内同源重组法构建重组体效率会大大提高，即将外源基因插入到腺病毒穿梭质粒中，形成转移质粒，将其线性化后与腺病毒包装质粒共转化大肠埃希菌。另一种方法是通过 CrelaxP 系统构建重组腺病毒载体，在转移质粒和包装质粒中都插入 laxP 位点，然后将两个质粒共转染表达 Cre 重组酶的哺乳动物细胞，通过 Cre 介导两个 laxP 位点之间的 DNA 发生重组，可获得重组腺病毒，这种重组效率比一般的细胞内同源效率高 30 倍。最近，人们在杆状病毒中插入巨细胞病毒的启动子建立了高效的基因转移载体。由于杆状病毒是昆虫病毒，在哺乳动物细胞中不会引起病毒基因的表达，而且载体的构建容易，因而利用杆状病毒进行基因转移为我们提供了很好的途径。

利用哺乳动物细胞表达外源基因时，大多数情况下不需要诱导，但当表达产物对细胞有毒性时应采取诱导，这样可避免表达产物产生早期就对细胞产生影响。哺乳动物细胞中用到的诱导型载体主要与启动子有关,如热休克蛋白启动子可在高温下被诱导,还有重金属、糖皮质激素诱导的启动子。但这些系统存在一些共同的缺陷,如诱导表达特异性差;当系统处于关闭状态时,由于诱导剂本身有毒性,常对细胞造成损伤等。

为此,Gossen 等构建了受四环素负调节的 Tet-on 基因表达系统,该系统由调节质粒和反应质粒组成。调节质粒中具有编码转录激活因子(fIA)的序列,在没有四环素或强力毒素存在的情况下 tTA 可引起下游目的基因表达。随后 Gossen 等又对 tTA 的氨基酸序列进行了改造,构建了受四环素正调节的 Tet-on 基因表达系统,该系统在没有四环素的情况下启动子不被激活,而在加入四环素或强力毒素后目的基因高效表达。四环素诱导的基因表达系统是目前应用最广泛的哺乳动物细胞诱导表达系统,该系统具有严密、高效可控性强的优点。

外源蛋白的表达会对哺乳动物细胞产生不利影响,因此利用哺乳动物细胞表达外源基因时,一个主要问题便是外源基因不能持久稳定地表达。Mielke 等构建了一种能够在哺乳动物中稳定表达异二聚体蛋白的载体系统,在这个系统中,编码抗体重链和轻链的 cDNA及嘌呤霉素抗性基因被转录成三顺反子 mRNA。内部的顺反子通过内核糖体进入位点(IREs)介导进行翻译,通过持续选择压力,无需繁琐的筛选过程,便可获得持久、稳定表达抗体分子的重组体。

哺乳动物细胞表达系统常用的宿主细胞有 CHO、COS、BHK、SP2/0、NIH3T3 等,不同的宿主细胞对蛋白表达水平和蛋白质的糖基化有不同的影响,因此在选择宿主细胞时应根据具体情况而定。

四、提高重组体表达效率的途径

为了在大肠杆菌中合成某种特殊的真核生物的蛋白质以满足商品生产的广泛需求,仅仅停留在检测水平上的表达是远远不够的,因此必须设法提高重组体的表达效率。就目前所知,有许多因素,诸如启动子的强度、DNA 转录起始序列、密码子的选择、mRNA 分子的二级结构、转录的终止、质粒的拷贝数以及质粒的稳定性和寄主细胞的生理特征等,都会不同程度地影响到克隆基因的表达效率,而且大多数都是在转译水平上发生影响作用的,因而必须从分析这些因素入手,寻找提高重组体表达效率的有效途径。

1. 启动子结构对表达效率的影响

为了鉴定出最强的启动子,必须创建出衡量不同启动子转录效率的研究系统。这一系统已由 Russell 等创建,他们将任何待测的启动子置于无启动子但处于载体上的半乳糖激酶结构基因(Gal K)的前方,根据在 Gal K 寄主中所合成的半乳糖激酶的水平,衡量启动子的强弱。结果表明,受检启动子的强弱与它们的一致序列(即与−10 和−35 区序列)相似的程度成正比。进一步的研究表明,−35 和−10 区之间的距离也是一个重要因素。如果间隔为 17 个碱基对,启动子表现很强;如果大于 17 个碱基对,启动子表现较弱。

2. 转译起始序列对表达效率的影响

实验证明,连接在 S-D 序列后面的 4 个碱基成分的改变会对转译效率发生很大的影响。如果这个区域是由 4 个 A(T)碱基组成,其转译作用最为有效;而当这个区域是由 4 个 C 碱基或 4 个 G 碱基组成,其转译效率只及最高转译效率的 50% 或 25%。直接位于起始密码子 AUG 左侧的密码三联体的碱基组成,同样也会对转译的效率发生影响。以 β-半乳糖苷酶 mRNA 的转译为例,当这个三联体碱基组分是 UAU 或 CUU 时,其转译最为有效;而如果是 UUC、UCA 或 AGG 代替了 UAU 或 CUU,那么它的转译水平将下降 20 倍。

3. 启动子同克隆基因间距离对表达效率的影响

Roberts 等构建了一系列重组质粒,各种质粒之间的区别仅在于启动子和结构基因 cro 之间的距离不同。将这些不同的重组质粒转化大肠杆菌后,发现 cro 蛋白质的水平在重组质粒间相差悬殊,最高值比最低值大 2000 倍。显然,启动子与结构基因间的距离在蛋白质翻译上有巨大作用。进一步的研究还表明:①翻译的起始点和 S-D 序列必须接近到一定程度;②翻译的起始包括活化的 30S 核糖体亚基和 mRNA 5′末端区域间的互作,这时 mRNA 的 5′末端已折叠成特殊的二级结构。基因表达水平的改变是 mRNA 二级结构的反映。

4. 转录终止区对克隆基因表达效率的影响

在克隆基因的末端,存在一个转录终止区是十分重要的,其原因有如下几个方面:第一,若干非必须的转录本的合成,会使细胞消耗巨大的能量用于制造大量非必须的蛋白质;第二,在转录本上有可能形成一些不期望其出现的二级结构,从而降低了转译的效率;第三,偶然会出现启动子阻塞现象,也就是说,克隆基因启动子所开始的转录,会干扰另一个必要的基因或调节基因的转录。而转录终止区的存在,可使上述这几种不利的现象得以避免。因为有人已经发现,有些强启动子会通读,干扰质粒的复制,结果使质粒的拷贝数反而下降。所以,在基因内部的适当位置上存在着转录的终止区,就能够保证把质粒的拷贝数(也就是基因的表达效率)控制在一个正常的水平上。

5. 质粒拷贝数及稳定性对表达效率的影响

限制蛋白质合成的第一步,是发生在核糖体同 mRNA 分子结合的过程中的。由于细胞中核糖体的数量与 mRNA 分子相比是大大超量的,因此,提高克隆基因表达效率的途径之一是增加相应的 mRNA 分子的数量。怎样才能达到这样的目的呢? 影响 mRNA 分子合成速率的因素有两种:第一种是启动子的强度,这在前面已经作了讨论;第二种是基因的拷贝数。提高基因的拷贝数(即基因的剂量)最简单的办法是,将基因克隆到高拷贝数的质粒载体上。

根据实验观察,随着重组体克隆基因表达水平的上升,寄主细胞的生长速率便会相应地下降,同时形态上也会出现一些明显的变化,例如细胞纤维化和脆弱性增加等。如果细菌由于产生某种突变而失去了重组质粒,或是经过结构的重排使重组基因无法再行表达,或是质粒的拷贝数大大降低,那么这样的突变菌株便会有很高的生长速度,迅速地成为培养物中的优势菌株。而具有重组质粒的寄主细胞,最终便会被"稀释"掉,使重组体无法得到表达。由缺陷性分配引起的质粒丢失现象,叫做质粒分离的不稳定性。

6. 提高翻译水平常用的途径

(1)调整 S-D 序列与 AUG 间的距离:提高外源基因在原核细胞中的表达水平的关键因素之一是调整 S-D 序列和起始密码子 ATG 之间的距离,此距离过长、过短都影响真核基因的表达。Marquis 人工合成核糖体结合点使 S-D 序列与起始密码(ATG)的距离为 5~9 个碱基对,并分别连入 7 个不同启动子的下游。测试其表达人 IL-2 的水平,结果发现,在同一种启动子带动下,S-D 顺序与 ATG 间的距离不同,IL-2 表达水平可相差 2~2000 倍。例如在 lac 启动子带动下,其距离为 7 个碱基对时,IL-2 的表达水平为 2581 单位,而距离为 8 个碱基对时,表达水平降至不足 5 单位。而在 PI 启动子带动下,其距离为 6 个碱基对时,IL-2 表达水平达 9707 单位,距离为 8 个碱基对时,表达水平降至 5363 单位。这表明根据不同的启动子,调整好 S-D 序列与起始密码 ATG 的距离,确实可提高外源基因的表达水平。

(2)用点突变的方法改变某些碱基:翻译的起始是决定翻译水平高低的一个重要因素。有资料表明,由于紧随起始密码下游的几组密码子不同,可使基因的表达效率相差 15~20 倍。这主要是改善了翻译的起始和 mRNA 的二级结构。另外,有人对大肠杆菌各种基因顺序进行了大量分析,根据不同密码子使用频率,将 64 组密码子分为强、中、弱密码子。如果在不改变编码的氨基酸顺序的条件下,尽量用强密码子取代弱密码子,确有可能提高表达水平。但是,大量的研究表明,含有弱密码子的真核基因是能够在大肠杆菌获得高效表达的。可见,密码子的使用问题并非是影响外源基因在大肠杆菌中表达水平的决定因素。

(3)增加 mRNA 的稳定性:多数情况下,细菌的 mRNA 的半衰期很短,一般仅为 1~2min,而外源基因 mRNA 的半衰期可能更短。若能增加 mRNA 的稳定性,则有可能提高外源基因的表达水平。研究表明,大肠杆菌的"重复性基因外回文序列"(repetitive extragenic pdindronic sequence)具有稳定 mRNA 的作用,能防止外切酶的攻击。因此,在外源基因下游插入此序列或其他具有反转重复顺序的 DNA 片段可起到稳定 mRNA、提高表达水平的作用。

7. 减轻细胞的代谢负荷

外源基因在细菌中高效表达,必然影响宿主的生长和代谢;而细胞代谢的损伤,又必然影响外源基因的表达。合理地调节好宿主细胞的代谢负荷与外源基因高效表达的关系,是提高外源基因表达水平不可缺少的一个环节。目前常用的方法有:

(1)诱导表达:使细菌的生长与外源基因的表达分开。将宿主菌的生长与外源基因的表达分开成为两个阶段,是减轻宿主细胞代谢负荷的最为常用的一个方法。一般采用温度诱导或药物诱导。如应用 tac 启动子时,常用 F' tac⁴ 的菌株或者将 lacI 基因克隆在表达质粒中。当宿主菌生长时,lacI 产生的阻遏物与 lac 操纵基因结合,阻碍了外源基因的转录及表达,此时,宿主菌大量生长。当加入诱导物(如 IPTG)时,阻遏蛋白不能与操纵基因结合,则外源基因大量转录并高效表达。有人认为,化学诱导比温度诱导更为方便和有效,并且将相应的阻遏蛋白基因直接克隆到表达载体上,比应用含阻遏蛋白基因的菌株更为有效。

(2)表达载体的诱导复制:减轻宿主细胞代谢负荷的另一个措施是将宿主菌的生长和表达质粒的复制分开。当宿主菌迅速生长时,抑制质粒的复制;当宿主菌生物量积累到一定水平后,再诱导细胞中质粒 DNA 复制,增加质粒的拷贝数,拷贝数的增加必然导致外源基因表达水平提高。质粒 pCll01 是温度控制诱导 DNA 复制最好的例子。用此质粒转化宿主菌,25℃时宿主中仅有此质粒 10 拷贝,宿主细胞大量生长;但当温度升高到 37℃时,质粒大量复制,每个细胞中质粒拷贝数可高达 1000 个。

8. 提高表达蛋白的稳定性,防止其降解

在大肠杆菌中表达的外源蛋白质往往不够稳定,常被细菌的蛋白酶降解,因而会使外源基因的表达水平大大降低。因此,提高表达蛋白质的稳定性,防止细菌蛋白酶的降解是提高外源基因表达水平的有力措施。

　　(1)克隆一段原核序列,表达融合蛋白:这里的融合蛋白是指表达的蛋白质或多肽 N 末端由原核 DNA 编码,C 末端是由克隆的真核 DNA 的完整序列编码。这样表达的蛋白是由一条短的原核多肽和真核蛋白结合在一起,故称为融合蛋白。融合蛋白是避免细菌蛋白酶破坏的最好措施。在表达融合蛋白时,为得到正确编码的表达蛋白,在插入外源基因时,其阅读框架与原核 DNA 片段的阅读框架一致,只有这样,翻译时插入的外源基因才不致产生移码突变。

　　(2)采用某种突变菌株,保护表达蛋白不被降解:大肠杆菌蛋白酶的合成主要依赖次黄嘌呤核苷(lon),因此采用 lon—缺陷型菌株作受体菌,则使大肠杆菌蛋白酶合成受阻,从而使表达蛋白得到保护。Baker 发现大肠杆菌 htp R 基因的突变株也可减少蛋白酶的降解作用。另外,T4 噬菌体的 pin 基因产物是细菌蛋白酶的抑制剂,将 pin 基因克隆到质粒中并转化入大肠杆菌中,细菌的蛋白酶便受到抑制,外源基因的表达产物受到保护。

　　(3)表达分泌蛋白:表达分泌蛋白是防止宿主菌对表达产物的降解,减轻宿主细胞代谢负荷及恢复表达产物天然构象的最有力措施。在原核表达系统中,人们研究得比较多的主要是大肠杆菌。

　　大肠杆菌主要由 4 部分组成:胞质、内膜、外膜及内外膜之间的周间质。一般情况下,所谓"分泌"是指蛋白质从胞质跨过内膜进入周间质这一过程。而蛋白质从胞质跨过内、外膜进入培养液这种情况较为少见,被称为"外排",以区别于"分泌"。蛋白质能够在大肠杆菌中进行分泌,至少要具备 3 个要素:① 有一段信号肽;② 在成熟蛋白质内有适当的与分泌相关的氨基酸序列;③ 细胞内有相应的转运机制。

　　① 信号肽:信号肽序列对于分泌蛋白质是必需的,其长度一般为 15～30 个氨基酸。真核生物和原核生物的信号肽在结构上都有以下特征:a)在氨基末端有一段带正电荷的氨基酸序列,往往是精氨酸或赖氨酸残基,其数目为 1～3 个;b)有一个疏水的核心区,含亮氨酸或异亮氨酸残基,位置可以从带正电荷的氨基酸延伸到含切割位点的区域;c)含有能被信号肽酶水解的切割位点,这个位点常常在丙氨酸之后,有的是在甘氨酸或丝氨酸之后。

　　原核和真核的信号肽不仅在结构上相似,而且在功能上也具有相似性。Talmage 等发现,细菌的信号肽可以在真核细胞中发生作用,以后他们又发现真核的信号肽序列也能在原核细胞中起作用。这两种信号肽序列在切割位点上具有相似性,细菌的信号肽酶可以切除真核的信号肽。

　　② 成熟蛋白质内有与分泌相关的氨基酸序列:对于很多蛋白质来说,信号肽对其分泌是必需的,但仅有信号肽还不能完成分泌过程,很多在大肠杆菌中分泌的蛋白质需要其成熟体中的氨基酸序列来引导其到达最终的目的地。缺少这部分相应的氨基酸序列,分泌就不能正常进行,这已被基因融合和基因删除两方面的实验所证实。

　　③ 细胞内的转运机制:和真核细胞一样,原核细胞内蛋白质的分泌也需要数种细胞内蛋白质的参与。目前已经发现了信号肽酶Ⅰ、信号肽酶Ⅱ等近 20 种蛋白质参与了分泌过程。与真核细胞不同的是,在大肠杆菌中,蛋白质的合成和蛋白质的分泌过程有些是同步的,有些则采取了先翻译出蛋白质,然后再分泌出来的翻译后机制。而分泌的能量来源于高能磷酯键的水解或质子的推动力。

　　通过以上讨论可以看出,并非任何蛋白质都可以在大肠杆菌中得到分泌表达。这主要是由于受所表达的成熟蛋白质的氨基酸序列和构型的限制。由于原核生物和真核生物蛋白质的分泌机制十分相似,真核生物中的分泌蛋白大多能在大肠杆菌中得到很好的分泌表达。还有一些相对分子质量小的多肽也往往能得到分泌表达。但原属真核细胞的非分泌蛋白,很难在大肠杆菌表达后再分泌到周间质,最多只能结合到细胞内膜上。因此,欲在大肠杆菌中表达分泌型外源蛋白时,必须首先考虑目的蛋白被分泌的可能性。其次,要考虑在应用分泌蛋白技术路线时,可能遇到目的蛋白的某些序列被信号肽酶错误识别,以致把目的蛋白切成碎片进而部分或大部分失去生物活性。因此,要慎用这一技术路线。

五、研讨题

1. 试阐述重组体原核与真核表达系统的主要特点。目前一般采用何种表达系统,为什么?

2. 重组体真核表达系统主要包括哪些类型? 各种类型具有哪些优点和缺点?

3. 要提高重组体的表达效率,你认为应该从哪些方面着手进行相关的研究工作?

六、参考文献

[1] 梁国栋. 最新分子生物学实验技术[M]. 北京:科学出版社,2001.

[2] 高云. 真核表达系统的研究进展[J]. 中华男科学,2002,8(4):292—298.

[3] 郭广君,吕素芳,王荣富. 外源基因表达系统的研究进展[J]. 科学技术与工程,2006,6(5):582—587.

[4] 李立家,肖庚富. 基因工程[M]. 北京:科学出版社,2004.

[5] Williams R J. Methods in Molecular Biology [M]. Humana Press,2001.

[6] 郝福英等. 分子生物学实验技术[M]. 北京:北京大学出版社,1999.

第七章 蛋白质分析技术

一、概述

重组体表达的产物与其他蛋白质一样,必须进行相关性质的鉴定、结构分析及功能验证。只有通过一系列的分析,采用多种技术对目的蛋白的结构、产量及其性质进行分析与检测,才能更好地进行分离纯化与制备,为重组体的产业化生产提供有力条件。

近年来蛋白质各种检测、鉴定技术发展很快,如结构鉴定采用质谱分析技术等;蛋白质定性和定量分析可采用 Western blotting 和 ELISA 等;功能验证采用酵母双列杂交技术、免疫共沉淀技术、蛋白质芯片技术等。下面对各种蛋白质分析技术的基本原理和应用情况进行简要阐述。

二、质谱分析技术

质谱分析法是一种物理分析方法,它是通过将样品转化为运动的气态离子,按质荷比(M/Z)大小进行分离并记录其信息的分析方法。所得结果以图谱表达,即所谓的质谱图(也称质谱,Mass Spectrum)。根据质谱图提供的信息可以进行多种蛋白质的定性和定量分析、蛋白质复合体的结构分析、样品中各种同位素比的测定及固体表面的结构和组成分析等。

质谱法具有分析速度快、灵敏度高、提供的信息直接与其结构相关的特点。与气相色谱法联用,已成为一种最有力的快速鉴定复杂混合物组成的可靠分析工具。

试样经离子化后形成质谱的分析方法。当气体(或能转化为气体的物质)分子在低压下受电子的轰击,产生各种带正电荷的离子,再经稳定磁场使阳离子按照质量大小的顺序分离开来,形成有规则的质谱,最后用检测器进行检测,即可作定性分析和定量分析。

质谱仪种类很多,不同类型的质谱仪的主要差别在于离子源。离子源的不同决定了对被测样品的不同要求,同时所得到信息也不同。质谱仪的分辨率也非常重要,高分辨质谱仪可以给出化合物的组成式,这对于未知物定性是至关重要的。因此,在进行质谱分析前,要根据样品状况和分析要求选择合适的质谱仪。目前,有机质谱仪主要有气相色谱—质谱联用仪(GC-MS)和液相色谱—质谱联用仪(HPLC-MS)两大类,现就应用最广泛的 GC-MS 分析方法叙述如下:

1. GC-MS 分析条件的选择

在 GC-MS 分析中,色谱的分离和质谱数据的采集是同时进行的。为了使每个组分都得到分离和鉴定,必须选择合适的色谱和质谱分析条件。

色谱条件包括色谱柱类型(填充柱或毛细管柱)、固定液种类、汽化温度、载气流量、分流比、温升程序等。设置的原则是：一般情况下均使用毛细管柱，极性样品使用极性毛细管柱，非极性样品采用非极性毛细管柱，未知样品可先用中等极性的毛细管柱，试用后再调整。当然，如果有文献可以参考，就采用文献所用条件。

质谱条件包括电离电压、电子电流、扫描速度、质量范围，这些都要根据样品情况进行设定。为了保护灯绿和倍增器，在设定质谱条件时，还要设置溶剂去除时间，使溶剂峰通过离子源之后再打开灯绿和倍增器。

在所有的条件确定之后，将样品用微量注射器注入进样口，同时启动色谱和质谱，进行GC-MS分析。

2. GC-MS 数据的采集

有机混合物样品用微量注射器由色谱仪进样口注入，经色谱柱分离后进入质谱仪，离子在离子源被电离成离子。离子经质量分析器、检测器之后即成为质谱仪号并输入计算机。样品由色谱柱不断地流入离子源，离子由离子源不断地进入分析器并不断地得到质谱，只要设定好分析器扫描的质量范围和扫描时间，计算机就可以采集到一个个的质谱。如果没有样品进入离子源，计算机采集到的质谱各离子强度均为 0。当有样品进入离子源时，计算机就采集到具有一定离子强度的质谱，并且计算机可以自动将每个质谱的所有离子强度相加，显示出总离子强度。总离子强度随时间变化的曲线就是总离子色谱图，总离子色谱图的形状和普通的色谱图是一致的。它可以被认为是用质谱作为检测器得到的色谱图。

质谱仪扫描方式有两种：全扫描和选择离子扫描。全扫描是对指定质量范围内的离子全部扫描并记录，得到的是正常的质谱图，这种质谱图可以提供未知物的分子量和结构信息，可以进行库检索。质谱仪还有另外一种扫描方式叫选择离子监测（selection monitoring，SIM）。这种扫描方式是只对选定的离子进行检测，而其他离子不被记录。它的最大优点：一是对离子进行选择性检测，只记录特征的、感兴趣的离子，不相关的、干扰离子统统被排除；二是选定离子的检测灵敏度大大提高。在正常扫描情况下，假定一秒钟扫描 2～500 个质量单位，那么，扫过每个质量所花的时间大约是 1/500 秒。也就是说，在每次扫描中，有 1/500 秒的时间是在接收某一质量的离子。在选择离子扫描的情况下，假定只检测 5 个质量的离子，同样也用一秒，那么，扫过一个质量所花的时间大约是 1/5 秒。也就是说，在每次扫描中，有 1/5 秒的时间是在接收某一质量的离子。因此，采用选择离子扫描方式比正常扫描方式灵敏度可提高大约 100 倍。由于选择离子扫描只能检测有限的几个离子，不能得到完整的质谱图，因此不能用来进行未知物定性分析。但是如果选定的离子有很好的特征性，也可以用来表示某种化合物的存在。选择离子扫描方式最主要的用途是定量分析，由于它的选择性好，可以把由全扫描方式得到的非常复杂的总离子色谱图变得十分简单，消除其他造成的干扰。

3. GC-MS 得到的信息

计算机可以把采集到的每个质谱的所有离子相加得到总离子强度，总离子强度随时间变化的曲线就是总离子色谱图，离子色谱图的横坐标是出峰时间，纵坐标是峰高。图中每个峰表示样品的一个组分，由每个峰可以得到相应化合物的质谱图；峰面积和该组分含量成正比，可用于定量。由 GC-MS 得到的总离子色谱图与一般色谱仪得到的色谱图基本上是一样的。只要所用色谱柱相同，样品出峰顺序就相同。其差别在于，总离子色谱图所用的检测器是质谱仪,而一般色谱图所用的检测器是氢焰、热导等。两种色谱图中各成分的校正因子不同。

由总离子色谱图可以得到任何一个组分的质谱图。一般情况下,为了提高信噪比。通常由色谱峰峰顶处得到相应质谱图。但如果两个色谱峰相互干扰,应尽量选择不发生干扰的位置得到质谱,或通过扣本底消除其他组分的影响。

得到质谱图后可以通过计算机检索对未知化合物进行定性。检索结果可以给出几个可能的化合物,并以匹配度大小顺序排列出这些化合物的名称、分子式、分子量和结构式等。使用者可以根据检索结果和其他信息,对未知物进行定性分析。目前,GC-MS 联用仪的数据库。应用最为广泛的有 NIST 库和 Willey 库,前者目前有标准化合物谱图 13 万张,后者有近 30 万张。此外,还有毒品库、农药库等专用谱库。

总离子色谱图是将每个质谱的所有离子加合得到的。同样,由质谱中任何一个质量的离子也可以得到色谱图,即质量色谱图。质量色谱图是由全扫描质谱中提取一种质量的离子得到的色谱图,因此,又称为提取离子色谱图。假定做质量为 m 的离子的质量色谱图,如果某化合物质谱中不存在这种离子,那么该化合物就不会出现色谱峰。一个混合物样品中可能只有几个甚至一个化合物出峰。利用这一特点可以识别具有某种特征的化合物,也可以通过选择不同质量的离子做质量色谱图,使正常色谱不能分开的两个峰实现分离,以便进行定量分析。由于质量色谱图是采用一种质量的离子作色谱图,因此进行定量分析时也要使用同一离子得到的质量色谱图测定校正因子。

三、Western 杂交技术

Western 杂交技术采用的是聚丙烯酰胺凝胶电泳,被检测物是蛋白质,“探针”是抗体,“显色”用标记的二抗。经过 PAGE 分离的蛋白质样品,转移到固相载体(例如硝酸纤维素薄膜)上,固相载体以非共价键形式吸附蛋白质,且能保持电泳分离的多肽类型及其生物学活性不变。以固相载体上的蛋白质或多肽作为抗原,与对应的抗体起免疫反应,再与酶或同位素标记的第二抗体起反应,经过底物显色或放射自显影以检测电泳分离的特异性目的基因表达的蛋白成分。该技术也广泛应用于检测蛋白水平的表达。

1. 基本原理与流程

蛋白中含有很多的氨基(+)和羧基(一),不同的蛋白在不同的 pH 值下表现出不同的电荷。为了使蛋白在电泳中的迁移率只与分子量有关,我们在上样前,通常会进行一些处理(上样缓冲液),即在样品中加入含有 SDS 和 β-巯基乙醇的上样缓冲液。SDS 即十二烷基磺酸钠,是一种阴离子表面活性剂,它可以断开分子内和分子间的氢键,破坏蛋白质分子的二级和三级结构;β-巯基乙醇是强还原剂,它可以断开半胱氨酸残基之间的二硫键。电泳样品加入样品处理液后,经过高温处理,其目的是使 SDS 与蛋白质充分结合,以使蛋白质完全变性和解聚,并形成棒状结构,同时使整个蛋白带上负电荷;样品处理液中通常还加入溴酚蓝染料,用于监控整个电泳过程;另外,样品处理液中还加入适量的蔗糖或甘油以增大溶液密度,使加样时样品溶液可以快速沉入样品凹槽底部。当样品上样并接通两极间电流后(电泳槽的上方为负极,下方为正极),在凝胶中形成移动界面并带动凝胶中所含 SDS 负电荷的多肽复合物向正极推进。样品首先通过高度多孔性的浓缩胶,使样品中所含 SDS 多肽复合物在分离胶表面聚集形成一条很薄的区带(或称积层)。

电泳启动时,蛋白样品处于 pH6.8 的上层,pH8.8 的分离胶层在下层,上槽为负极,下槽为正极。出现了 pH 不连续和胶孔径大小不连续:启动时 Cl⁻ 解离度大,Pro⁻ 解离度居中,甘氨酸 COO⁻ 解离度小,迁移顺序为(pH6.8)Cl⁻ > Pro⁻ >甘氨酸 COO⁻。在 Cl⁻ 与 Pro⁻ 之间和 Pro⁻ 与甘氨酸 COO⁻ 之间都将出现低离子区,同时也出现高电势,高电势迫使 Pro⁻ 向 Cl⁻ 迁移,甘氨酸 COO⁻ 向 Pro⁻ 迁移。如:一个 Cl⁻ 领路,甘氨酸 COO⁻ 推动,蛋白在中间,这样就起到浓缩的作用了。在浓缩胶运动中,由于胶联度小,孔径大,Pro⁻ 受阻小,因此不同的蛋白质就浓缩到分离胶之上成层,起浓缩效应,使全部蛋白质处于同一起跑线上。当蛋白质进入分离胶时,此时 Pro⁻、Cl⁻、甘氨酸离子在 pH8.8 的溶液中,Cl⁻ 完全电离而很快到达正极,甘氨酸电离度加大,很快跃过蛋白质,而到达正极,只有蛋白质分子在分离胶中较为缓慢地移动。由于 Pro⁻ 在电泳过程中,受到溶液离子的变化而 pH 值发生变化,但每一瞬间,其所带电荷数除以单位质量是不同的,所以带负电荷多者迁移快,反之则慢,这就出现了电荷效应。由于胶孔径小,而且成为一个整体的筛状结构,它们对大分子阻力大,对小分子阻力小,起着分子筛效应。也就是,蛋白质在分离胶中,以分子筛效应和电荷效应而出现迁移率的差异,最终达到彼此分开。

基本流程如下:

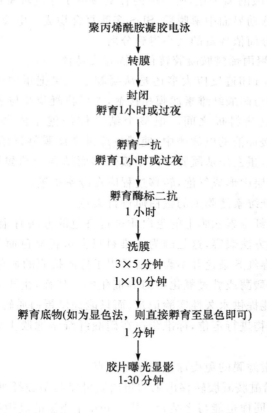

聚丙烯酰胺凝胶电泳
↓
转膜
↓
封闭
孵育1小时或过夜
↓
孵育一抗
孵育1小时或过夜
↓
孵育酶标二抗
1小时
↓
洗膜
3×5分钟
1×10分钟
↓
孵育底物(如为显色法,则直接孵育至显色即可)
1分钟
↓
胶片曝光显影
1-30分钟

2. 基本步骤

(1)蛋白质的聚丙烯酰胺凝胶电泳

几乎所有蛋白质电泳分析都在聚丙烯酰胺凝胶上进行,而所用条件总要确保蛋白质解离成单个多肽亚基并尽可能减少其相互间的聚集。最常用的方法是将强阴离子去污剂 SDS 与某一还原剂并用,并通过加热使蛋白质解离后再加样于电泳凝胶上。变性的多肽与 SDS

结合并因此而带负电荷,由于多肽结合 SDS 的量几乎总是与多肽的分子量成正比而与其序列无关,因此 SDS 多肽复合物在聚丙烯酰胺凝胶电泳中的迁移只与多肽的大小相关。在达到饱和的状态下,每克多肽约可结合 1.4 克去污剂,借助已知分子量的标准参照物,则可测算出多肽链的分子量。

SDS 聚丙烯酰胺凝胶电泳大多在不连续缓冲系统中进行,其电泳槽缓冲液的 pH 值与离子强度不同于配胶缓冲液,当两电极间接通电流后,凝胶中形成移动界面,并带动加入凝胶的样品中所含的 SDS 多肽复合物向前推进。样品通过高度多孔性的积层胶后,复合物在分离胶表面聚集形成一条很薄的区带(或称积层)。由于不连续缓冲系统具有把样品中的复合物全部浓缩于极小体积的能力,故大大提高了 SDS 聚丙烯酰胺凝胶的分辨率。

最广泛使用的不连续缓冲系统最早是由 Ornsstein(1964)和 Davis(1964)设计的,样品和积层胶中含 Tris-HCl(pH6.8),上下槽缓冲液含 Tris-甘氨酸(pH8.3),分离胶中含 Tris-HCl(pH8.8)。系统中所有组分都含有 0.1％的 SDS(Laemmli,1970),样品和积层胶中的氯离子形成移动界面的先导边界而甘氨酸分子则组成尾随边界,在移动界面的两边界之间是一电导较低而电位滴度较陡的区域,它推动样品中的多肽前移并在分离胶前沿积聚,此处 pH 值较高,有利于甘氨酸的离子化,所形成的甘氨酸离子穿过堆集的多肽并紧随氯离子之后,沿分离胶泳动。从移动界面中解脱后,SDS 多肽复合物成一电位和 pH 值均匀的区带泳动穿过分离胶,并被筛分而依各自的大小得到分离。

(2)蛋白质从 SDS 聚丙烯酰胺凝胶转移至固相支持体

目前进行的 Western 印迹反应大多还是从凝胶上直接把蛋白质转移至硝酸纤维素滤膜之上。把凝胶的一面与硝酸纤维素滤膜相接触,然后将凝胶及与之相贴的滤膜夹于滤纸、两张多孔垫料以及两块塑料板之间。把整个结合体浸泡于配备有标准铂电极并装有 pH8.3 的 Tris-甘氨酸缓冲液的电泳槽中,使硝酸纤维素滤膜靠近阳极一侧,然后接通电流约 0.5 小时。在此期间,蛋白质从凝胶中向阳极迁移而结合于硝酸纤维素滤膜上。为了防止过热并因而导致在夹层中形成气泡,转移过程应在冷室中进行。

(3)对固定于硝酸纤维素滤膜上的蛋白质进行染色

可供对固定于硝酸纤维素滤膜上的蛋白质进行染色的方法有很多,但仅丽春红 S 染色法可与所有免疫学检测方法兼容,这是因为该染料只会短暂显色而且在进行 Western 印迹时可被洗去。因此,丽春红 S 染色并不影响随后用于检测抗原的显色反应,这些显色反应是由已偶联抗体的碱性磷酸酶或乳过氧化物酶等催化的。然而,由于其显示的紫红色不容易拍摄下来,这种染色不能提供永久性实验记录,而只能提供蛋白质转移情况的直观证据并对蛋白质分子量标准参照物进行定位,标准蛋白在硝酸纤维素滤膜上的位置可用铅笔或不褪色的墨水标记下来。

(4)封闭硝酸纤维素滤膜的免疫球蛋白结合位点

正如从 SDS 聚丙烯酰胺凝胶转移出来的蛋白质可以与硝酸纤维素滤膜结合一样,免疫学检测试剂中的蛋白质同样也能与之结合。Western 印迹法的灵敏度取决于封闭可能结合非相关蛋白的位点以降低这类非特异性结合背景的效果。现已设计的封闭液有多种,其中脱脂奶粉最为价廉物美,既使用方便又可与通常使用的所有免疫学检测系统兼容。只有一种情况,也就是当牛奶中可能含有要用 Western 印迹法检测的蛋白质时,不能使用脱脂奶粉作为封闭剂。

（5）抗体和靶蛋白的结合

实际上，Western 印迹膜的检测分两步：首先靶蛋白特异性的非标记抗体在封闭液中先与硝酸纤维素滤膜一同温育。经洗涤后，再将滤膜与二级试剂——放射性标记的或与辣根过氧化物酶或碱性磷酸酶偶联的抗免疫球蛋白抗体或 A 蛋白一同温育。进一步洗涤后，通过放射自显影或原位酶反应来确定抗原-抗体-抗体或抗原-抗体-A 蛋白复合物在硝酸纤维素滤膜上的位置。

间接法即两步检测法的主要优点是使用单个二级试剂则可测定多种多样的第一抗体，从而免却了逐一纯化并标记各种第一抗体之累。因为向厂商购置的二级免疫试剂，价格颇为低廉，所以可大大节约时间和金钱。

四、酶联免疫吸附测定技术

酶联免疫吸附测定（enzyme-linked immunosorbent assay，简称 ELISA）是在免疫酶技术（immunoenzymatic techniques）的基础上发展起来的一种新型的免疫测定技术，ELISA 过程包括抗原（抗体）吸附在固相载体上，加待测抗体（抗原），再加相应酶标记抗体（抗原），生成抗原（抗体）—待测抗体（抗原）—酶标记抗体的复合物，再与该酶的底物反应生成有色产物。借助分光光度计的光吸收计算抗体（抗原）的量。待测抗体（抗原）的定量与有色产生成正比。

用于免疫酶技术的酶有很多，如过氧化物酶、碱性磷酸酯酶、β-D-半乳糖苷酶、葡萄糖氧化酶、碳酸酐酶、乙酰胆碱酯酶、6-磷酸葡萄糖脱氧酶等。常用于 ELISA 法的酶有辣根过氧化物酶、碱性磷酸酯酶等，其中尤以辣根过氧化物酶为多。由于酶催化的是氧化还原反应，在呈色后须立刻测定，否则空气中的氧化作用使颜色加深，无法准确定量。

辣根过氧化物酶（HRP）是一种糖蛋白，每个分子含有一个氯化血红素（protonhemin）区作辅基。酶的浓度和纯度常以辅基的含量表示。氯化血红素辅基的最大吸收峰是 403nm，HRP 酶蛋白的最大吸收峰是 275nm，所以酶的浓度和纯度计算式是（已知 HRP 的 A(1cm 403nm 1%)＝25，式中 1% 指 HRP 百分浓度为 100mL 含酶蛋白 1g，即 10mg/mL，所以，酶浓度以 mg/mL 计算是 HRP 的 A(1cm 403nm mg/mL＝2.5)HRP 纯度（RZ）＝A403nm/A275nm 纯度 RZ(Reinheit Zahl)值越大说明酶内所含杂质越少。高纯度 HRP 的 RZ 值在 3.0 左右，最高可达 3.4。用于 ELISA 检测的 HRP 的 RZ 值要求在 3.0 以上。

ELISA 法的基本原理有三条：1)抗原或抗体能物理性地吸附于固相载体表面，可能是蛋白和聚苯乙烯表面间的疏水性部分相互吸附，并保持其免疫学活性；2)抗原或抗体可通过共价键与酶连接形成酶结合物，而此种酶结合物仍能保持其免疫学和酶学活性；3)酶结合物与相应抗原或抗体结合后，可根据加入底物的颜色反应来判定是否有免疫反应的存在，而且颜色反应的深浅是与标本中相应抗原或抗体的量成正比例的，因此，可以按底物显色的程度显示试验结果。

ELISA 法是免疫诊断中的一项新技术，现已成功地应用于多种病原微生物所引起的传染病、寄生虫病及非传染病等方面的免疫诊断，也已应用于大分子抗原和小分子抗原的定量测定。根据已经使用的结果，认为 ELISA 法具有灵敏、特异、简单、快速、稳定及易于自动化操作等特点，不仅适用于临床标本的检查，而且由于一天之内可以检查几百甚至上千份标本，因此，也适合于血清流行病学调查。本法不仅可以用来测定抗体，而且也可用于测定体液中的循环抗原,所以也是一种早期诊断的良好方法。因此,ELISA 法在生物医学各领域的应用范围日益扩大,可概括为四个方面:免疫酶染色各种细胞内成分的定位;研究抗酶抗体的合成;显现微量的免疫沉淀反应;定量检测体液中抗原或抗体成分。

用于检测未知抗原的双抗体夹心法:(1)包被:用 0.05M pH9.铀碳酸盐包被缓冲液将抗体稀释至蛋白质含量为 1~10μg/mL。在每个聚苯乙烯板的反应孔中加 0.1mL,4℃过夜。次日,弃去孔内溶液,用洗涤缓冲液洗 3 次,每次 3 分钟(简称洗涤,下同);(2)加样:加稀释的待检样品 0.1mL 于上述已包被之反应孔中,置 37℃ 孵育 1 小时。然后洗涤(同时做空白孔,阴性对照孔及阳性对照孔);(3)加酶标抗体:于各反应孔中,加入新鲜稀释的酶标抗体(经滴定后的稀释度)0.1mL。37℃ 孵育 0.5~1 小时,洗涤;(4)加底物液显色:于各反应孔中加入临时配制的 TMB 底物溶液 0.1mL,37℃ 放置 10~30 分钟;(5)终止反应:于各反应孔中加入 2M 硫酸 0.05mL。(6)结果判定:可于白色背景上,直接用肉眼观察结果:反应孔内颜色越深,阳性程度越强,阴性反应为无色或极浅,依据所呈颜色的深浅,以“+”、“−”号表示。也可测 OD 值:在 ELISA 检测仪上,于 450nm(若以 ABTS 显色,则 410nm)处,以空白对照孔调零后测各孔 OD 值,若大于规定的阴性对照 OD 值的 2.1 倍,即为阳性。

用于检测未知抗体的间接法:先用包被缓冲液将已知抗原稀释至 1~10μg/mL,每孔加0.1mL,4℃过夜。次日洗涤 3 次,加一定稀释的待检样品(未知抗体)0.1mL 于上述已包被之反应孔中,置 37℃ 孵育 1 小时,洗涤,同时做空白、阴性及阳性孔对照;于反应孔中,加入新鲜稀释的酶标第二抗体(抗抗体)0.1mL,37℃ 孵育 30~60 分钟,洗涤,最后一遍用 DDW洗涤。其余步骤同“双抗体夹心法”的(4)、(5)、(6)。

酶结合物是酶与抗体或抗原、半抗原在交联剂作用下联结的产物,是 ELISA 成败的关键试剂。它不仅具有抗体抗原特异的免疫反应,还具有酶促反应,显示出生物放大作用,但不同的酶选用不同的底物。

表 2-7-1　免疫技术常用的酶及其底物

酶	底物	显色反应	测定波长(nm)
辣根过氧化物酶	邻苯二胺	橘红色	492
	四甲替联苯胺	黄色	460
	氨基水杨酸	棕色	449
	邻联苯甲胺	兰色	425
	2,2′-连胺基-2(3-乙基-并噻唑啉磺酸-6)铵盐	蓝绿色	642
碱性磷酸酯酶	4-硝基酚磷酸盐	黄色	400
	萘酚-AS-Mx 磷酸盐＋重氮盐	红色	500
葡萄糖氧化酶	ABTS＋HRP＋葡萄糖	黄色	405,420
	葡萄糖＋甲硫酚嗪＋噻唑兰	深蓝色	
β-D-半乳糖苷酶	甲基伞酮基半乳糖苷	荧光	360,450
	硝基酚半乳糖苷	黄色	420

ELISA 常用的四种方法：

1. 直接法测定抗原：将抗原吸附在载体表面；加酶标抗体，形成抗原－抗体复合物；加底物。底物的降解量＝抗原量。

2. 间接法测定抗体：将抗原吸附于固相载体表面；加抗体，形成抗原－抗体复合物；加酶标抗体；加底物。测定底物的降解量＝抗体量。

3. 双抗体夹心法测定抗原：将抗原免疫第一种动物获得的抗体吸附于固相载体表面；加抗原，形成抗原－抗体复合物；加抗原免疫第二种动物获得的抗体，形成抗体抗原抗体复合物；加酶标抗抗体（第二种动物抗体的抗体）；加底物。底物的降解量＝抗原量。

4. 竞争法测定抗原：将抗体吸附在固相载体表面；加入酶标抗原；加入酶标抗原和待测抗原；加底物。对照孔与样品孔底物降解量的差＝未知抗原量。

五、免疫共沉淀技术

免疫沉淀（Immunoprecipitation）是利用抗体可与抗原特异性结合的特性，将抗原（常为靶蛋白）从混合体系沉淀下来，初步分离靶蛋白的一种方法。

免疫共沉淀（Co-Immunoprecipitation）是一种在体外探测两个蛋白分子间是否存在特异性相互作用的一种方法。其原理是如果两个蛋白在体外体系能够发生特异性相互作用的话，那么当用一种蛋白的抗体进行免疫沉淀时，另一个蛋白也会被同时沉淀下来。与酵母双杂交技术不同，免疫共沉淀技术所利用的是抗原和抗体间的免疫反应，是一种基于体外非细胞环境中研究蛋白质与蛋白质相互作用的方法。

不难看出，免疫共沉淀与免疫沉淀技术所使用的原理与方法大致相似，所不同的是，在免疫共沉淀中，对靶蛋白的结合与沉淀由另一个与之发生相互作用的蛋白替代。在免疫共沉淀或免疫沉淀的基础上，通过与其他技术的结合，如聚丙烯酰胺凝胶电泳，还可进一步对靶蛋白的的分子量等特性进行鉴定。

免疫共沉淀是以抗体和抗原之间的专一性作用为基础的用于研究蛋白质相互作用的经典方法，是确定两种蛋白质在完整细胞内生理性相互作用的有效方法。其原理是：当细胞在非变性条件下被裂解时，完整细胞内存在的许多蛋白质－蛋白质间的相互作用被保留了下来。如果用蛋白质 X 的抗体免疫沉淀 X，那么与 X 在体内结合的蛋白质 Y 也能沉淀下来。这种方法常用于测定两种目标蛋白质是否在体内结合；也可用于确定一种特定蛋白质的新的作用搭档。

其优点为：(1)相互作用的蛋白质都是经翻译后修饰的，处于天然状态；(2)蛋白的相互作用是在自然状态下进行的，可以避免人为的影响；(3)可以分离得到天然状态的相互作用蛋白复合物。缺点为：(1)可能检测不到低亲和力和瞬间的蛋白质－蛋白质相互作用；(2)两种蛋白质的结合可能不是直接结合，而可能有第三者在中间起桥梁作用；(3)必须在实验前预测目的蛋白是什么，以选择最后检测的抗体。所以，若预测不正确，实验就得不到结果，方法本身具有冒险性。

实验流程为：1)转染后 24～48 小时可收获细胞，加入适量细胞裂解缓冲液(含蛋白酶抑制剂)，冰上裂解 30min，细胞裂解液于 4℃，最大转速离心 30min 后取上清；2)取少量裂解液以备 Western blot 分析，剩余裂解液加 1μg 相应的抗体加入到细胞裂解液，4℃缓慢摇晃孵育过夜；3)取 10μL protein A 琼脂糖珠，用适量裂解缓冲液洗 3 次，每次 3000rpm 离心

3min;4)将预处理过的 $10\mu L$ protein A 琼脂糖珠加入到和抗体孵育过夜的细胞裂解液中 $4℃$ 缓慢摇晃孵育 2～4 小时,使抗体与 protein A 琼脂糖珠偶联;5)免疫沉淀反应后,在 $4℃$ 以 3000rpm 速度离心 3min,将琼脂糖珠离心至管底;将上清小心吸去,琼脂糖珠用 1ml 裂解缓冲液洗 3～4 次;6)加入 $15\mu L$ 的 $2\times$ SDS 上样缓冲液,沸水煮 5min;6)SDS-PAGE,Western blotting 或质谱仪分析。

应注意的问题:1)细胞裂解采用温和的裂解条件,不能破坏细胞内存在的所有蛋白质—蛋白质相互作用,多采用非离子变性剂(NP40 或 Triton X-100)。每种细胞的裂解条件是不一样的,通过经验确定。不能用高浓度的变性剂(0.2% SDS),细胞裂解液中要加各种酶抑制剂,如商品化的 cocktailer;2)使用明确的抗体,可以将几种抗体共同使用;3)使用对照抗体:单克隆抗体:正常小鼠的 IgG 或另一类单抗;兔多克隆抗体:正常兔 IgG。

在免疫共沉淀实验中要保证实验结果的真实性,应注意以下几点:1)确保共沉淀的蛋白是由所加入的抗体沉淀得到的,而非外源非特异蛋白,单克隆抗体的使用有助于避免污染的发生;2)要确保抗体的特异性,即在不表达抗原的细胞溶解物中添加抗体后不会引起共沉淀;3)确定蛋白间的相互作用是发生在细胞中,而不是由于细胞的溶解才发生的,这需要进行蛋白质的定位来确定。

六、酵母双杂交技术

1989 年,Song 和 Field 建立了第一个基于酵母的细胞内检测蛋白间相互作用的遗传系统。很多真核生物的位点特异转录激活因子通常具有两个可分割开的结构域,即 DNA 特异结合域(DNA-binding domain,BD)与转录激活域(Transcriptional activation domain,AD)。这两个结构域各具功能,互不影响。但一个完整的激活特定基因表达的激活因子必须同时含有这两个结构域,否则无法完成激活功能。不同来源激活因子的 BD 区与 AD 结合后则特异地激活被 BD 结合的基因表达。基于这个原理,可将两个待测蛋白分别与这两个结构域建成融合蛋白,并共表达于同一个酵母细胞内。如果两个待测蛋白间能发生相互作用,就会通过待测蛋白的桥梁作用使 AD 与 BD 形成一个完整的转录激活因子并激活相应的报告基因表达。通过对报告基因表型的测定可以很容易地知道待测蛋白分子间是否发生了相互作用。

酵母双杂交系统由三个部分组成:(1)与 BD 融合的蛋白表达载体,被表达的蛋白称诱饵蛋白(bait);(2)与 AD 融合的蛋白表达载体,被其表达的蛋白称靶蛋白(prey);(3)带有一个或多个报告基因的宿主菌株。常用的报告基因有 HIS3、URA3、LacZ 和 ADE2 等。而菌株则具有相应的缺陷型。双杂交质粒上分别带有不同的抗性基因和营养标记基因。这些有利于实验后期杂交质粒的鉴定与分离。根据目前通用的系统中 BD 来源的不同主要分为 GAL4 系统和 LexA 系统。后者因其 BD 来源于原核生物,在真核生物内缺少同源性,因此可减少假阳性的出现。

酵母双杂交技术产生以来,它主要应用在以下几方面:(1)检验一对功能已知蛋白间的相互作用。(2)研究一对蛋白间发生相互作用所必需的结构域。通常需对待测蛋白做点突变或缺失突变的处理。其结果若与结构生物学研究结合则可以极大地促进后者的发展。(3)用已知功能的蛋白基因筛选双杂交 cDNA 文库,以研究蛋白质之间相互作用的传递途径。(4)分析新基因的生物学功能,即以功能未知的新基因去筛选文库,然后根据钓到的已知基因的功能推测该新基因的功能。

酵母双杂交系统应用中常遇到的问题一是假阳性较多,二是转化效率偏低。所谓假阳性就是在待研究的两个蛋白间没有发生相互作用的情况下,报告基因被激活。主要原因是由于 BD 融合诱饵蛋白有单独激活作用,或者这种融合蛋白的激活作用被外来蛋白激活。另外,AD 融合靶蛋白如果有 DNA 的特异性结合,则也可单独激活报告基因的表达。因此为排除假阳性就需要作严格的对照试验,应对诱饵和靶蛋白分别作单独激活报告基因的鉴定。目前几个公司推出的酵母双杂系统都采用了多个报告基因,且每个报告基因的上游调控区各不相同,这可减少大量的假阳性。另外报告基因通常整合到染色体上,可以使基因表达水平稳定,消除了由于质粒拷贝数变化引起基因表达水平波动而造成的假阳性。即使根据严格的对照实验证明确实发生了蛋白间的相互作用,还应对以下方面进行分析:

(1)这种相互作用是否会在细胞内自然发生,即这一对蛋白在细胞的正常生命活动中是否会在同一时间表达且定位在同一区域。

(2)某些蛋白如是依赖于遍在蛋白的蛋白酶解途径的成员,它们具有普遍的蛋白间的相互作用的能力。

(3)一些实际上没有任何相互作用的但有相同的模体(motif)如两个亲 α-螺旋的蛋白质间可以发生相互作用。十年来,酵母双杂交技术一直在消除假阳性方面不断改进,并且已取得较好的效果。

在酵母双杂交的应用中有时也会遇到假阴性现象。所谓假阴性,即两个蛋白本应发生相互作用,但报告基因不表达或表达程度甚低以至于检测不出来。造成假阴性的原因主要有两方面:一是融合蛋白的表达对细胞有毒性。这时应该选择敏感性低的菌株或拷贝数低的载体。二是蛋白间的相互作用较弱,应选择高敏感的菌株及多拷贝载体。目前假阴性现象虽不是实验中的主要问题,但也应予以重视。

转化效率是酵母双杂交文库筛选时成败的关键之一,特别是对低丰度 cDNA 库进行筛选时,必须提高转化效率。转化时可采用共转化或依次转化,相比之下共转化省时省力。更重要的是,如果单独转化会发生融合表达蛋白对酵母细胞的毒性时,共转化则可以减弱或消除这种毒性。一种更有效的方法是将诱饵蛋白载体与靶蛋白载体分别转入不同接合型的单倍体酵母中,通过两种接合型单倍体细胞的杂交将诱饵蛋白与靶蛋白带入同一个二倍体细胞。

目前,很多机构建立了大量的 cDNA 文库和基因组文库,但这些文库大多无法直接用于双杂交系统的筛选。而文库的质量对于转化和筛选又非常关键,因此,大量构建适用于酵母双杂交的文库非常必要,现已出现一种采用体内重组技术来达到这个目的的方法。

最后,有必要指出的是,酵母双杂交技术必须与其他技术结合才能有利于对实验结果作出更为完整和准确的判断。

七、蛋白质芯片技术

了解复杂的细胞系统将要求能够识别和分析细胞的各个成分以及确定它们如何一起运作和共同调节,在这个过程中,关键的一步是确定蛋白质的生化活性以及这些活性如何被其他蛋白质调控和修饰。传统的阐明蛋白质的生化活性方法是研究单分子,且每个实验只能检测一次,但这种方法不是最好的,既费时又费力。和传统方法相反,在最近十年发展起来的高通量方法来改进优化研究大分子包括 DNA、蛋白质和代谢产物。特别是基因芯片在基因组研究中已证明具有广泛的应用价值。基因芯片被用来研究基因表达模式,寻找转录因子结合位点和大规模检测突变和缺失序列。不过基因芯片只是告诉我们基因自身,提供很少关于它所编码的蛋白质的功能。最近高通量技术方法从蛋白质研究中发展起来,例如质谱分析法研究蛋白质图谱、示踪和亚细胞定位以及蛋白质芯片等。下面对蛋白质芯片技术的类型、构建、制备、检测方法和应用等方面进行阐述。

1. 蛋白质芯片类型

目前用于研究蛋白质生化活性的蛋白质芯片有三种类型:蛋白质分析芯片、蛋白质功能芯片和反相蛋白质芯片。蛋白质分析芯片主要应用于在复杂的蛋白质混合物中分析蛋白质的亲和力、特异性和蛋白质表达水平。在分析芯片上,是把抗体、适体或者配体在一张玻璃载玻片上 阵列,然后这些阵列作为检测蛋白质溶液的探针。抗体芯片是最常见的蛋白质分析芯片。这些类型芯片用于监测不同蛋白质表达模式和临床诊断,例如对环境应激反应的表达模式变化以及正常和病变组织的差异。

蛋白质功能芯片不同于蛋白质分析芯片是因为蛋白质功能芯片阵列成分是由全长功能蛋白或者蛋白质关键结构域组成。这些芯片是用于在一次实验中研究整个蛋白组的生化活性。它们用来研究大量蛋白质之间的相互作用,例如蛋白质—蛋白质,蛋白质—DNA,蛋白质—磷脂以及蛋白质—小分子的相互作用。

第三种蛋白质芯片和蛋白质分析芯片相关,称为反相蛋白质芯片(RPA)。在 RPA 中,从各种组织中分离和溶解细胞。溶胞产物用微阵列的方式排列在硝酸纤维素片上。然后硝酸纤维素片的目标蛋白质被抗体标记,而这些抗体能以化学发光、荧光或者比色测定的方式检测出来。同时,检测印在硝酸纤维素片上的参照肽链可以对样本的蛋白质定量。

RPA 可以用于测定由于疾病导致蛋白质表达量改变值,特别是由于疾病导致的翻译后修饰造成的蛋白表达量改变。这样一旦检测出细胞中哪一种蛋白质通路可能发生异常,就能够针对功能异常蛋白通路确定特异治疗方法,及早治疗疾病。

2. 蛋白质组文库构建

建立蛋白质组芯片的挑战不仅包括必须建立过度表达文库,同时也要发展高通量表达和纯化蛋白质方案,这种方案要能够有效地大量生产和纯化具有功能的蛋白质,并把这些蛋白质固定在载体表面。当前在表达载体上建立开放读码框(ORFs)文库主要有两种重组克隆策略。第一种克隆策略是在酵母中运用重组技术,扩增目的开发读码框使其都含有相同的 5′端和不同的 3′端,目的 ORFs 和线性化载体混合,这些线性化载体具有和 ORFs 相同的 5′端和 3′端。把混合液转化到具有缺口介导重组功能的酵母中。

另外一种克隆策略是使用了通路重组克隆系统(Gateway recombinational cloning system)。这种通路克隆系统利用了大肠杆菌能整合和去除 λ 噬菌体的优点。λ 噬菌体整合入它的宿主 DNA 是在 λ 噬菌体的 att P 位点和宿主的 att B 位点之间进行重组的。重组后的 DNA 末端称为 att L 和 att R。去除 λ 噬菌体后,重组 DNA 的 att L 和 att R 仍变回原先的 att P 和 att B 位点。通路克隆系统技术利用了 λ 噬菌体这个特点,通过两步重组反应来构建携带目的 ORF 的表达载体。首先,λ 噬菌体与扩增好的目的 ORF 混合,这些 ORF 包含有两个不同方向 att B 位点。然后,这些混合物在体外结合入含有相应的 att P 位点的载体中。在发生重组反应后载体含有两个不同的 att L 位点。接着，这些载体和含有对应的 att R 位点的表达载体相结合，重组也是在体外进行。最后，ORF 整合入了具有表达活性的载体中。通路克隆技术具有很好的灵活性，能允许 ORF 在不同表达载体中容易地穿梭运动。通路克隆系统已经用来产生酵母、秀丽线虫以及人类等基因的 ORF。

第一个用于蛋白质芯片的蛋白质组文库是用酵母产生的。这个蛋白质组文库包含了超过 5800 种酵母蛋白，这些蛋白质在其氨基端用 GST-HisX6 做标记以使得能够更容易纯化。蛋白质在芽殖酵母中高通量表达和纯化后，被点在玻璃载玻片上面。芯片上的蛋白质信号由能与 GST-HisX6 结合的 anti-GST 抗体探针来量化，这些抗体能和带有荧光基团的第二抗体结合。在芯片上进行的蛋白质—蛋白质和蛋白质—磷脂的实验发现了新的调钙蛋白和磷脂结合蛋白，同时也证明了芯片上的固定化蛋白质确实具有活性。

最近，Gelperin 和他的同事建立了在蛋白质羧基端用 TAP 标记的酵母蛋白质组文库，能更有效地纯化跨膜蛋白和分泌蛋白，也是使用了通路重组克隆技术。

除了在酵母上收集蛋白质组外，在高级真核生物上建立并收集克隆 ORF 组文库的工程正在进行中。Vidal 和他的同事定义 ORF 组文库为整个生物体编码蛋白质的所有开放读码框（ORFs）。他们用通路重组克隆技术建立了第一个秀丽线虫 ORF 组文库和第一个人类 ORF 组文库。Invitrogen 公司也对人类 ORF 组文库进行了收集并生产了相应的芯片。这些 ORF 组文库对提高基因组的认识很有帮助，因为它们是用通路克隆技术建立起来的，通用性好，能够在许多不同的实验系统上高通量表达蛋白。

要成功克隆高级真核生物的 ORF 得依靠全长 cDNA 的收集，现在有很多研究机构着手于对人类的全长 cDNA 进行收集，例如单基因组计划、全长表达基因库计划、整合分子分析基因组及其表达计划（IMAGE）的 cDNA 收集和哺乳动物基因收集计划（MGC）。同样一些公司也进行商业性的收集，包括 Invitrogen、GeneCopoeia、OriGene and Open Biosystems。

蛋白质芯片要保证阵列在芯片上的蛋白质质量才能有用。在同源系统（例如酵母蛋白在酵母中表达）中生产蛋白要求能够很好提高蛋白质的质量和使它们保持活性状态。因为大多数蛋白质是不知道功能的，所以确定芯片上每一种蛋白质是否具有活性和功能是不可能的。但是，在酵母蛋白质芯片上大部分蛋白质，或者至少这些蛋白质一些组分是具有功能的，因为在使用芯片后能够成功发现和确定许多蛋白质生化活性。这些生化活性包括蛋白质—蛋白质、蛋白质—磷脂、蛋白质—DNA 以及蛋白质—小分子的相互作用，就像酶促反应一样。

在蛋白质功能芯片上能够实现一个代表性样品的不同检测。蛋白质高密度固定化在微载玻片上，然后通过不同的相互作用检测出来。在用 Cy5 作为显示荧光时，其他的荧光基团也同样可以用于检测。用于纯化时亲和标记物的位置可能会干扰到蛋白质芯片作用。现在使用两种收集酵母蛋白质组的方法，一种是羧基末端标记，另一种是氨基末端标记，这两种方法认为能够彼此间互补。如果由于标记的位置导致标记蛋白失去功能，那么另外一种位置标记蛋白就能够使用在芯片上。

最近有一种技术能够在蛋白质芯片上直接生产蛋白质。DNA 被点在载玻片上然后使其进入体外转录和翻译系统中。生产出来的蛋白质融合了 GST 能够和芯片表面的谷光苷肽相黏附连结。实验室用动物饲养者协会（LaBaer）和其成员使用该方法生产出一系列人类蛋白质,包括 DNA 代谢相关蛋白,演示了蛋白质之间的相互作用。这种方法的优点在于它能够在芯片上直接生产蛋白质,不用对蛋白质进行纯化而且也不需要保存蛋白质。

3. 蛋白质芯片制备

典型的蛋白质芯片制备是把蛋白质固定在用连接基团处理过的载玻片上或者没有连接基团的芯片上,关键在于使蛋白质保持在湿润的环境中,因此样品缓冲液含有高含量的丙三醇,且杂交过程是在可以控制湿度的环境中进行。因为用于基因芯片发展的设备和操作流程比较容易转用到蛋白质芯片发展上,因此当今基因芯片常见的使用机器人来有效点阵列和用激光扫描处理过的载玻片的技术也是蛋白质芯片技术中常用的。

很多不同的载玻片表面能够用于蛋白质芯片。选择载玻片表面的目标是能够固定化蛋白质,保持蛋白质构象和活性以及获得最大结合能力。同时考虑芯片表面上是用随机还是统一的蛋白质方向也很重要。如果只是随机黏附蛋白,在含有衍生的乙醛或者环氧树脂的玻璃表面是很容易做到的。只要求蛋白质被动地吸附在表面上,在载玻片表面涂上硝酸纤维素,凝胶层或者聚左旋赖氨酸同样也能够连结蛋白质的随机方向。亲和标记物能够用于在蛋白质芯片表面上统一蛋白质方向。一种常用的芯片是在镍涂层载玻片上使用 HisX6 标记蛋白,另外一种是抗生蛋白链菌素涂层载玻片。远离芯片表面的蛋白质应该能容易接近蛋白质活性部位的试剂来检测。

最后,微孔也能够运用于蛋白质检测。Zhu 和他的同事发展了一种芯片表面为硅酮弹性体组成的微孔,这些经过环氧处理的微孔能够黏附蛋白质。用微孔的好处在于能够在含水的环境中进行实验同时又防止交叉污染。

4. 检测方法

为了在芯片上显示检测目的蛋白质,小分子的探针通过荧光、亲和素、光化学或者放射性同位素来标记,荧光标记是首选,因为荧光标记安全有效并和快速微点阵激光扫描仪相兼容。同时探针也能够用亲和标记物或者光化学标记物进行标记。Huang 和他的同事使用生物素标记小分子探针的蛋白质芯片来检测小分子雷帕霉素抑制因子(SMIR),用 Cy3 标记的抗生物素蛋白链菌素探针来检测反应蛋白。

不管用哪一种方法进行标记,用于蛋白质芯片上探针标记的分子都存在这样那样的问题。其中最主要的问题是标记物本身可能会干扰探针和目标蛋白之间的相互作用。为了解决这个问题,很多不含有标记物的检测方法开始发展起来。非标记物检测方法不仅解决了标记物空间位阻问题,而且能够收集动态结合数据。当前主要的非标记物检测蛋白质相互作用的方法是表面等离子体共振技术(SPR),通过折射率检测。其他的选择包括纳米炭管、纳米炭线和微电机悬臂系统技术。这些技术仍然还不成熟,不能用于表现蛋白质相互作用的高通量检测,但是显示了极大的潜力。

5. 蛋白质芯片的应用

很多蛋白质的生化活性能够通过使用蛋白质芯片进行检测和定量。蛋白质芯片不仅能够用于先前未知蛋白功能的检测,而且能够用于发现已知蛋白的新功能。蛋白质芯片已经用于检查蛋白质—蛋白质相互作用、蛋白质—DNA 相互作用、蛋白质—磷脂相互作用、蛋白质—药物相互作用、蛋白质—受体相互作用和抗原—抗体相互作用。除此以外,蛋白质芯片还用于蛋白激酶活性研究和血清型研究。

在蛋白质—蛋白质相互作用方面,酵母蛋白质芯片已经用于钙调素结合蛋白研究。钙调节蛋白是钙结合蛋白包括许多钙调节细胞途径。Zhu 和他的同事用生物素酰化钙调节蛋白探针,用 Cy3 标记抗生蛋白链菌素来检测蛋白质—蛋白质相互作用。他们的研究发现 6 个已知钙调素结合蛋白和另外 33 个潜在的结合蛋白。他们的研究也发现了一个和以前发现的钙调节蛋白模式相一致的新结合模式。

Hall 使用酵母蛋白质芯片来鉴定以前未被认定的 DNA 结合活动。酵母蛋白质芯片使用 Cy3 标记酵母基因组 DNA 单链和双链的探针来检测。超过 200 种 DNA 结合蛋白被鉴别出来,但根据它们已知的功能只有一半被认为是结合 DNA 蛋白。其中一个新发现是 Arg5,6,这种线粒体酶和精氨酸生物合成相关。染色质免疫沉淀实验表明在活体内 Arg5,6 和特定的细胞核和线粒体位置相关。体外凝胶移动检测实验也表明 Arg5,6 和特定 DNA 片段结合相关,且发现和常见结合模式一样。对 Arg5,6 进行 Real time PCR 实验也表明其可能在调节基因表达方面起着作用。因此这个酵母蛋白质芯片发现了一个新的 DNA 结合蛋白以及能够直接调节真核生物基因表达的代谢酶。

Zhu 和其同事也用酵母蛋白质芯片来研究磷酸肌醇(PI)结合蛋白。PI 是细胞膜的成分,调节许多不同的细胞活动。芯片用生物素酰化的 PI 脂质体作为探针,检测时使用 Cy3 标记抗生物素蛋白链菌素。有 150 种新型磷脂结合蛋白被检测出来,其中有 52 种和未知蛋白相关,45 种是膜结合蛋白。

蛋白质芯片是一种发现药物靶点的好方法。在实验时整个蛋白质组点阵在芯片上,通过和小分子探针的相互作用来检测。Huang 和他的同事使用酵母蛋白质芯片来研究蛋白质—药物的相互作用。他们用生物素酰化小分子雷帕霉素抑制因子(SMIR)作为探针以检测发现可能是雷帕霉素靶点(TOR)的靶蛋白。他们发现了一种之前不知道功能的 SMIR 靶蛋白。接着他们通过基因缺失实验证明了该靶蛋白确实是 SMIR 的靶点。

Jones 和他的同事使用蛋白质芯片研究在高通量模式下蛋白质和受体的聚集反应。通过从芯片上获得的数据,他们计算出了蛋白质—受体结合的解离常数。特别是他们的芯片包含了人类的 Src 同源区 2(SH2)和磷酸酪氨酸结合(PTB)区域。这些结合区是和不同表皮生长因子受体(EGFR)相互作用的,而 EGFR 和许多细胞反应相关。有活性的受体在它们的酪氨酸残基上变成磷酸纤维素,然后作为 SH2 and PTB 结合区域位点。含有 159 种蛋白质的人类结合区域蛋白质芯片检测出了 66 种荧光标记的肽,这些肽是表皮生长因子受体的结合位点。芯片的探针用每种肽的八个浓度来检测,荧光数据结果用来计算解离常数以确定蛋白质结合区域相互作用的亲和力。样品的解离常数的精确计算通过表面细胞质基因组共振实验来确定。根据他们的实验数据,他们构建了 EGFR 相互作用定量图。他们的数据不仅证实了以前的已知相互作用,而且发现了 EGFR 和 SHT2 及 PTB 区域新的生物物理作用。依据他们的定量数据,他们发现了不同受体酪氨酸激酶在过度表达时它们的选择水平是不相同的,因此他们认为这将可能是为什么一些受体比其他受体有更高的致癌潜能的线索。

不同的酵母蛋白激酶也能够用蛋白芯片来进行研究。Zhu 和其同事在玻璃载玻片上涂上了硅酮弹性体纳米微孔,用 17 种不同的特异底物作为探针来研究 119 种酵母激酶的活性。这 119 种激酶过度表达后和芯片的纳米微孔共价连结,然后和 17 种不同底物进行孵育,这些底物是用放射性 ATP 标记的探针来检测体外激酶的活性。他们得到了许多全新的结论，包括 27 种酵母激酶能够在体外表现出酪氨酸激酶活性，这大概是原先认为存在酵母体内酪氨酸激酶数量的 3 倍。

Ptacek 和他的同事也使用了蛋白质芯片来研究蛋白质磷酸化。他们的目标是建立酵母的激酶—底物相互作用全图。最后他们使用了含有 4400 种单一蛋白的酵母蛋白质芯片，分别用放射性 ATP 标记的 87 种不同的酵母蛋白激酶以及蛋白激酶混合物进行孵育。他们发现大约有 4200 种磷酸化作用影响着 1325 种不同的蛋白质，根据这些数据，他们构建了体外磷酸化作用网络图。

蛋白质芯片也成功地用于病人血清中的自身抗体筛查和病毒特异性抗体分析。Zhu 创造了冠状病毒蛋白质芯片，用来筛查病人血清中抵抗 SARS-CoV 冠状病毒的抗体。他们制造的蛋白质芯片使用了在酵母中过度表达的冠状病毒蛋白，这些蛋白被成对点在载玻片上。对来自受 SARS 感染者或者健康的人血清进行筛查，芯片上联合的抗体是用荧光染料 Cy3 标记人类的 IgG 或者 IgM 抗体。他们发现冠状病毒蛋白质芯片能够准确地诊断出抗体和冠状病毒作用情况，超过 90％的病人能被检测出来。因此，蛋白质芯片是一种快速诊断出表现为受 SARS 感染症状的病人的有效方法。

另外，Michaud 和其同事也用蛋白质芯片进行抗原—抗体实验。为了分析抗体的特异性，他们在含有大约 5000 种不同的酵母蛋白的芯片上分别检测 11 种单克隆抗体和多克隆抗体。荧光的检测用 Cy5 标记的第二抗体来显示。他们发现了这些抗体的不同交叉反应性程度，并不能通过蛋白质的氨基酸序列来进行预测。他们的数据将为以后评估这些抗体反应提供参考。

八、研讨题

1. 蛋白质分析技术分成哪几类？各有什么特点？

2. 试探讨 Western 杂交与 Southern、Northern 杂交的主要区别。包括哪些关键性环节？影响这些环节的因素有哪些？

3. 蛋白质芯片技术包括哪些核心参数？进行操作时应注意哪些细节问题？

九、参考文献

[1] 梁国栋等. 最新分子生物学实验技术[M]. 北京:科学出版社,2001.

[2] 李立家,肖庚富. 基因工程[M]. 北京:科学出版社,2004.

[3] 孙明. 基因工程[M]. 北京:高等教育出版社,2006.

[4] 李玉花. 现代分子生物学模块实验指南[M]. 北京:高等教育出版社,2007.

[5] 钱国英. 生化实验技术与实施教程[M]. 杭州:浙江大学出版社,2009.

[6] 郝福英等. 分子生物学实验技术[M]. 北京:北京大学出版社,1999.

第八章　重组蛋白质的分离纯化与制备

一、概述

近年来随着对蛋白质的研究和生产的需要，基因重组技术突飞猛进，出现了很多基因工程产品，深刻地影响人类自身及其环境。而作为基因工程技术的下游工程中的基因重组蛋白的分离纯化技术越来越显示其重要性。据统计，基因工程产品的分离纯化成本约占其全部成本的 $60\%\sim80\%$。因此，越来越多的生物工作者从事重组蛋白的分离纯化工作。

重组蛋白可在 $E.coli$、酵母、昆虫和哺乳动物细胞等体系中得到高效表达，其表达形式一般可分为：(1)细胞外的分泌表达；(2)细胞内可溶性表达；(3)细胞内不溶性表达，即产物以包涵体的形式存在。因此，对于重组蛋白的纯化要依据其表达形式的不同，采取不同的纯化工艺。例如，当重组蛋白以包涵体形式存在时，就需要对包涵体进行变复性处理。然而不论以哪种表达形式产生的重组蛋白，其纯化的方法都与传统的生物大分子分离方式相似。

与传统方式相似，重组蛋白的分离纯化也是利用其物理和化学性质的差异，即根据分子量大小、分子形状、溶解度、等电点、亲疏水性以及与其他分子的亲和性等性质建立起来的。当前蛋白质的纯化主要是依靠层析和电泳技术。由于重组蛋白在组织和细胞中仍以复杂混合物的形式存在，因此到目前为止还没有一个单独或一整套现成的方法把任何一种蛋白质从复杂的混合物中分离出来，而只能依据目标蛋白的物理化学性质摸索和选择一套综合上述方法的适当分离程序，以获得较高纯度的制品。

蛋白质的制备是一项十分细致的工作，涉及物理学、化学和生物学的知识。近年来虽然有了不少改进，但其主要原理仍不外乎两个方面：

一是利用混合物中几个组分分配率的差别，把它们分配于可用机械方法分离的两个或几个物相中，如盐析、有机溶剂提取、层析和结晶等；

二是将混合物置于单一物相中，通过物理力场的作用使各组分分配于不同区域而达到分离的目的，如电泳、超离心、超滤等。由于蛋白质不能溶化，也不能蒸发，所能分配的物相只限于固相和液相，并在这两相间互相交替进行分离纯化。

制备方法可按照分子大小、形状、带电性质及溶解度等主要因素进行分类。按分子大小和形态分为差速离心、超滤、分子筛及透析等方法；按溶解度分为盐析、溶剂抽提、分配层析、逆流分配及结晶等方法；按电荷差异分为电泳、电渗析、等电点沉淀、离子交换层析及吸附层析等；按生物功能专一性有亲合层析法等。

由于不同生物大分子结构及理化性质不同，分离方法也不一样。即同一类生物大分子由于选用材料不同，使用方法差别也很大。因此很难有一个统一标准的方法对任何蛋白质均适用。因此实验前应进行充分调查研究，查阅有关文献资料，对欲分离提纯物质的物理、化学及生物学性质先有一定了解,然后再着手进行实验工作。对于一个未知结构及性质的试样进行创造性的分离提纯时,更需要经过各种方法比较和摸索,才能找到一些工作规律和获得预期结果。其次在分离提纯工作前,常须建立相应的分析鉴定方法,以正确指导整个分离纯化工作的顺利进行。高度提纯某一生物大分子,一般要经过多种方法、步骤及不断变换各种外界条件才能达到目的。因此,整个实验过程方法的优劣、选择条件效果的好坏,均须通过分析鉴定来判明。

另一方面,蛋白质常以与其他生物体物质结合形式存在,因此也易与这些物质结合,这给分离精制带来了困难。如极微量的金属和糖对巨大蛋白质的稳定性起决定作用,若被除去则不稳定的蛋白质结晶化的难度也随之增加,如高峰淀粉酶 A 的 Ca^{2+}、胰岛素 Zn^{2+} 等。此外,高分子蛋白质具有一定的立体构象,相当不稳定,如前所述极易变性、变构,因此限制了分离精制的方法。通常是根据具体对象联用各种方法。为得到天然状态的蛋白质,尽量采用温和的手段,如中性、低温、避免起泡等,并要注意防腐。

注意共存成分的影响。如蝮蛇粗毒的蛋白质水解酶活性很高,在分离纯化中需引起重视。纯化蝮蛇神经毒素时,当室温超过 20℃时,几乎得不到神经毒素。蝮蛇毒中的蛋白水解酶能被 0.1mol/L EDTA 完全抑制,因此在进行柱层析前先将粗毒素 0.1mol/LEDTA 溶液处理,即使在室温高于 20℃,仍能很好地得到神经毒素。下面就重组蛋白质的各种分离纯化与制备技术进行简要阐述。

二、重组蛋白质的分离纯化与制备技术

1. 沉淀法

沉淀法也称溶解度法。其纯化生命大分子物质的基本原理是根据各种物质的结构差异性来改变溶液的某些性质,进而导致有效成分的溶解度发生变化。

(1)盐析法

盐析法对于许多非电解质的分离纯化均适合,对蛋白质和酶的提纯应用也最早。盐析法至今还广泛使用,一般粗抽提物经常利用此法进行粗分。也有反复用盐析法得到纯的蛋白质的例子,其原理是蛋白质在低盐浓度下的溶解度随盐液浓度升高而增加(盐溶)。当盐浓度不断上升时,蛋白质的溶解度又以不同程度下降并先后析出(盐析)。这是由于蛋白质分子内和分子间的电荷的极性基团有静电引力。当水中加入少量盐时,盐离子与水分子对蛋白质分子的极性基团的影响,使蛋白质在水中溶解度增大。但盐浓度增加至一定程度时,水的活度降低,蛋白质表面的电荷大量被中和,水化膜被破坏,于是蛋白质相互聚集而沉淀析出。盐析法是根据不同蛋白质在一定浓度盐溶液中溶解度降低程度不同达到彼此分离的方法。

如上所述,蛋白质在水中溶解度取决于蛋白质分子上离子基团周围的水分子数目,即取决于蛋白质的水合程度。因此,控制水合程度,也就是控制蛋白质的溶解度。控制方法最常用的是加入中性盐,主要有硫酸铵、硫酸镁、硫酸钠、氯化钠、磷酸钠等。其中应用最广的是硫酸铵,它的优点是温度系数小而溶解度大(25℃时饱和溶解度为 4.1mol,即 767g/L;0℃时饱满和溶解度为 3.9mol,即 676g/L)。在这一溶解度范围内,许多蛋白质均可盐析出来,且硫酸铵价廉易得,分段效果较其他盐好,不易引起蛋白质变性。应用硫酸铵时对蛋白氮的测定有干扰,另外缓冲能力较差,故有时也应用硫酸钠,如盐析免疫球蛋白,用硫酸钠的效果

也不错,硫酸钠的缺点是 30℃ 以下溶解度太低。其他的中性盐如磷酸钠的盐析作用比硫酸铵好,但也由于溶解度太低,受温度影响大,故应用不广。氯化钠的溶解度不如硫酸铵,但在不同温度下它的溶解度变化不大,这是方便之处。它也是便宜不易纯化的试剂。

硫酸铵浓溶液的 pH 值常在 4.5～5.5 之间,市售的硫酸铵还常含有少量游离硫酸,pH 值往往降至 4.5 以下,当用其他 pH 值进行盐析时,需用硫酸或氨水调节。

盐析时注意的几个问题:

①盐的饱和度:不同蛋白质盐析时要求盐的饱和度不同。分离几个混合组成的蛋白质时,盐的饱和度常由稀到浓渐次增加。每出现一种蛋白质沉淀进行离心或过滤分离后,再继续增加盐的饱和度,使第 2 种蛋白质沉淀。例如用硫酸铵盐析分离血浆中的蛋白质饱和度达 20% 时,纤维蛋白原首先析出;饱和增至 28～33% 时,优球蛋白析出;饱和度再增至 33～50% 时,拟球蛋白析出;饱和度大于 50% 以上时清蛋白析出。用硫酸铵不同饱和度分段盐析法,可从牛胰酸性提取液中分离得到 9 种以上蛋白质及酶。

②pH 值:pH 值在等电点时蛋白质溶解度最小易沉淀析出。因此盐析时除个别特殊情况外,pH 值常选择在被分离的蛋白质等电点附近。由于硫酸铵有弱酸性,它的饱和溶液的 pH 值低于 7,如所要蛋白质遇酸易变性则应在适当缓冲液中进行。

③蛋白质浓度:在相同盐析条件下蛋白质浓度愈高愈易沉淀。使用盐的饱和度的极限也愈低。如血清球蛋白的浓度从 0.5% 增至 3.0% 时,需用中性盐的饱和度的最低极限从 29% 递减至 24%。某一蛋白质欲进行两次盐析时,第 1 次由于浓度较稀,盐析分段范围较宽,第 2 次则逐渐变窄。例如胆碱酯酶用硫酸铵盐析时,第 1 次硫酸铵饱和度为 35% 至 60%,第 2 次为 40% 至 60%。蛋白质浓度高些虽然对沉淀有利,但浓度过高也易引起杂蛋白的共沉作用。因此,必须选择适当浓度尽可能避免共沉作用的干扰。

(2)有机溶剂沉淀法

有机溶剂能降低蛋白质溶解度的原因有二:与盐溶液一样具有脱水作用;有机溶剂的介电常数比水小,导致溶剂的极性减小。

(3)蛋白质沉淀剂

蛋白质沉淀剂仅对一类或一种蛋白质沉淀起作用,常见的有碱性蛋白质、凝集素和重金属等。

(4)聚乙二醇沉淀作用

聚乙二醇和右旋糖酐硫酸钠等水溶性非离子型聚合物可使蛋白质发生沉淀作用。

(5)选择性沉淀法

根据各种蛋白质在不同物理化学因子作用下稳定性不同的特点,用适当的选择性沉淀法,即可使杂蛋白变性沉淀,而欲分离的有效成分则存在于溶液中,从而达到纯化有效成分的目的。

2. 吸附层析

(1)吸附柱层析

吸附柱层析是以固体吸附剂为固定相,以有机溶剂或缓冲液为流动相构成柱的一种层析方法。

(2)薄层层析

薄层层析是以涂布于玻板或涤纶片等载体上的基质为固定相,以液体为流动相的一种层析方法。这种层析方法是把吸附剂等物质涂布于载体上形成薄层，然后按纸层析操作进行展层。

（3）聚酰胺薄膜层析

聚酰胺对极性物质的吸附作用是由于它能和被分离物之间形成氢键。这种氢键的强弱就决定了被分离物与聚酰胺薄膜之间吸附能力的大小。层析时，展层剂与被分离物在聚酰胺膜表面竞争形成氢键。因此，选择适当的展层剂使分离在聚酰胺膜表面发生吸附、解吸附、再吸附、再解吸附的连续过程，就能达到分离目的。

3．离子交换层析

离子交换层析是在以离子交换剂为固定相，液体为流动相的系统中进行的。离子交换剂是由基质、电荷基团和反离子构成的。离子交换剂与水溶液中离子或离子化合物的反应主要以离子交换方式进行，或借助离子交换剂上电荷基团对溶液中离子或离子化合物的吸附作用进行。

4．凝胶过滤

凝胶过滤又叫分子筛层析，其原因是凝胶具有网状结构，小分子物质能进入其内部，而大分子物质却被排除在外部。当一混合溶液通过凝胶过滤层析柱时，溶液中的物质就按不同分子量筛分开了。

5．亲和层析

亲和层析的原理与众所周知的抗原—抗体、激素—受体和酶—底物等特异性反应的机理相类似，每对反应物之间都有一定的亲和力。正如在酶与底物的反应中，特异的废物（S）才能和一定的酶（E）结合，产生复合物（E-S）一样。在亲和层析中，特异的配体才能和一定的生命大分子之间具有亲和力，并产生复合物。而亲和层析与酶—底物反应不同的是，前者进行反应时，配体（类似底物）是固相存在；后者进行反应时，底物呈液相存在。实质上亲和层析是把具有识别能力的配体 L（对酶的配体可以是类似底物、抑制剂或辅基等）以共价键的方式固化到含有活化基团的基质 M（如活化琼脂糖等）上，制成亲和吸附剂 M-L，或者叫做固相载体。而固化后的配体仍保持束缚特异物质的能力。因此，当把固相载体装入小层析柱（几毫升到几十毫升）后，让欲分离的样品液通过该柱。这时样品中对配体有亲和力的物质 S 就可借助静电引力、范德瓦尔力，以及结构互补效应等作用吸附到固相载体上，而无亲和力或非特异吸附的物质则被起始缓冲液洗涤出来，并形成了第一个层析峰。然后，恰当地改变起始缓冲液的 pH 值、或增加离子强度、或加入抑制剂等因子，即可把物质 S 从固相载体上解离下来，并形成了第 M 个层析峰。显然，通过这一操作程序就可把有效成分与杂质满意地分离开。如果样品液中存在两个以上的物质与固相载体具有亲和力（其大小有差异）时，采用选择性缓冲液进行洗脱，也可以将它们分离开。用过的固相载体经再生处理后，可以重复使用。

上面介绍的亲和层析法亦称特异性配体亲和层析法。除此之外，还有一种亲和层析法叫通用性配体亲和层析法。这两种亲和层析法相比，前者的配体一般为复杂的生命大分子物质（如抗体、受体和酶的类似底物等），它具有较强的吸附选择性和较大的结合力。而后者的配体则一般为简单的小分子物质（如金属、染料，以及氨基酸等），它成本低廉、具有较高的吸附容量，通过改善吸附和脱附条件可提高层析的分辨率。

6. 聚焦层析

聚焦层析也是一种柱层析。因此,它和另外的层析一样,照例具有流动相,其流动相为多缓冲剂,固定相为多缓冲交换剂。

聚焦层析的原理可以从 pH 梯度溶液的形成、蛋白质的行为和聚焦效应三方面来阐述。

(1)pH 梯度溶液的形成

在离子交换层析中,pH 梯度溶液的形成是靠梯度混合仪实现的。例如,当使用阴离子交换剂进行层析时,制备 pH 由高到低呈线性变化的梯度溶液的方法是,在梯度仪的混合室中装高 pH 溶液,而在另一室装低 pH 极限溶液,然后打开层析柱的下端出口,让洗脱液连续不断地流过柱体。这时从柱的上部到下部溶液的 pH 值是由高到低的变化。而在聚焦层析中,当洗脱液流进多缓冲交换剂时,由于交换剂带有具有缓冲能力的电荷基团,故 pH 梯度溶液可以自动形成。例如,当柱中装阴离子交换剂 PBE94(作固定相)时,先用起始缓冲液平衡到 pH9,再用含 pH6 的多缓冲剂物质(作流动相)的淋洗液通过柱体,这时多缓冲剂中酸性最强的组分与碱性阴离子交换对结合发生中和作用。随着淋洗液的不断加入,柱内每点的 pH 值从高到低逐渐下降。照此处理一段时间,从层析柱顶部到底部就形成了 pH6~9 的梯度。聚焦层析柱中的 pH 梯度溶液是在淋洗过程中自动形成的,但是随着淋洗的进行,pH 梯度会逐渐向下迁移,从底部流出液的 pH 却由 9 逐渐降至 6,并最后恒定于此值,这时层析柱的 pH 梯度也就消失了。

(2)蛋白质的行为

蛋白质所带电荷取决于它的等电点(pI)和层析柱中的 pH 值。当柱中的 pH 低于蛋白质的 pI 时,蛋白质带正电荷,且不与阴离子交换剂结合。而随着洗脱剂向前移动,固定相中的 pH 值是随着淋洗时间延长而变化的。当蛋白质移动至环境 pH 高于其 pI 时,蛋白质由带正电荷变为带负电荷,并与阴离子交换剂结合。由于洗脱剂的通过,蛋白质周围的环境 pH 再次低于 pI 时,它又带正电荷,并从交换剂解吸下来。随着洗脱液向柱底的迁移,上述过程将反复进行,于是各种蛋白质就在各自的等电点被洗下来,从而达到了分离的目的。

不同蛋白质具有不同的等电点,它们在被离子交换剂结合以前,移动距离是不同的,洗脱出来的先后次序是按等电点排列的。

(3)聚焦效应

蛋白质按其等电点在 pH 梯度环境中进行排列的过程叫做聚焦效应。pH 梯度的形成是聚焦效应的先决条件。如果一种蛋白质是加到已形成 pH 梯度的层析柱上时,由于洗脱液的连续流动,它将迅速地迁移到与它等电点相同的 pH 处。从此位置开始,其蛋白质将以缓慢的速度进行吸附、解吸附,直到在等电点 pH 时被洗出。若在此蛋白质样品被洗出前,再加入第二份同种蛋白质样品时,后者将在洗脱液的作用下以同样的速度向前移动,而不被固定相吸附,直到其迁移至近似本身等电点的环境处(即第一个作品的缓慢迁移处)。然后两份样品以同样的速度迁移,最后同时从柱底洗出。事实上,在聚焦层析过程中,一种样品分次加入时,只要先加入者尚未洗出,并且有一定的时间进行聚焦,剩余样品还可再加到柱上,其聚焦过程都能顺利完成,得到的结果也是满意的。

7. 灌注层析技术

液相层析技术是生物分子分离纯化的重要工具,而其中分离介质尤为重要。在过去几十年里，人们一直在提高液相层析的分离能力，以达到最好的分离效果。谱带扩展是影响层析效率的主要因素之一，它主要源于流动相的粒子内部扩散、纵向扩散和溶质扩散这 3 个因子，影响了固定相和流动相之间的传质和交换平衡速度。通常人们解决这一问题的方法是减小介质颗粒的大小。Amersham Pharmacia Biotech 公司近年来提供的 Mini 系列和 Mono 系列就是采用这一策略，显著地提高了层析柱床的分辨效率。然而当颗粒达到 3～5μm 时，再提高分辨率就不太实际了。1989 年初美国的 Dr. Frederick Regnier、Dr. Noubar Afeyan 等人率先发明了具有贯穿孔的分离载体(flow-through particale)-POROS，并申请了专利，同时他们将液流通过这一载体而减小粒子内部扩散的层析行为命名为灌注层析技术(Perfusion Chromatography)。这一技术的提出为流动相与固定相的传质问题的解决提供了新的方法。

POROS 介质是在苯乙烯-二乙烯苯的交联共聚物(PS-DVB)基础上构成的，其化学稳定性和机械强度均高于传统的葡聚糖、聚丙烯酸酯和硅胶等介质。POROS 为双模式网孔结构，在介质上有 600～800nm 的贯穿孔和与之相连接的 80～150nm 扩散孔。这一结构可以容许液体对流到分离介质的内表面，加快了流动相与固定相的传质速度，缩短了交换平衡所需的时间。因此这一方法打破了传统的流速、分辨率和容量之间的三角关系，即在流速增加的情况下，柱容量和分辨率均不会降低，且反压也不会升高，为快速纯化生物大分子提供了基础。Regnier 等创建的 Perseptive Biosystems 公司在 1991 年推出以 BioCAD 为名的灌注层析系统，这一系统已于 1993 年进入中国市场。到目前为止，他们已在 POROS 介质的基础上发展了具有 10、20 和 50μm 等 3 种规格，表面由 25 种不同的化学制成的不同载体。其所运用的范围包括离子交换层析、疏水层析、反相层析和亲和层析。据报道，该系统分离速度比传统技术快 10～100 倍，最短仅需 30 秒至 3 分钟就可以完成一个样品的纯化和分析工作。

由于灌注层析技术的原理只是增强了传质的动力学过程而不改变层析的分离原理，因此它可以运用于除凝胶排阻层析之外的所有层析技术中。从某种角度来说，Amersham Pharmacia Biotech 公司的 SOURCE 系列也具有类似低反压精细纯化的作用。鉴于灌注层析技术的快速高效性能，它的推广是蛋白质纯化技术发展的必然趋势。

8. 置换层析技术

能够找到一种高上样量、高生产率、高分辨率和易于操作的层析技术一直是人们梦寐以求的。一些沉睡中的老方法由于新技术的推动，给人们带来了新的面孔和希望。置换层析(Displacement Chromatography)是非线性层析技术中(即被分离的物质在流动相与固定相之间不是线性关系而是其他函数关系)唯一可实际应用的技术，其基本原理是利用置换剂置换出吸附在层析柱的被分离组分。此技术早在上世纪 40 年代就由 Tiselius 提出，只是在最近十几年里，随着高效置换剂和高效吸附剂的出现以及 HPLC 技术的发展，才显示出其在蛋白质制备性分离中的优势。

置换层析与传统洗脱层析都是利用样品组分对固定相的亲和能力不同将各组分分离，但两者的工作原理却大相径庭。传统的洗脱层析是由于各分离组分在流动相与固定相之间的分配平衡常数不同而引起的各组分在流动相的迁移速度不同达到分离目的。而置换层析的分离原理是被吸附的各组分对固定相吸附部位的直接竞争作用的结果，依据与固定相的亲和性不同在置换剂的推动下，形成一系列已分离的置换序列。

重组蛋白质的纯化经常会遇到如下问题,即虽经过多次不同层析技术的分离,目标蛋白中仍有无法去除的杂蛋白,这些杂蛋白的分子量大小和所带电荷数均极为相似,有的甚至就是目标蛋白的折叠异构物,因而极难除去,常令纯化工作者头疼。利用置换层析这一具有高分辨率的方法常常可以起到特殊的效果。1997 年,Amitava Kunda 和 Steven Camer 报道利用小分子量的置换剂将离子交换层析和分子筛层析不能分离的牛细胞色素 C 和马细胞色素 C 完全分开。此外,置换层析的另一大优点是在如此高分辨率的情况下依然保持很高的上样量,这无疑为重组蛋白的生产提供了有效的手段。

诚然,目前置换层析也有许多局限性:(1)由于置换层析技术要求被分离蛋白质附和 Langmuir 吸附等温线,如不同蛋白在同一吸附剂上的等温线有交叉时,置换层析的分离效率就会大打折扣。(2)由于在分离过程中各组分形成相互接近的置换序列,就会在彼此相邻的交界处发生洗脱峰的重叠现象,影响样品的回收率。(3)由于置换层析中的浓缩作用,许多蛋白质在超过一定浓度时会聚集形成沉淀,造成层析柱堵塞。

鉴于置换层析技术的上述特点,国内外许多学者都认为它将成为基因工程下游技术中最有效的制备性生物物质分离技术之一。今后的研究工作将会集中在不断探索研制低价无毒而高效的蛋白质置换剂,适合置换层析技术的新型吸附材料上。

9. 气相色谱

多种组分的混合样品进入色谱仪的气化室气化后呈气态。当载气流入时,气化的物质被带入色谱柱内,在固定相和流动相中不断地进行分配。在理想状态下,溶质与气—液两相间的分配可用分配系数 Kg 描述。当分配系数小时,溶质在柱中停留时间短,也即滞留因子(Rf)大,所以它将首先从色谱柱流出而进入鉴定器,经放大系统放大后,输出讯号便在记录仪中自动记录下来,这时呈现的图形为色谱图,亦称色谱峰;当分配系数大时,溶质在柱中停留时间长,其色谱图在记录仪上后出现。由于不同物质有不同的分配系数,所以将一混合样品通过气—液色谱柱时,其所含组分就可得到分离。

气相色谱柱效率高、分辨率强的重要原因是,理论塔板数(N)大。毛细管气相色谱的 N 可达 10^{5-6}。增加理论塔板数和降低样品组分的不同分子在展层中扩展程度(速率理论),就可明显地提高柱效。

10. 高效液相色谱

高效液相色谱按其固定相的性质可分为高效凝胶色谱、疏水性高效液相色谱、反相高效液相色谱、高效离子交换液相色谱、高效亲和液相色谱以及高效聚焦液相色谱等类型。用不同类型的高效液相色谱分离或分析各种化合物的原理基本上与相对应的普通液相层析的原理相似。其不同之处是高效液相色谱灵敏、快速、分辨率高、重复性好,且须在色谱仪中进行。

高效液相色谱仪主要有进样系统、输液系统、分离系统、检测系统和数据处理系统,下面将分别叙述其各自的组成与特点。

(1)进样系统

一般采用隔膜注射进样器或高压进样器完成进样操作,进样量是恒定的。这对提高分析样品的重复性是有益的。

(2)输液系统

该系统包括高压泵、流动相贮存器和梯度仪三部分。高压泵的一般压强为 1.47～4.4×

10^7 Pa，流速可调且稳定，当高压流动相通过层析柱时，可降低样品在柱中的扩散效应，可加快其在柱中的移动速度，这对提高分辨率、回收样品、保持样品的生物活性等都是有利的。流动相贮存和梯度仪，可使流动相随固定相和样品的性质而改变，包括改变洗脱液的极性、离子强度、pH 值，或改用竞争性抑制剂或变性剂等。这就可使各种物质（即使仅有一个基团的差别或是同分异构体）都能获得有效分离。

（3）分离系统

该系统包括色谱柱、连接管和恒温器等。色谱柱一般长度为 10～50cm（需要两根连用时，可在二者之间加一连接管），内径为 2～5mm，由优质不锈钢或厚壁玻璃管或钛合金等材料制成，柱内装有直径为 5～10μm 粒度的固定相（由基质和固定液构成）。固定相中的基质是由机械强度高的树脂或硅胶构成，它们都有惰性（如硅胶表面的硅酸基团基本已除去）、多孔性和比表面积大的特点，加之其表面经过机械涂渍（与气相色谱中固定相的制备一样），或者用化学法偶联各种基团（如磷酸基、季胺基、羟甲基、苯基、氨基或各种长度碳链的烷基等）或配体的有机化合物。因此，这类固定相对结构不同的物质有良好的选择性。例如，在多孔性硅胶表面偶联豌豆凝集素（PSA）后，就可以把成纤维细胞中的一种糖蛋白分离出来。另外，固定相基质粒小，柱床极易达到均匀、致密状态，极易降低涡流扩散效应。基质粒度小，微孔浅，样品在微孔区内传质短。这些对缩小谱带宽度、提高分辨率是有益的。根据柱效理论分析，基质粒度越小，塔板理论数 N 就越大。这也进一步证明基质粒度小，可提高分辨率。

再者，高效液相色谱的恒温器可使温度从室温调到 60℃，通过改善传质速度，缩短分析时间，增加层析柱的效率。

（4）检测系统

高效液相色谱常用的检测器有紫外检测器、示差折光检测器和荧光检测器三种。

①紫外检测器

该检测器适用于对紫外光（或可见光）有吸收性能样品的检测。其特点：使用面广（如蛋白质、核酸、氨基酸、核苷酸、多肽、激素等均可使用）；灵敏度高（检测下限为 10～100g/mL）；线性范围宽；对温度和流速变化不敏感；可检测梯度溶液洗脱的样品。

②示差折光检测器

凡具有与流动相折光率不同的样品组分，均可使用示差折光检测器检测。目前，糖类化合物的检测大多使用此检测系统。这一系统通用性强、操作简单，但灵敏度低（检测下限为 10～70g/mL），流动相的变化会引起折光率的变化，因此，它既不适用于痕量分析，也不适用于梯度洗脱样品的检测。

③荧光检测器

凡具有荧光的物质，在一定条件下，其发射光的荧光强度与物质的浓度成正比。因此，这一检测器只适用于具有荧光的有机化合物（如多环芳烃、氨基酸、胺类、维生素和某些蛋白质等）的测定，其灵敏度很高（检测下限为 10^{-12}～10^{-14} g/mL），痕量分析和梯度洗脱样品的检测均可采用。

（5）数据处理系统

该系统可对测试数据进行采集、贮存、显示、打印和处理等操作，使样品的分离、制备或鉴定工作能正确开展。

三、研讨题

1. 重组蛋白质的分离纯化技术主要有哪些？与普通蛋白质有无区别，为什么？
2. 在制备重组蛋白质时应注意哪些环节？各个环节又有哪些具体细节？
3. 重组蛋白质纯度不高的原因有哪些？

四、主要参考文献

[1] 范代娣. 重组蛋白分离与分析[M]. 北京：化学工业出版社，2004.

[2] 赵亚华. 生物化学与分子生物学实验技术教程[M]. 北京：高等教育出版社，2005.

[3] 理查德·J. 辛普森. 蛋白质组学中的蛋白质纯化手册（生物实验室系列）[M]. 北京：化学工业出版社，2009.

[4] 李玉花. 现代分子生物学模块实验指南[M]. 北京：高等教育出版社，2007.

[5] 钱国英. 生化实验技术与实施教程[M]. 杭州：浙江大学出版社，2009.

[6] 朱厚础（译）. 蛋白质纯化与鉴定实验指南[M]. 北京：科学出版社，2002.

实验一　细菌基因组 DNA 的提取及电泳鉴定

一、实验目的

1.学习并掌握细菌基因组 DNA 提取的基本原理和实验方法。

2.学习并掌握 DNA 的琼脂糖凝胶电泳技术。

二、实验原理

基因组 DNA 通常用于构建基因组文库、Southern 杂交及 PCR 分离基因等。制备 DNA 的原则是既要将 DNA 与蛋白质、脂类和糖类等分离，又要保持 DNA 分子的完整。提取 DNA 的一般过程是将分散好的组织细胞在含 SDS(十二烷基硫酸钠)和蛋白酶 K 的溶液中消化分解蛋白质，再用酚和氯仿/异戊醇抽提分离去除蛋白质，得到的 DNA 溶液经异丙醇沉淀使 DNA 从溶液中析出，最后用 RNA 酶去除提取物中的 RNA。蛋白酶 K 的重要特性是能在 SDS 和 EDTA(乙二胺四乙酸二钠)存在下保持很高的活性。在匀浆后提取 DNA 的反应体系中，SDS 可破坏细胞膜、核膜，并使组织蛋白与 DNA 分离，EDTA 则抑制细胞中 Dnase 的活性；而蛋白酶 K 可将蛋白质降解成小肽或氨基酸，使 DNA 分子完整地分离出来。在高离子强度的溶液里，CTAB 与蛋白质形成复合物，不能沉淀核酸，利于蛋白质的沉淀。不同生物(植物、动物、微生物)的基因组 DNA 的提取方法有所不同；不同种类或同一种类的不同组织因其细胞结构及所含的成分不同，分离方法也有差异。在提取某种特殊组织的 DNA 时必须参照文献和经验建立相应的提取方法，以获得可用的 DNA 大分子。

基因组 DNA 的提取结果用琼脂糖凝胶电泳进行鉴定，电泳分离后的 DNA 用溴化乙啶染色，在 254nm 波长紫外光下检测 DNA 的提取情况。

琼脂糖凝胶电泳是分离和鉴定 DNA 片段的常用技术。把 DNA 样品加入一块包含电解质的多孔支持介质的样品孔中，并置于静电场中，DNA 分子将向阳极移动。这是因为 DNA 分子的双螺旋骨架两侧带有含负电荷的磷酸根残基，DNA 分子在 pH 值高于其等电点的溶液中带负电荷，在电场中通过琼脂糖凝胶向阳极移动。泳动时具有电荷效应和分子筛效应。DNA 分子片段的相对分子质量、构象不同，移动速度也不同，所以可将分子质量不同或构象不同的 DNA 分离。

当 DNA 长度增加时，来自电场的驱动力和来自凝胶的阻力之间的比率就会降低，不同长度的 DNA 片段就会表现出不同的迁移率，因而可根据 DNA 分子的大小来使其分离。该过程可以通过示踪染料或相对分子质量标准参照物和样品一起进行电泳而得到检测。相对分子质量标准参照物可以提供一个用于确定 DNA 片段大小的标准。0.6%～1.4%琼脂糖

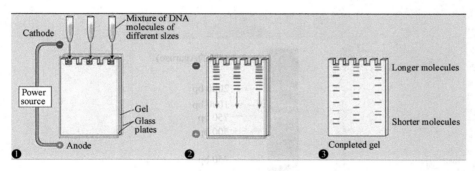

图 3-1-1　DNA 琼脂糖凝胶电泳原理示意图

凝胶适用于 $3\times10^6 \sim 11\times10^6$ 相对分子质量的 DNA 分子或片段的分离,所需 DNA 样品量为 $0.5\sim1.0\mu g$。

电泳分离后的 DNA 用溴化乙锭染色。溴化乙锭分子可插入 DNA 双螺旋结构的两个碱基之间,形成一种荧光络合物。在 254nm 波长紫外光照射下,呈现橙黄色的荧光。用溴化乙锭检测 DNA,可检出 10^{-9}g 以上的 DNA 含量。

三、实验用品

1. 材料

本实验所用的细菌为枯草杆菌 *Bacillus subtilis* AS 1.398 菌株,以甘油菌形式—20℃ 冰箱保存。

2. 试剂

(1)枯草芽孢杆菌液体培养基:可溶性淀粉 2%,蛋白胨 2%,酵母提取物 0.12%,K_2HPO_4 0.13%,KH_2PO_4 0.11%。121℃灭菌 20min;

(2)10% SDS;

(3)10mg/mL 蛋白酶 K:用灭菌后的去离子水配制,在—20℃ 条件下保存;

(4)5mol/L NaCl;

(5)TE 缓冲液:10mmol/L Tris-HCl,1mmol/L EDTA,灭菌;

(6)CTAB/NaCl 溶液:10%十六环基三甲基溴化铵(CTAB),0.7mol/L NaCl;

(7)氯仿/异戊醇(24∶1);

(8)苯酚/氯仿/异戊醇(25∶24∶1);

(9)预冷的 70%乙醇;

(10)2mg/mL RNaseA:10mmol/L Tris-HCl(pH7.5)、15mmol/L NaCl,在 100℃ 保温 15min,然后室温条件下缓慢冷却;

(11)10×TBE 电泳缓冲液:称取 Tris108g,硼酸 55g,7.44g Na_2EDTA.$2H_2O$ 定容至 1000mL;

(12)6×上样缓冲液:0.25%溴酚蓝,40%(w/v)蔗糖水溶液;

(13)EB 溶液母液:将 EB 配制成 10mg/mL,用铝箔或黑纸包裹;

(14)DL2,000TM DNA Marker(TaKaRa 公司):本 Marker 为已含有 1×Loading Buffer 的 DNA 溶液,可取 5μL 直接电泳。

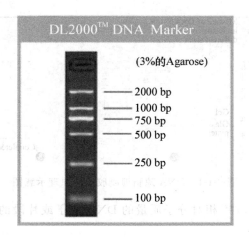

图 3-1-2　DL2000™ DNA Marker 电泳图

3. 仪器

超净工作台、恒温振荡仪、高压灭菌锅、pH 计、高速离心机、移液枪、水平电泳槽、电泳仪电源、凝胶成像系统、电炉。

四、实验步骤

1. 枯草杆菌活化和培养

取 $4\mu L$ 枯草芽孢杆菌 *Bacillus subtilis* AS 1.398,甘油菌接入 $4mL$ 枯草芽孢杆菌液体培养基中,37℃培养过夜进行活化。将活化好的菌按照 1∶100 接入锥形瓶中,37℃培养 4 小时使之进入对数生长期。

2. 基因组 DNA 的提取

(1)取菌液 1.5mL,5000r/min 离心 5min,尽可能弃去上清液。

(2)菌体沉淀中加入 $560\mu L$ 的 TE 缓冲液,使其重新充分悬浮(注意不要残留细小菌块)。

(3)加入 $30\mu L$ 的 10%SDS 和 $6\mu L$ 的 10mg/mL 的蛋白酶 K,混匀,于 37℃保温 1 小时,溶液变透明。

(4)加入 $100\mu L$ 的 5mol/L NaCl,充分混匀。

(5)再加 $80\mu L$ CTAB/NaCl 溶液,上下颠倒混匀,在 65℃条件下保温 10min。

(6)加入等体积(约 $750\mu L$)氯仿/异戊醇(24∶1),上下颠倒混匀,12000r/min 离心 5min。将上清液转至一个新 Eppendorf 管中(如果难以移出上清液,先用灭菌牙签除去界面物质)。

(7)加入等体积的苯酚/氯仿/异戊醇(25∶24∶1),上下颠倒充分混匀,室温 12000r/min 离心 5min,将上清液转至另一个新 Eppendorf 管中。

(8)加入 0.6 倍体积的异戊醇(约 $450\mu L$),轻轻混匀直到 DNA 沉淀下来(室温 10min,此时可以看到 DNA 的白色丝状物),8000r/min 离心 10min,弃去上清液。

(9)用 1mL 的 70%乙醇洗涤沉淀,4℃、12000r/min 离心 5min。

(10)弃去上清液,沉淀在室温条件下倒置干燥 10min(或真空干燥),用 $20\mu L$ 的 TE 缓冲液溶解 DNA。

(11)加 $2\mu L$ 的 2mg/mL RNaseA,37℃水浴 20min 除去 RNA。

3.DNA 的琼脂糖凝胶电泳

用 1‰琼脂糖凝胶电泳检查 DNA 的提取情况。

(1)琼脂糖凝胶液的制备:称取 1g 琼脂糖,置于三角瓶中,加入 100mL1×TBE 电泳缓冲液,瓶口倒扣一个小烧杯或包一层保鲜膜,用电炉加热。琼脂全部融化后取出摇匀,即为 1‰琼脂(也可加溴化乙锭 $2.5\mu L$)。

(2)凝胶板的制备:用透明胶将凝胶塑料托盘短边缺口封住,置水平玻板上(须调水平),将样品槽模板(梳子)插进托盘长边上的凹槽内(距一端约 1.5cm)。梳子底边与托盘表面保持 $0.5\sim1$mm 的间隙。

待琼脂糖冷至 65℃左右,小心地倒入托盘内,使凝胶缓慢展开在托盘表面形成一层约 5mm 厚均匀胶层。液内不存有气泡。

室温下静置 $0.5\sim1$ 小时,待凝固完全后,用小滴管在梳齿附近加入少量缓冲液润湿凝胶,双手均匀用力轻轻拔出样品槽模板(注意勿使样品槽破裂),则在胶板上形成相互隔开的样品槽。

(3)取下封边的透明胶。将凝胶连同托盘放入电泳槽平台上。用缓冲液先填满加样槽,防止槽内窝存气泡。再倒入大量缓冲液直至浸没过凝胶面 $2\sim3$mm。

(4)加样:将 DNA 样品液与溴酚蓝—甘油溶液以 5:1 的体积比混合,用微量注射器分别加入到凝胶板的加样槽内。每个槽加 $10\mu L$ 左右。加样量不宜太多,避免样品过多溢出,污染邻近样品。加样时注射器针头穿过缓冲液小心插入加样槽底部,但不要损坏凝胶槽,然后缓慢地将样品推进槽内让其集中沉于槽底部。DNA Marker 取 $5\mu L$ 直接进行加样。

(5)电泳:加样完毕,靠近样品槽一端连接负极,另一端连接正极,接通电源,开始电泳。控制电压降不高于 5V/cm(电压值 V/电泳板两极之间距离比)。当染料条带移动到距离凝胶前沿约 1cm 时,停止电泳。

(6)染色:将电泳后的胶取出,小心推至 $0.5\mu L$/mL 溴化乙锭染色液中,室温下浸泡染色 30min。

(7)观察:小心取出凝胶置托盘上,用水轻轻冲洗胶表面的溴化乙锭,再将胶板推至预先铺在凝胶成像系统观察仪上的保鲜膜上,在波长 254nm 紫外灯下进行观察,DNA 存在的位置呈现橘红色荧光,肉眼可观察到清晰的条带,拍照记录下电泳图谱。观察时应戴上防护眼镜或有机玻璃防护面罩,避免紫外光对眼睛的伤害。

五、注意事项

1.菌体培养过程要严格无菌,染菌后提取得到的基因组会成多条带。

2.基因组提取过程中所使用的器材要严格灭菌,防止核酸酶降解基因组。

3.在提取过程中,染色体会发生机械断裂,产生大小不同的片段,因此分离基因组 DNA 时应尽量在温和的条件下操作,如尽量减少酚/氯仿抽提、混匀过程要轻缓,以保证得到较长的 DNA。

4.溴化乙锭是 DNA 诱变剂,配制和使用 EB 染色液时,应戴乳胶手套,并且不要将该溶液洒在桌面或地面上。凡是沾污过溴化乙锭的器皿或物品,必须经专门处理后,才能进行清洗或弃去。

5.加样量的多少决定于加样槽最大容积。加入样品的体积应略少于加样槽容积。对于较稀的样品液应设法调整其浓度或加以浓缩。

六、实验结果

打印凝胶电泳图,贴于实验报告上,并对实验结果进行讨论,分析 DNA 的提取效果。

七、思考题

1.琼脂糖凝胶电泳时,应注意哪些问题?

2.如果提取的 DNA 中含有蛋白质和 RNA 污染,应如何解决?

3.如果提取的 DNA 产量较低,分析原因并提出解决办法。

实验二　PCR 法扩增目的基因及 PCR 产物的纯化

一、实验目的

1. 学习和掌握 PCR 反应的基本原理及相关的实验技术和方法。
2. 了解 PCR 引物和参数设计方法。

二、实验原理

聚合酶链反应（polymerase chain reaction，PCR）是一种体外特定核酸序列扩增技术。模拟 DNA 的天然复制过程，由变性-复性-延伸三个基本反应步骤构成：根据靶序列 DNA 片段两端的核苷酸序列，合成两个不同的寡聚核苷酸引物，它们分别与 DNA 的两条链互补配对。将适量的寡聚核苷酸引物与 4 种脱氧核糖核苷三磷酸（dNTP）、DNA 聚合酶及含有靶序列片段的模板 DNA 分子混合，经过高温变性（使 DNA 双链解开）、低温复性（使引物与模板附着）和中温延伸（合成新的 DNA 片段）三个阶段的一次循环，DNA 的量即可以增加 1 倍，则 30 次循环后，DNA 的量增加 2^{30} 倍。

典型的 PCR 反应体系由 DNA 模板、反应缓冲液、dNTP、$MgCl_2$、两个合成的 DNA 引物、耐热 Taq DNA 聚合酶等组成。

PCR 的三个阶段如下：

（1）模板 DNA 的变性：模板 DNA 经加热至 94℃左右一定时间后，使模板 DNA 双链或经 PCR 扩增形成的双链 DNA 解离，使之成为单链，以便它与引物结合，为下轮反应做准备；

（2）模板 DNA 与引物的复性：温度降至 55℃左右，引物与模板 DNA 单链的互补序列配对结合；

（3）引物的延伸：DNA 模板—引物结合物在 Taq DNA 聚合酶作用下，以 4 种 dNTP 为反应原料，靶 DNA 序列为模板，按碱基配对与半保留复制原则，合成一条新的与模板 DNA 链互补的半保留复制链。重复循环变性—复性—延伸，就可获得更多的半保留复制链，而且这种新链又可成为下次循环的模板。

本实验以提取的枯草芽孢杆菌 *Bacillus subtilis* AS 1.398 基因组 DNA 作为反应模板，利用合成的引物对编码碱性磷酸酶的 DNA 序列进行 PCR 反应扩增，以获得目的基因。扩增产物用琼脂糖凝胶电泳进行鉴定，并用 DNA 纯化试剂盒进行纯化回收。

三、实验用品

1. 材料

实验一所制备的枯草芽孢杆菌 *Bacillus subtilis* AS 1.398 基因组 DNA 溶液。

2. 试剂

(1)2×Taq 酶 PCR 反应混合液(含 Taq DNA 聚合酶、PCR 反应缓冲液、$MgCl_2$、4 种 dNTP);

(2)上游引物、下游引物(设计后由公司合成);

(3)石蜡油;

(4)琼脂糖;

(5)10×TBE 电泳缓冲液:称取 Tris108g,硼酸 55g,7.44gNa_2EDTA. $2H_2O$ 定容至 1000mL;

(6)6×上样缓冲液:0.25%溴酚蓝,40%(w/v)蔗糖水溶液;

(7)EB 溶液母液:将 EB 配制成 10mg/mL,用铝箔或黑纸包裹;

(8)DNA 纯化试剂盒(上海杰瑞生物试剂有限公司);

(9)DL2.000TM DNA Marker(TaKaRa 公司)。

3. 仪器

超净工作台、高压灭菌锅、高速离心机、移液枪、PCR 扩增仪、水平电泳槽、电泳仪电源、凝胶成像系统、电炉。

四、实验步骤

1. 引物设计

在 NCBI 上查询 *Bacillus subtilis* alkaline phosphatase(ALP)的基因序列,以 *Bacillus subtilis* subsp. Subtilis str. 168 的碱性磷酸酶基因序列作为模板设计引物。

根据 DNA 序列和所采用的表达质粒载体 pET-28a-c(+) 的图谱,用 Primer Premier 5.0 软件设计了两对引物。在上游引物和下游引物上分别设置 BamHI 和 HindIII 的酶切位点,这两个不同的限制性内切酶识别位点分别在引物中以下划线的方式标记出来。引物序列如下:

上游引物 5′-CG<u>GGATCC</u>ATGAAAAAAATGAGTTTGT-3′(BamHI)

下游引物 5′-CC<u>GAAGCTT</u>TTATTTTCCAGTTTTT-3′(HindIII)

引物设计方法与过程详见本书第二部分中的第三章 PCR 基因扩增与引物设计。

2. 基因扩增

以提取的基因组 DNA 作为反应模板,利用合成的引物对编码 ALP 的 DNA 序列进行 PCR 反应扩增。

在 PCR 管中分别加入

ddH_2O	19μL
2×Taq 酶 PCR 反应混合液	25μL

细菌总 DNA	$2\mu L$
上游引物	$2\mu L$
下游引物	$2\mu L$

以上试剂加好后,离心 5 秒钟混匀,加 $20\mu L$ 石蜡油覆盖于混合物上,防止 PCR 过程样品中水分的蒸发。

反应参数：

	94℃	5min	
	94℃	30s	
	55℃	30s	30 个循环
	72℃	60s	
	72℃	10min	

当所有的反应都完成以后,设置 PCR 仪的温度保持在 4℃。

反应完毕后各取 $5\mu L$ 用 1‰琼脂糖凝胶电泳检测,基因长度约为 1400bp。加样 DL2,000TM DNA Marker（TaKaRa 公司）作为电泳 Marker。电泳完毕,在凝胶成像系统观察结果并拍照。

3. PCR 产物的纯化

采用 DNA 纯化试剂盒进行纯化,具体步骤如下：

（1）PCR 结束后,将反应液从 PCR 反应管中移至干净的 1.5mL Eppendorf 离心管中,加入 4 倍体积的 Binding Buffer 混匀。将纯化柱放入收集管中,把混合液转移到柱内,室温放置 2min。

（2）10000×g 离心 1min。

（3）倒去收集管中的废液,将纯化柱放入同一个收集管中,加入 $600\mu L$ Washing Solution,10000×g 离心 1min。

（4）重复步骤（3）一次。

（5）倒去收集管中的废液,将纯化柱放入同一个收集管中,10000g 离心 2min。

（6）将 3S 柱放入另一 1.5mL 离心管中,在纯化柱膜中央加 $30\mu L$ TE,37℃放置 2 min。

（7）10000 g 离心 1min,离心管中的液体即为回收的 DNA 片段,可立即使用或保存于 −20℃备用。

五、注意事项

1. PCR 反应的灵敏度很高,为了防止污染,使用的 0.2mL 的 Eppendorf 管和吸头都必须是新的、无污染的,实验操作需戴上一次性手套,操作应尽可能在无菌操作台上进行。

2. 使用工具酶和 DNA 样品的操作必须在冰浴条件下进行,使用后有剩余的应立即放回冰箱中。

3. 应设含除模板 DNA 外所有其他成分的阴性对照。

4. 引物的使用浓度一般为 $0.1\sim1.0\mu mol/L$,浓度过高易形成引物二聚体或增加非特异性产物;过低则影响效率。

5. PCR 产物要经电泳鉴定,得到分子大小一致的目的条带后再进行 PCR 产物的纯化和回收,在用凝胶电泳检查时,样品可存放于 4℃。

六、实验结果

对 PCR 产物的 DNA 凝胶电泳结果进行拍照并分析。

七、思考题

1. 简述 PCR 扩增技术的原理与各试剂的作用（Mg^{2+}、dNTP、引物、DNA、缓冲液）。
2. PCR 产物电泳时如果出现非特异性杂带，可能有哪些原因？
3. PCR 过程中预变性 3min，最后保温 10min 的目的分别是什么？
4. 给你一基因片段的序列，如何设计 PCR 引物？PCR 引物的要求是什么？
5. 降低退火温度、延长变性时间对反应有何影响？
6. PCR 循环次数是否越多越好？为什么？

实验三　碱裂解法提取质粒载体及电泳鉴定

一、实验目的

1. 学习和掌握碱裂解法提取质粒的基本原理。
2. 理解各种试剂的作用，掌握质粒最常用的提取方法，为基因工程提供载体原料。

二、实验原理

基因工程是人工进行基因切割、重组、转移和表达的技术。基因工程中分离或改建的基因和核酸序列自身不能繁殖，需要载体携带它们到合适的细胞中复制和表现功能。将一个有用的目的 DNA 片段通过重组 DNA 技术，送进受体细胞中去进行繁殖或表达的工具叫做载体（vector）。在染色体外能自主复制且稳定遗传的遗传因子称为质粒，大小在 1kb～200kb 之间，是双链闭合环状结构的 DNA 分子。细菌质粒是重组 DNA 技术中最常用的载体。

基因工程中使用的载体必须具备以下条件：①复制子，是一段具有特殊结构的 DNA 序列，载体有复制点才能使与它结合的外源基因复制繁殖；②有一个或多个利于检测的遗传表型，使其进入宿主细胞或携带着外来的核酸序列进入宿主细胞都能容易被辨认和分离出来，如耐药性、显色表型反应等；③有一到几个限制性内切酶的单一识别位点，便于外源基因的插入，插入后不影响其进入宿主细胞和在细胞中的复制；④容易进入宿主细胞，而且进入效率越高越好；⑤适当的拷贝数，一般而言，较高的拷贝数不仅利于载体的制备，同时还会使细胞中克隆基因的数量增加。

为表达蛋白质设计的载体称为表达载体（expression vector）。大肠杆菌质粒表达载体应具有的元件：①复制子序列，允许其在宿主细胞内自由复制；②选择性标记，筛选载体是否进入到受体细胞；③多克隆位点，方便目的基因的插入和整合；④控制转录的启动子，如 Lac、trp、tac 启动子及 T7、SP6 噬菌体启动子，经诱导后能从克隆化基因产生大量 mRNA；⑤转录调控序列，如一个合适的核糖体结合位点和起始密码 ATG 等。

pET 系统是有史以来在大肠杆菌中克隆表达重组蛋白功能最强大的系统之一，有一系列类似的表达载体。如表达载体 pET28a，含有：T7 噬菌体启动子、核糖体结合位点、乳糖操纵子、乳糖阻遏子序列（lacI）、凝血酶切割位点、多克隆位点、T7 噬菌体终止子及 pBR322 复制子、f1 噬菌体复制子、卡那霉素筛选标记序列等。pET 表达系统中的受体菌为能够产生 T7RNA 聚合酶的大肠杆菌菌株，如 BL21（DE3）。

pET 载体含有一个编码 T7 基因 10 氨基端前 11 个氨基酸的区域，其后是外源片段的插入位点，起始 ATG 由 T7 基因 10 氨基端提供。当宿主菌中的 T7 RNA 聚合酶基因被诱导表达后,外源片段以 T7 基因 10 氨基端融合蛋白的形式在大肠杆菌中表达。

目的基因被克隆到 pET 质粒载体上,受噬菌体 T7 强转录和翻译(可选择)信号控制,表达由宿主细胞提供的 T7 RNA 聚合酶进行转录。T7 RNA 聚合酶机制十分有效并具有选择性,充分诱导时,几乎所有的细胞资源都用于表达目的蛋白,诱导表达后仅几小时,目的蛋白通常可以占到细胞总蛋白的 50% 以上。非诱导的条件下,可以使目的蛋白完全处于沉默状态而不转录。

pET-28 大小为 5369bp,具有 Kan 抗性。以下为表达质粒 pET28a-c(+)的图谱。

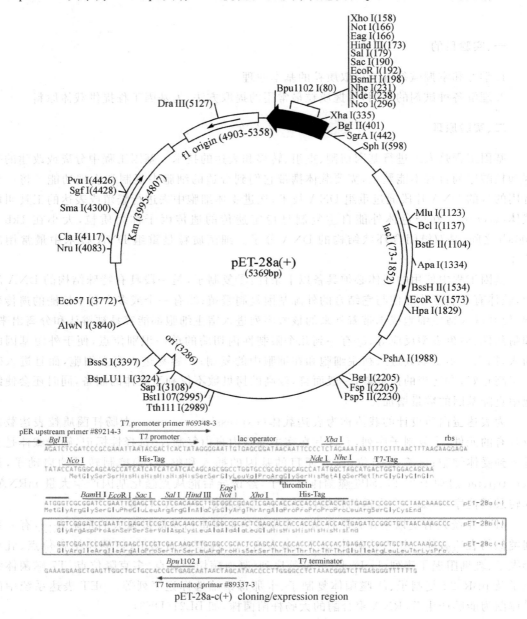

图 3-3-1　质粒 pET28a-c(+)图谱及其多克隆位点序列

碱裂解法抽提质粒 DNA 主要包括培养收集细菌菌体、裂解细胞、将质粒 DNA 与染色体 DNA 分开及除去蛋白质和 RNA 以纯化质粒 DNA。具体试剂和步骤的作用如下：

(1)破坏菌体细胞壁：溶菌酶

(2)崩解细胞膜：SDS 和 Triton X-100

(3)除去蛋白质：苯酚和氯仿抽提

(4)去除 RNA：Rnase

(5)此方法中，在强碱条件下，染色体 DNA 和蛋白质变性，超螺旋质粒 DNA 的大部分氢键断裂，但双链不分离。当 pH 恢复中性时，质粒 DNA 再次形成双链，溶解在溶液中。而变性的蛋白质和染色体 DNA 相互缠绕，并与 SDS 形成复合物，离心后成为沉淀而被除去。

(6)检验：质粒 DNA 的琼脂糖凝胶电泳。

三、实验用品

1. 材料

含质粒载体 pET-28a(＋)的大肠杆菌(Novagen，Germany)，以甘油菌形式－20℃冰箱保存。

2. 试剂

(1)LB 液体培养基：蛋白胨(tryptone)10g，酵母提取物(yeast extract)5g，NaCl 10g，溶于 800mL 去离子水，用 5M NaOH 调 pH 至 7.2～7.4，加水至总体积 1L，灭菌；

(2)溶液 I：50mmol/L 葡萄糖，25mmol/L Tris-HCl，10mmol/L EDTA，调 pH 至 8.0；

(3)溶液 II：0.2mol/L NaOH，1％SDS(需新鲜配制)；

(4)溶液 III：5mol/L 醋酸钾 60mL，冰醋酸 11.5mL，ddH$_2$O28.5mL(pH4.8)；

(5)苯酚/氯仿/异戊醇(25∶24∶1)；

(6)无水乙醇；

(7)TE 缓冲液：10mmol/L Tris-HCl，1mmol/L EDTA，灭菌；

(8)RNA 酶；

(9)10×TBE 电泳缓冲液：称取 Tris108g，硼酸 55g，7.44g Na$_2$EDTA.2H$_2$O 定容至 1000mL；

(10)6×上样缓冲液：0.25％溴酚蓝，40％(w/v)蔗糖水溶液；

(11)EB 溶液母液：将 EB 配制成 10mg/mL，用铝箔或黑纸包裹；

(12)琼脂糖；

(13)DL2000^{TM} DNA Marker (TaKaRa 公司)。

3. 仪器

超净工作台、恒温振荡仪、高压灭菌锅、pH 计、高速离心机、移液枪、水平电泳槽、电泳仪电源、凝胶成像系统、电炉、涡旋仪。

四、实验步骤

1. 大肠杆菌培养

用接种环蘸取超低温保存的质粒载体 pET-28a(+) 的大肠杆菌甘油菌,在 LB 平板(含 50μg/mL 卡那霉素 Kan)上表面划线,37℃倒置培养 24 小时。挑取新活化的单菌落,接种于 5mlLB(含 50μg/mL Kan)液体培养基中,37℃振荡培养 12 小时左右至对数生长。菌液以 1:50 比例接种于 100ml LB(含 50μg/mL Kan)液体培养基中,37℃振荡,180～200 r/min,培养 3～4 小时使之进入对数生长期,至 OD_{600}=0.6 左右。

2. 质粒 DNA 的提取

(1)取 1.5～3mL 培养的菌液,室温,6000rpm 离心 5min,弃去上清,倒置于吸水纸上,使培养液流尽;

(2)加入 100μL 冰预冷的溶液 I,在涡旋仪上振荡混匀,使菌体充分悬浮,室温下静置 5min;

(3)加入 200μL 新配制的溶液 II,温和颠倒数次,混匀,冰浴下静置 5min;

(4)加 150μL 溶液 III,上下颠倒混匀,冰浴下静置 5 min;

(5)12000rpm,4℃离心 10 min,将上层水相转至干净的 1.5mL Eppendorf 管;

(6)加入等体积苯酚/氯仿/异戊醇(25:24:1),上下颠倒混匀,12000rpm,离心 5 min;

(7)将上清移至另一 1.5mL Eppendorf 管中,加入 1/10 体积的 3mol/L NaAc (pH5.2),加入 2.5 倍体积乙醇(-20℃预冷),混匀,室温放置 5min 后,12000rpm,4℃离心 10min;

(8)弃去上清液,沉淀加 1mL 70%乙醇漂洗,上下颠倒混匀数次(动作要轻),12000rpm,4℃,离心 5min,以除去盐离子;

(9)弃上清,沉淀于室温干燥 20～30min,加 35μLTE 缓冲液溶解沉淀;

(10)加入 2μL RNA 酶(2mg/mL),用加样器上下吹打混匀,37℃作用 30min。

3. 质粒 DNA 的琼脂糖凝胶电泳分析

取 5μL 提取的质粒样品并加入 1μL6×上样缓冲液混匀,然后进行 1%琼脂糖电泳,加样 DL2000™ DNA Marker (TaKaRa 公司)作为电泳 Marker。用凝胶成像系统进行观察和拍照。

五、注意事项

1. 收集菌体抽提质粒前,培养基要去除干净,同时保证菌体在悬浮液中充分悬浮。

2. 在添加溶液 II 与溶液 III 后,混合一定要柔和,采用上下颠倒的方法,千万不能在涡旋仪上剧烈振荡。其中加入溶液 II 后,溶液变成澄清,并有黏性;加入溶液 III 后,出现絮状沉淀。

3. 苯酚可以用于抽提纯化 DNA,由于苯酚的氧化产物可以使核酸链发生断裂,所使用的苯酚在使用前必须经过重蒸,且都必须用 TE 缓冲液进行平衡。所以取苯酚/氯仿/异戊醇时应取下层溶液,因为上层是 Tris-HCl 液隔绝空气层。

4. 苯酚具有腐蚀性,能造成皮肤的严重烧伤及衣物损坏,使用时应注意。如不小心皮肤上碰到苯酚则应用碱性溶液、肥皂及大量的清水冲洗。

5. 采用有机溶剂(苯酚/氯仿/异戊醇)抽提时,应充分混匀。经苯酚/氯仿抽提后,吸取上清液时注意不要把中间的白色层吸入,其中含有蛋白质等杂质。

6. 沉淀离心后,还要用 70% 乙醇洗涤,以除去盐类及挥发性较小的异丙醇。

7. 有些质粒本身可能在某些菌种中稳定存在,但经过多次移接有可能造成质粒丢失,因此不要频繁转接。

六、实验结果

对提取的质粒 DNA 凝胶电泳结果进行拍照并分析。

七、思考题

1. 质粒的基本性质有哪些?
2. 抽提质粒的基本原理是什么?
3. 在碱法提取质粒 DNA 的操作过程中应注意哪些问题?
4. 质粒抽提实验中溶液 I、II、III 分别有什么作用?
5. 什么是质粒的多克隆位点(MCS)?
6. 用氯仿/异戊醇除去蛋白时,其中异戊醇起什么作用?
7. 克隆质粒与表达质粒有什么相同和不同之处?

实验四　载体质粒、PCR 产物的双酶切及酶切产物纯化

一、实验目的

1.学习并掌握进行 DNA 酶切的方法和操作技术。

2.选用合适的限制性内切酶对目的基因与载体 DNA 进行处理,用于 DNA 的体外重组。

二、实验原理

限制性核酸内切酶能特异地结合于一段被称为限制性酶识别序列的 DNA 序列之内或其附近的特异位点上,并切割双链 DNA。几乎所有种类的原核生物都能产生限制性内切酶,根据其结构和作用特点分为 I 型、II 型、III 型三类(表 3-4-1)。 I 型、III 型核酸内切限制酶一般都是大型的多亚基的蛋白复合物,既具有内切酶的活性,又具有甲基化酶的活性。 I 类酶结合于识别位点并随机切割识别位点不远处的 DNA,III 类酶在识别位点上切割 DNA 分子,然后从底物上解离。而 II 型酶由于其核酸内切酶活性和甲基化作用活性是分开的,而且核酸内切作用具有序列特异性,故在基因克隆中有特别广泛的用途。

表 3-4-1　限制性核酸内切酶类别

类别	反应必须因子	切点	举例
I 型	S-腺苷蛋氨酸、ATP、Mg^{2+}	识别部位和切点不同,切断部位不定	$EcoB$、$EcoK$
II 型	Mg^{2+}	切断识别部位或其附近的特定部位	$EcoR$ I、$BamH$ I
III 型	ATP、Mg^{2+}	识别部位和切点不同,但切断特定部位	$EcoP$ I、$Hinf$ III

通常所用的限制性内切核酸酶是指 II 型的。 每一种酶都有各自特异的识别位点,能在 DNA 上相同的位置切割,成为用于基因分析及表达的众多技术的基础。如 $EcoR$ I 的酶切识别位点和切割位点如图 3-4-1 所示。

II 型限制酶的基本特点如下:1)位点特异性酶,能识别双链分子上的特异的核苷酸序列,并在特定部位上水解双链 DNA 中的每一条链上的磷酸二酯键,从而造成双链缺口,切断 DNA 分子。绝大多数限制酶识别的是 4~8 个核苷酸特定序列,最常见的是 6 个核苷酸序列的情况。2)限制性酶切口可以有两种类型:平末端和黏性末端。

在 DNA 重组技术中,限制酶主要用于:1)在特异位点上切割 DNA,产生特异的 DNA 片段;2)建立 DNA 分子的限制酶图谱;3)建立基因文库;4)用限制酶切出相同的黏性末端

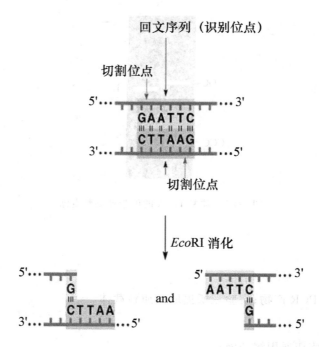

图 3-4-1　EcoRⅠ的酶切识别位点和切割位点

以便重组;5)DNA 分子的杂交。本次实验是用 BamHI、HindⅢ 分别对载体质粒、PCR 产物进行双酶切,使两者形成两个相同的黏性末端,以便进行外源基因和载体质粒的连接和重组。

　　在细菌细胞内,共价闭环质粒以超螺旋(ccc)形式存在。在提取质粒过程中,除了超螺旋 DNA 外,还会产生其他形式的质粒 DNA。如果质粒 DNA 两条链中有一条链发生一处或多处断裂,分子就能旋转而消除链的张力,形成松弛型的环状分子,称为开环 DNA(OC);如果质粒 DNA 的两条链在同一处断裂,则形成线状 DNA(L)。当提取的质粒 DNA 电泳时,同一质粒 DNA 其超螺旋形式的泳动速度要比开环和线状分子的泳动速度快。当用限制酶切开质粒载体后质粒的电泳速度比原来慢。

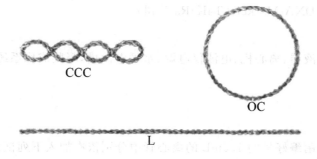

图 3-4-2　质粒的 3 种构象

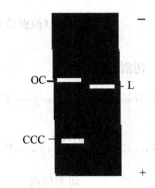

图 3-4-3 质粒 DNA 的琼脂糖凝胶电泳

三、实验用品

1. 材料

实验二所得的 PCR 产物；实验三所提取的质粒载体。

2. 试剂

(1)BamHI 及酶切通用缓冲液；

(2)$Hind$Ⅲ 及酶切通用缓冲液；

(3)氯仿；

(4)无水乙醇；

(5)苯酚/氯仿/异戊醇(25∶24∶1)；

(6)TE 缓冲液:10mmol/L Tris-HCl,1mmol/L EDTA,灭菌；

(7)琼脂糖；

(8)10×TBE 电泳缓冲液:称取 Tris108g,硼酸 55g,7.44gNa$_2$EDTA.2H$_2$O,定容至 1000mL；

(9)6×上样缓冲液:0.25%溴酚蓝,40%(w/v)蔗糖水溶液；

(10)EB 溶液母液:将 EB 配制成 10mg/mL,用铝箔或黑纸包裹；

(11)DL2000™ DNA Marker(TaKaRa 公司)。

3. 仪器

恒温水浴锅、移液器、离心机、电泳仪电源、水平电泳槽,凝胶成像系统。

四、实验步骤

1. 酶切

(1)在两个经灭菌编好号的 1.5mL 的离心管中分别依次加入下列试剂,注意防止错加、漏加：

①质粒 DNA pET-28a(+)

    ddH$_2$O   2μL

    10×buffer   4μL

　　　BamHI　　　　　　　　　　　　2μL

　　　HindⅢ　　　　　　　　　　　　2μL

　　　pET-28a($+$)　　　　　　　　30μL

② PCR 产物

　　　ddH_2O　　　　　　　　　　　　2μL

　　　10×buffer　　　　　　　　　4μL

　　　BamHI　　　　　　　　　　　　2μL

　　　HindⅢ　　　　　　　　　　　　2μL

　　　PCR 产物　　　　　　　　　　30μL

(2)40μL 体系加好后 5 秒离心混匀,使溶液集中在管底。

(3)将 Eppendorf 管置于适当的支持物上,37℃水浴酶切 3 小时。

2.酶切产物的电泳鉴定

分别取 5μL 酶切产物与 1μL 6×上样缓冲液混合,进行 DNA 琼脂糖凝胶电泳鉴定。加样 DL2000™ DNA Marker 作为电泳 Mark。用凝胶成像系统进行观察和拍照。

3.酶切产物纯化

取剩余反应产物 30μL 加 100μLTE 缓冲液,加等体积氯仿混匀,10000rpm 离心 15 秒。用移液枪将上层水相吸至新的小管中,再用等体积苯酚/氯仿/异戊醇(25:24:1)抽提,10000rpm 离心 15 秒,回收上层液相。加 3 倍体积预冷的无水乙醇,置－20℃下 30min 沉淀。12000rpm 离心 10min,吸净上清液。加入 0.5mL 70％乙醇,稍离心后,吸净上清液,将沉淀溶于 4μL ddH_2O 中。

五、注意事项

1.基因工程是微量操作技术,DNA 样品与限制性内切酶的用量都极少,必须严格注意吸样量的正确性,确认样品确实被加入反应体系。

2.酶应在－20℃冰箱保存,取酶的操作必须严格在冰浴条件下进行,用完后立即放回－20℃冰箱,不要将酶在冰浴中放置过久,或放在高于 0℃以上的环境中,以防酶失活。

3.为避免交叉污染,各样品用不同的吸头,且每次取酶时务必换吸头,以免造成限制酶被污染。

4.为防止酶类冻结失活,商品酶一般添加 50％左右的甘油,而甘油在酶反应液中高浓度存在,会抑制酶的活性。所以为了确保甘油在反应体系中不对酶活性及专一性造成影响,酶的加入体积不要超过反应总体积的 1/10。另外,整个反应体系应尽可能做到无菌,防止存在的微量 DNA 酶对酶切产物的进一步降解。微量的金属离子往往会抑制限制性酶的活性,这也是在酶切反应中使用双蒸水的原因。

5.两种酶同时处理 DNA 时,应注意选择通用缓冲液。如果没有通用缓冲液时,应选择两种酶活性都尽可能高的缓冲液,或分别进行单酶切。

六、实验结果

1.对照未酶切的 PCR 产物和酶切后的 PCR 产物电泳图,分析 PCR 产物酶切结果。

2.对照未酶切的质粒和酶切后的质粒,分析质粒 pET-28a(＋)酶切结果。

七、思考题

1.在使用工具酶时应注意什么?

2.酶切反应中添加酶的量应控制在什么范围内? 为什么?

3.如果一个 DNA 酶解液在电泳后发现 DNA 酶切不完全,可能是由哪些原因引起?

实验五 载体片段与 PCR 产物的连接

一、实验目的

利用 T4 DNA 连接酶，在体外对不同的 DNA 片段进行连接，以构建新的重组 DNA 分子。

二、实验原理

DNA 重组，就是指把外源目的基因"装进"载体这一过程，即 DNA 的重新组合。这种重新组合的 DNA 是由两种不同来源的 DNA 组合而成，所以称作重组体或嵌合 DNA。DNA 重组本质上是将不同来源的 DNA 片段连接在一起的过程，是一个酶促生化反应。

质粒与外源目的基因被限制性内切酶切割后其末端有三种形式：①带有自身不能互补的黏性末端，由两种以上不同的限制性内切酶进行消化；②带有相同的黏性末端，由相同的酶处理的；③带有平末端，是由产生平末端的限制酶或核酸内切酶消化产生的，或由 DNA 聚合酶补平所致的。

DNA 连接酶（ligase）催化双链 DNA 中相邻碱基的 5′磷酸和 3′羟基间磷酸二酯键的形成，利用 DNA 连接酶可以将适当切割的载体 DNA 与目的基因 DNA 进行共价连接。对于不同的末端如亲和的黏性末端、不亲和的末端、平末端、不相同酶的配伍末端常用不同的方法。

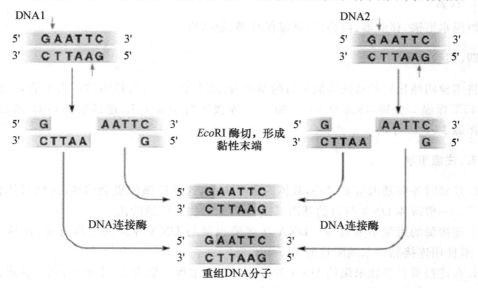

图 3-5-1　DNA 酶切与连接示意图

在本次实验中,我们用两种不同的限制酶 BamHI、$Hind$Ⅲ 分别对载体质粒、PCR 产物进行双酶切,分别产生具有两种不同的黏性末端。用同一对核酸限制内切酶消化外源靶基因 DNA 片段与载体 DNA,然后进行连接,就可以使靶基因定向插入载体分子。即经两种非同尾酶处理的外源 DNA 片段只有一种方向与载体 DNA 重组。并且,上述重组分子可用相应的限制性核酸酶重新切出外源 DNA 片段和载体 DNA,克隆的外源 DNA 片段可以原样回收。

DNA 连接酶的作用是填补(封闭)双链 DNA 上相邻核苷酸之间的单链缺口,使之形成磷酸二酯键。影响基因连接的因素如下:

(1)连接酶的用量:在一般情况下,酶浓度高,反应速度快,产量也高,但连接酶是保存在 50% 的甘油中,因此在连接反应系统中由于甘油含量过高,会影响连接效果。

(2)作用的时间与温度:反应时间是与温度有关的,因为反应的速度随温度的提高而增加。虽然 DNA 连接酶的最适温度是 37℃,但在 37℃ 时,黏性末端之间的氢键结合是不稳定的,它不足以抵御热破裂作用。所以实际操作中经综合考虑,采用温度介于酶作用速率与末端结合速率之间,即一般采用 16℃,连接 12~16 小时;也有人试验过采用 7~8℃,连接 2~3 天,或 4℃ 连接 1 周,同样得到良好的效果。

(3)底物浓度:一般采用提高 DNA 浓度来增加重组的比例,但底物浓度过高,反应体积太小,连接效果也差。载体与目的基因宜采用等物质的量进行连接。

三、实验用品

1. 材料

实验四酶切并纯化后的碱性磷酸酶目的基因和质粒载体。

2. 试剂

T4-DNA 连接酶及 10×buffer。

3. 仪器

恒温水浴锅、移液器、离心机、低温循环槽、制冰机。

四、实验步骤

将实验四纯化后的碱性磷酸酶目的基因和 pET-28a(＋)质粒酶切产物混合,总体积为 $8\mu L$,45℃ 保温 5 分钟,冷却至 0℃。加 10× 连接酶缓冲液 $1\mu L$、连接酶 $0.5\mu L$,离心混匀。16℃ 保温 12~16 小时。

五、注意事项

1.连接时外源基因量要多些,载体的量要少些,这样碰撞的机会多些,否则载体自身环化严重。一般载体 DNA 与目的基因连接 1:(1~3)物质的量的比。

2.连接酶的用量不要过多。DNA 连接酶用量与 DNA 片段的性质有关,连接平齐末端,一般使用连接黏性末端酶量的 10~100 倍。

3.在连接带有黏性末端的 DNA 片段时,DNA 浓度一般为 2~10mg/mL。在连接平齐末端的 DNA 片段时,需加入 DNA 浓度为 100~200mg/mL。

4.连接反应后,反应液在 4℃储存数天,－80℃储存 2 个月,但是在－20℃冰冻保存将会降低转化效率。

六、思考题

1.进行 DNA 连接的反应温度为什么采用16℃?

2.不同限制性内切酶处理的 DNA 片段之间可以进行连接吗? 为什么?

实验六　感受态细胞的制备和重组质粒的转化

一、实验目的

1. 学习和掌握感受态细胞的制备方法。
2. 学习和掌握重组质粒的转化方法。
3. 理解和掌握重组子的筛选原理和方法。

二、实验原理

DNA 重组分子体外构建完成后,必须导入特定的宿主(受体)细胞,使之无性繁殖并高效表达外源基因或直接改变其遗传性状,这个导入过程及操作称为重组 DNA 分子的转化(transformation)。转化是将异源 DNA 分子引入另一细胞系的过程,是受体细胞获得新的遗传性状的一种手段,是分子遗传、基因工程等研究领域的基本实验技术。转化过程中所用的受体细胞一般是限制—修饰系统缺陷的变异株,即不含限制性内切酶和甲基化酶的突变株,常用 R^-M^- 符号表示,它可以容忍外源 DNA 分子进入体内并稳定地遗传给后代。

受体细胞经过一些特殊方法(如电击法、$CaCl_2$ 法等)处理后,细胞膜的通透性发生变化,成为能允许带有外源 DNA 的载体分子通过的感受态细胞(competence cell)。所谓的感受态,即指受体(或宿主)细胞最易接受外源 DNA 片段并实现其转化的一种生理状态,它是由受体菌的遗传性所决定的,同时也受菌龄、外界环境因子等影响。细胞的感受态一般出现在对数生长期,新鲜幼嫩的细胞是制备感受态细胞和进行成功转化的关键。对数生长期的细菌在 0℃、$CaCl_2$ 低渗溶液中,细胞膨胀成球形,此时容易吸收外源 DNA。大肠杆菌的转化过程是将质粒分子溶液或连接反应的混合物与感受态细胞的悬浮液混合放置一定的时间,使 DNA 黏附于细胞表面,以使得 DNA 能被细胞吸收。将混合溶液于 42℃ 热处理 1～2min,会诱导质粒 DNA 分子进入细胞,提高转化效率。吸收外源 DNA 的细菌先在非选择性培养基中保温一段时间,促使其在转化过程中获得新的表型(如抗性基因等)得到表达和细菌本身的修复,然后将此细菌培养物涂在选择性培养基上以获得含有重组质粒的单菌落。

$CaCl_2$ 法简便易行,且其转化效率可完全满足一般实验的要求,制备出的感受态细胞暂时不用时,可加入占总体积 15% 的无菌甘油于 $-70℃$ 保存半年,因此 $CaCl_2$ 法使用更广泛。本实验以 *E. coli* DH5α 菌株为受体细胞,用 $CaCl_2$ 处理受体菌使其处于感受态,然后与 pET-28a(＋)重组质粒共保温实现转化。转化后需要筛选出含有重组质粒的单菌落,本实验中采用 Kana 抗性筛选进行鉴定,进一步的鉴定见实验七。pET-28a(＋)上带有 KanaR 基因而碱性磷酸酶基因片段和 *E. coli* DH5α 菌株没有,故转化受体菌后只有带有 pET-28a(＋)质粒的转化子才能在含有 Kana 的培养基上存活,而不带 pET-28a(＋)的转化子或没有转化的细菌不能存活。

三、实验用品

1. 材料

实验五所得重组质粒；$E.coli$ DH5α 甘油菌。

2. 试剂

（1）LB 液体培养基：蛋白胨（tryptone）10g，酵母提取物（yeast extract）5g，NaCl 10g，溶于 800mL 去离子水，用 5M NaOH 调 pH 至 7.2～7.4，加水至总体积 1L，灭菌；

（2）LB 固体培养基：每升 LB 液体培养基中加入 15g 琼脂，121℃高压灭菌 20min。待培养基降温至 60℃，倾倒铺平板；

（3）0.05mol/L 的 $CaCl_2$：称取 0.28g $CaCl_2$（无水，分析纯），溶于 50mL 重蒸水中，定容至 100mL，高压灭菌；

（4）含 15％甘油的 0.05mol/L 的 $CaCl_2$：称取 0.28 $CaCl_2$（无水，分析纯），溶于 50mL 重蒸水中，加入 15mL 甘油，定容至 100mL，高压灭菌；

（5）Kan 母液：配成 50mg/mL 水溶液，－20℃保存备用。

3. 仪器

超净工作台、恒温培养箱、摇床、分光光度计、制冰机、冷冻离心机、移液枪、水浴锅、高压灭菌锅。

四、实验步骤

1. 受体菌培养

用接种环蘸取超低温保存的 $E.coli$ DH5α 菌株，在 LB 平板上表面划线，37℃倒置培养 24 小时。挑取新活化的 $E.coli$ DH5α 单菌落，接种于 3～5mL LB 液体培养基中，37℃振荡培养 12 小时左右至对数生长。菌液以 1：50 比例接种于 100mL LB 液体培养基中，37℃振荡，180～200r/min，培养 3～4 小时，至 OD_{600}＝0.6 左右。

2. 感受态细胞制备（$CaCl_2$ 法）

将 1.5～3mL 培养液转入离心管中，冰上放置 10 分钟，4℃下 3000g 离心 10 分钟。弃上清，用预冷的 1mL 0.05mol/L 的 $CaCl_2$ 溶液轻轻悬浮细胞，冰上放置 15～30 分钟，4℃下 3000g 离心 10 分钟。弃上清，加入 0.2mL 预冷含 15％甘油的 0.05mol/L 的 $CaCl_2$ 溶液，轻轻悬浮细胞，冰上放置几分钟即可。此时的细胞为感受态细胞，置 4℃备用，或放－20℃冻存备用。

3. 转化

取感受态细胞 200μL，加入重组质粒，轻轻混匀，冰上放置 30 分钟。42℃水浴中热击 90 秒或 37℃水浴 5 分钟，迅速置于冰上冷却 3～5 分钟。向管中加入 1mL LB 液体培养基（不含 Kan），混匀后 37℃振荡培养 1 小时，使细菌恢复正常生长状态，并表达质粒编码的抗生素抗性基因（Kan^r）。

4. 重组体筛选

稍离心，弃上清 $800\mu L$，用枪吹打悬浮细菌后，均匀涂布于 2 块 LB 平板（含卡那霉素 $50\mu g/mL$）上，正面向上放置半小时，待菌液完全被培养基吸收后倒置培养皿，$37\,^{\circ}\!C$ 培养 $12\sim16$ 小时。出现明显而又未相互重叠的单菌落时拿出平板，检查结果。

五、注意事项

1. 感受态细胞的制备应该严格无菌操作，谨防杂菌污染。实验中凡涉及溶液的移取、分装等需要敞开实验器具的操作，均应在无菌超净台中进行。

2. 细胞最好是从 $-70\,^{\circ}\!C$ 或 $-20\,^{\circ}\!C$ 甘油保存的菌种中直接转接用于制备感受态细胞的菌液。

3. 控制好菌体的 A_{600} 值。

4. 细胞培养完毕后一定要骤冷，使培养物在短时间内迅速冷却。摇动冰水混合物，大约 10 分钟。

5. 培养后的离心操作一定要低温，所用的水、甘油、$CaCl_2$ 溶液、离心管都要在冰上预冷。

7. 所使用的器皿一定要非常干净，没有化学物质残存，器皿和试剂最好最后用双蒸水刷洗和配制。注意 pH 检测。

8. 整个操作均需在冰上进行，不能离开冰浴，否则细胞转化率将会降低。

六、实验结果

统计两个培养皿中的菌落数，并进行分析。

七、思考题

1. 如何培养宿主菌？

2. 制备感受态细胞的原理是什么？

3. 为提高转化率，要考虑哪些重要因素？

实验七 重组子的鉴定

一、实验目的

1. 了解鉴定重组质粒的几种方法和原理。
2. 学习和掌握菌落 PCR 法、电泳法鉴定重组质粒的方法。

二、实验原理

重组质粒转化宿主细胞后,还需对转化菌落进行筛选鉴定,从而将含正确重组的阳性质粒菌落从空菌落、仅含质粒本身的菌落等混合体系中分选出来。转化后的细胞包括转化子与非转化子(未接纳载体或重组分子的非转化细胞)。而转化子又分含有重组 DNA 分子的转化子和仅含有空载体分子(非重组子)的转化子。前者所含的重组 DNA 分子中有含目的基因的重组子与不含目的基因的重组子。筛选是指通过某种特定的方法,从被分析的细胞群体或基因文库中鉴定出真正具有所需重组 DNA 分子的特定克隆的过程。常见的重组子筛选和鉴定方法有:平板筛选法(抗性筛选、蓝白斑筛选等)、电泳鉴定法(提质粒限制性酶切后电泳)、PCR 法、DNA 序列分析、核酸探针鉴定法等。

1. 平板筛选法

(1)抗性筛选:pET-28a(+)上带有 KanR 基因而碱性磷酸酶基因片段和 E. coli DH5α 菌株没有,故转化受体菌后只有带有 pET-28a(+)质粒的转化子才能在含有 Kan 的培养基上存活,而不带 pET-28a(+)的转化子或没有转化的细菌不能存活。

(2)蓝白斑筛选:如 pUC19 质粒载体上有 β-半乳糖苷酶基因(LacZ)的调控序列和 N 端 146 个氨基酸的编码序列,这个编码区中有一个多克隆位点。E. coli DH5α 菌株中含 C 端编码序列。在各自独立的情况下,载体和 DH5α 编码的 β-半乳糖苷酶的片段都没有酶活性。pUC19 质粒转化 E. coli DH5α 菌株后,二者融为一体,转化子会合成具有酶活性的 β-半乳糖苷酶。这种 LacZ 基因上缺失近操纵基因区段的突变体与带有完整的近操纵基因区段的 β-半乳糖苷酶阴性突变体之间实现互补的现象叫 α-互补。由 α-互补产生的 Lac+细菌较易识别,它在生色底物 X-Gal(5-溴-4-氯-3-吲哚-β-D-半乳糖苷)存在下被 IPTG(异丙基硫代-β-D-半乳糖苷)诱导形成蓝色菌落。当外源片段插入 pET-28a(+)载体的多克隆位点上后会导致载体上读码框架改变,表达蛋白失活,产生的氨基酸片段失去 α-互补能力,因此在同样条件下含重组质粒的转化子在生色诱导培养基上只能形成白色菌落。在麦康凯培养基上,α-互补产生的 Lac+细菌由于含 β-半乳糖苷酶,能分解麦康凯培养基中的乳糖,产生乳酸,使 pH 下降,因而产生红色菌落,而当外源片段插入后,失去 α-互补能力,因而不产生 β-半乳糖苷酶,无法分解培养基中的乳糖,菌落呈白色。

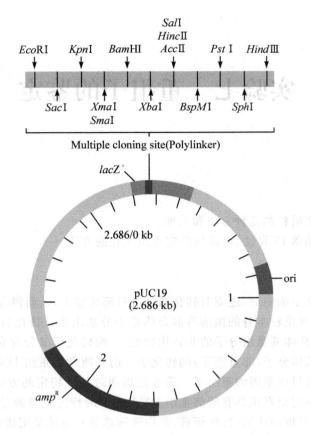

ori=Origin of replication sequence
amp^R=Ampicillin resistance gene
$lacZ^+$=Part of β-galactosidase gene

图 3-7-1   pUC19 质粒结构图

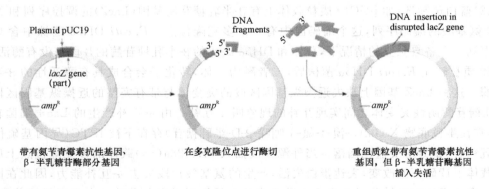

图 3-7-2   抗性筛选与蓝白斑筛选原理示意图

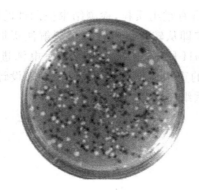

图 3-7-3　大肠杆菌菌落蓝白斑筛选结果

由于我们所用的载体 pET-28a（＋）上不含有 β-半乳糖苷酶基因（LacZ），所以转化 E. coli DH5α 菌株后不能用蓝白斑法进行筛选，只能使用 Kan 抗性筛选。

2. 电泳鉴定法

平板抗生素与蓝白斑筛选是非常重要的，它可初步认定体外重组质粒 DNA 已转入受体菌，并进行了无性繁殖。但其并不精确，因为平板上许多菌落是假阳性的情况，如载体 DNA 缺失后自我连接引起的转化、非特异性片段插入组建载体的转化，而真正阳性重组体只有很小一部分。要确证外源目的基因片段插入载体，还要鉴定转化子中重组质粒 DNA 分子的大小，所以必须利用电泳鉴定，即从转化子中利用碱裂解法提取质粒，通过琼脂糖凝胶电泳法测定它们的大小，并用酶切后电泳进一步验证质粒的重组情况。但对于插入片段是大小相似的非目的基因片段的假阳性重组体，电泳法仍不能鉴别。

3. PCR 检测方法

如果克隆载体中的目的基因的片段是通过 PCR 的方法获得的，可以用碱裂解法提取的重组质粒为模板，利用现有的引物，进行 PCR 扩增，检测构建质粒是否是所期望的重组质粒；也可以进行菌落 PCR 法，即挑取转化后得到的白色菌落，用 LB 液体培养基扩增后直接取菌液 DNA 作为模板，利用现有的引物，进行 PCR 扩增，检测菌体中是否含有所期望的重组质粒。

4. DNA 序列分析

通过对重组质粒中的外源基因片段进行测序，来检查克隆的基因片段是否是我们期望的基因片段。

5. 核酸探针鉴定法

核酸探针鉴定法是根据核酸序列的同源性，利用探针检测某一特定的 DNA 或 RNA 分子的方法，也可以用来筛选重组的质粒，检测重组 DNA 分子中插入的外源 DNA 是否是原供体（细胞或菌株）中的与探针同源的 DNA 序列或某一基因片段。

分子杂交技术是基于两条单链 DNA 或 RNA 中互补碱基序列能专一配对的原理。在一定条件下，单链 DNA 或 RNA 能与另一条单链 DNA 上互补的碱基形成氢键，从而使两条单链杂交形成双链 DNA 分子。

本实验对上一实验通过抗性筛选得到的白色菌落，用 LB 培养基扩大培养后，先用菌落

PCR 法初步确定菌体中是否含有重组质粒，检测结果呈阳性的转化子再利用电泳法和 PCR 法鉴定重组质粒。电泳法鉴定即从转化子中利用碱裂解法提取质粒，通过琼脂糖凝胶电泳法测定它们的大小，并用 BamHⅠ 和 $Hind$Ⅲ 双酶切后电泳进一步验证质粒的重组情况。PCR 鉴定是用碱裂解法提取的重组质粒为模板，利用原来设计的引物，进行 PCR 扩增，检测构建质粒是否是所期望的重组质粒。

三、实验用品

1. 材料

实验六所得的白色菌落。

2. 试剂

(1)LB 液体培养基：蛋白胨(tryptone)10g，酵母提取物(yeast extract)5g，NaCl 10g，溶于 800mL 去离子水，用 5M NaOH 调 pH 至 7.2～7.4，加水至总体积 1L，灭菌；

(2)溶液 Ⅰ：50mmol/L 葡萄糖，25mmol/L Tris-HCl，10mmol/L EDTA，调 pH 至 8.0；

(3)溶液 Ⅱ：0.2mol/L NaOH，1%SDS(需新鲜配制)；

(4)溶液 Ⅲ：5mol/L 醋酸钾 60mL，冰醋酸 11.5mL，ddH$_2$O 28.5mL(pH4.8)；

(5)苯酚/氯仿/异戊醇(25∶24∶1)；

(6)无水乙醇；

(7)TE 缓冲液：10mmol/L Tris-HCl，1mmol/L EDTA，灭菌；

(8)RNA 酶；

(9)10×TBE 电泳缓冲液：称取 Tris 108g，硼酸 55g，7.44g Na$_2$EDTA.2H$_2$O，定容至 1000mL；

(10)6×上样缓冲液：0.25%溴酚蓝，40%(w/v)蔗糖水溶液；

(11)EB 溶液母液：将 EB 配制成 10mg/mL，用铝箔或黑纸包裹；

(12)琼脂糖；

(13)BamHⅠ 及酶切通用缓冲液；

(14)$Hind$Ⅲ 及酶切通用缓冲液；

(15)2×Tag 酶 PCR 反应混合液(含 Tag DNA 聚合酶、PCR 反应缓冲液、MgCl$_2$、4 种 dNTP)；

(16)上游引物、下游引物(设计后由公司合成)；

(17)石蜡油；

(18)DL2000™ DNA Marker (TaKaRa 公司)。

3. 仪器

摇床、超净工作台、高压灭菌锅、pH 计、高速离心机、移液枪、水平电泳槽、电泳仪电源、凝胶成像系统、电炉、涡旋仪、恒温水浴锅、PCR 仪。

四、实验步骤

1. 菌体培养

挑选实验六所得形态饱满、生长良好的白斑 3～5 个，分别接种于 5mL 含卡那霉素 Kana(50μg/mL)的 LB 液体培养基中,37℃振荡培养过夜。

2. 菌落 PCR

取菌液 100μL,以 100℃加热 5 分钟破菌后的菌液作为模板(含 DNA),进行 PCR 鉴定,以期找到能扩增出 ALP 基因的菌株。在 PCR 管中分别加入

ddH$_2$O	9.5μL
2×Tag 酶 PCR 反应混合液	12.5μL
菌液	1μL
上游引物	1μL
下游引物	1μL

以上试剂加好后,离心 5 秒钟混匀,加 20μL 石蜡油覆盖于混合物上,防止 PCR 过程样品中水分的蒸发。

反应参数:

94℃	5min	
94℃	30s	
55℃	30s	30 个循环
72℃	60s	
72℃	10min	

当所有的反应都完成以后,设置 PCR 仪的温度保持在 4℃。

反应完毕后各取 5μL 用 1‰琼脂糖凝胶电泳检测,用标准 DNA marker 做对照,确定 PCR 产物是否存在以及大小。电泳完毕,在紫外灯下观察结果并拍照。

对于能扩增出约 1400bp 条带的菌液,再进行以下的进一步鉴定。

3. 碱裂解法小量制备重组质粒

取 4mL 培养液提取质粒,其余部分于 4℃保存备用。质粒提取步骤见实验三,取 5μL 提取的质粒加 1μL 6×上样缓冲液进行 1‰琼脂糖电泳,原来提取的载体质粒 pET-28a(+) 作为对照,并用凝胶成像系统观察并拍照。

4. 重组质粒的双酶切鉴定

(1)双酶切:与空载体比较,选取琼脂糖电泳速度较慢者进行酶切鉴定。用 20μL 反应体系,37℃酶切 3h:

10×buffer	2μL
ddH$_2$O	7μL
BamH Ⅰ	1μL
Hind Ⅲ	1μL
重组质粒	9μL

(2)酶切产物取 5μL 加 1μL 6×上样缓冲液进行 1‰琼脂糖电泳鉴定,利用空载体片段与目标基因片段作为对照,从酶切后的片段的数目及大小进行确认,并用凝胶成像系统观察并拍照。

5. 重组质粒的 PCR 鉴定

用重组质粒做模板,利用合成的引物对编码 ALP 的 DNA 序列进行 PCR 反应扩增。

在 PCR 管中分别加入

ddH$_2$O	9.5μL
2×Tag 酶 PCR 反应混合液	12.5μL
重组质粒	1μL
上游引物	1μL
下游引物	1μL

以上试剂加好后,离心 5 秒钟混匀,加 20μL 石蜡油覆盖于混合物上,防止 PCR 过程样品中水分的蒸发。

反应参数:　　　　　94℃　　　　5min
　　　　　　　　　　94℃　　　　30s
　　　　　　　　　　55℃　　　　30s　　⎫
　　　　　　　　　　72℃　　　　60s　　⎬ 30 个循环
　　　　　　　　　　72℃　　　　10min ⎭

当所有的反应都完成以后,设置 PCR 仪的温度保持在 4℃。

反应完毕后各取 5μL 用 1% 琼脂糖凝胶电泳检测,用标准 DNA marker 做对照,确定 PCR 产物是否存在以及大小。电泳完毕,在紫外灯下观察结果并拍照。

6. DNA 测序

为了确保 DNA 片段被正确地插入载体中合适的酶切位点,并且没有突变引入,挑选鉴定正确的单克隆菌株送测序公司进行 DNA 全序列测序分析。将测序结果与报道的 DNA 序列进行完全比对。如果比对正确,则重组质粒就构建成功了。

五、注意事项

转化后的大肠杆菌必须在含有卡那霉素的 LB 培养基中进行培养,然后再进行鉴定。鉴定时所挑菌落必须是单菌落。

六、实验结果

1. 观察和分析菌落 PCR 鉴定的电泳图。
2. 观察和分析重组质粒提取电泳图,并与作为对照的载体质粒 pET-28a(＋)比较大小。
3. 观察和分析重组质粒双酶切后的电泳图。
4. 观察和分析重组质粒 PCR 鉴定的电泳图。

七、思考题

1. 质粒转化后得到的阳性克隆有哪些方法可以鉴定? 并说明鉴定的依据。
2. 在本次鉴定中要分别得到怎样的电泳结果才能说明重组质粒中具有正确的碱性磷酸酶基因。
3. 利用 α 互补现象筛选带有插入片段的重组克隆的原理是什么?
4. 蓝白斑筛选中,蓝色菌落最有可能含有重组子,还是白色菌落最有可能含有重组子? 为什么?
5. 要进行转化子的蓝白斑筛选,对宿主、质粒有什么要求?

实验八　阳性重组质粒转化表达菌株

一、实验目的

1. 了解构建重组质粒表达目的基因的原理。
2. 学习和掌握表达菌株的构建方法。

二、实验原理

在构建具有 ALP 基因、Kana 抗性的重组质粒后,经鉴定质粒构建正确后,还需要提取重组质粒,转化表达菌株 $E.coli$ BL21(DE3),才能在该菌中表达碱性磷酸酶基因,才能最终形成碱性磷酸酶表达产物。而含有重组质粒的 $E.coli$ DH5α 菌株不能进行外源基因的大量表达。

基因工程的研究要获得基因表达产物,就涉及目的基因的表达问题。基因表达的调控机制是相当复杂而严密的,从 DNA 转录成 RNA 前体、前体 RNA 加工成 mRNA,以及 mRNA 翻译成蛋白质的整个过程中每一步都有精密的调节。

表达载体(expression vector)是指具有宿主细胞基因表达所需调控序列,能使克隆的基因在宿主细胞内转录与翻译的载体。也就是说,克隆载体只是携带外源基因,使其在宿主细胞内扩增;表达载体不仅使外源基因扩增,还使其表达。

常用的 pET 系列质粒在大肠杆菌中进行基因的表达受 T7 RNA 聚合酶的控制,在诱导条件下可以进行蛋白质的高水平表达,具有合适的克隆位点。它的宿主细胞是大肠杆菌 BL21(DE3)细胞,BL21(DE3)是一株带有 lacUV5 启动子控制的 T7 噬菌体 RNA 聚合酶基因的溶源菌。pET/E.coli 表达系统被广泛应用于细菌体内表达。

设计 pET-28a 质粒表达碱性磷酸酶基因时应注意:融合蛋白的阅读框的一致性,即碱性磷酸酶的 ATG 三个碱基是一个密码子,这样融合蛋白正确编码碱性蛋白酶;表达重组质粒应导入特定的细胞中如 $E.coli$ BL21(DE3)中进行表达。

三、实验用品

1. 材料

(1)实验七提取并鉴定正确的具有 ALP 基因、Kana 抗性的重组质粒;
(2)$E.coli$ BL21 (DE3)甘油菌。

2. 试剂

(1)LB 液体培养基:蛋白胨(tryptone)10g,酵母提取物(yeast extract)5g,NaCl 10g,溶

于 800mL 去离子水,用 5M NaOH 调 pH 至 7.2～7.4,加水至总体积 1L,灭菌;

　　(2)LB 固体培养基:每升 LB 液体培养基中加入 15g 琼脂,121℃高压灭菌 20min。待培养基降温至 60℃,倾倒铺平板;

　　(3)0.05mol/L 的 $CaCl_2$:称取 0.28g $CaCl_2$(无水,分析纯),溶于 50mL 重蒸水中,定容至 100mL,高压灭菌;

　　(4)含 15%甘油的 0.05mol/L 的 $CaCl_2$:称取 0.28 $CaCl_2$(无水,分析纯),溶于 50mL 重蒸水中,加入 15mL 甘油,定容至 100mL,高压灭菌;

　　(5)Kan 母液:配成 50mg/mL 水溶液,-20℃保存备用;

　　(6)30%的无菌甘油。

　　3. 仪器

　　超净工作台、恒温培养箱、摇床、分光光度计、制冰机、冷冻离心机、移液枪、水浴锅、高压灭菌锅。

四、实验步骤

　　将鉴定正确的重组细菌加入含有 50μg/mL Kana 的 LB 液体培养基中过夜振荡培养,培养温度为 37℃。然后用碱裂解法抽提质粒,获得了具有 ALP 基因、Kana 抗性的重组质粒。将获得的重组质粒通过热激法转入化学感受态细胞 E. coli BL21(DE3)中,反应过程与实验六完全相同。热刺激反应温度为 42℃,反应时间 90 秒。将转化后的细胞均匀地涂布在两块包含有 50 μg/mL Kana 的 LB 固体培养平板上,放在 37℃的培养箱中,倒置培养过夜。

　　从培养的平板上,挑选单个的、较大的白色克隆接种到含 Kana 的 5mL LB 液体培养基中,然后 37℃振荡培养过夜。取部分培养液加入 30%的无菌甘油保种,甘油的终浓度为15%,轻轻振荡混匀,然后保存在-70℃超低温冰箱中。

五、实验结果

　　统计两个培养皿中的菌落数,并进行分析。

六、思考题

　　1. 如何选择基因表达的宿主菌?

　　2. 利用 pET 转化 E. coli BL21(DE3)能否进行蓝白斑筛选? 为什么?

　　3. 在基因工程中克隆载体和表达载体各起什么作用? 各需要具备哪些基本元件?

实验九　目的基因的诱导表达和鉴定

一、实验目的

1. 了解诱导外源基因表达的基本原理。
2. 学习和掌握诱导外源基因表达的常用方法。
3. 学习和掌握外源基因诱导表达的 SDS-PAGE 电泳鉴定法。

二、实验原理

外源基因在原核生物中高效表达除了有合适的载体外，还必须有适合的宿主菌以及一定的诱导因素。

宿主菌的选择对外源基因的表达是至关重要的，因为外源基因（特别是真核基因）在细菌中的表达往往不够稳定，常常被细菌中的蛋白酶降解。因此有必要对细菌菌株进行改造，使其蛋白酶的合成受阻，从而使表达的蛋白得到保护。实验中常用的宿主菌是经过改造的 JM109、BL21 等大肠杆菌菌株。

通常表达质粒不应使外源基因始终处于转录和翻译之中，因为某些有价值的外源蛋白可能对宿主细胞是有毒的，外源蛋白的过量表达必将影响细菌的生长。为此，宿主细胞的生长和外源基因的表达是分成两个阶段进行的，第一阶段使含有外源基因的宿主细胞迅速生长，以获得足够量的细胞；第二阶段是启动调节开关，使所有细胞的外源基因同时高效表达，产生大量有价值的基因表达产物。

在原核基因表达调控中，阻遏蛋白与操纵基因系统起着重要的开关调节作用，当阻遏蛋白与操纵基因结合时，阻止基因的转录；加入诱导物后，使其与阻遏蛋白结合，解除阻遏，从而启动基因转录。

根据表达载体的不同，外源基因表达常采用化学诱导与温度诱导两种方法。

1. 化学诱导

如 pET 由于带有来自大肠杆菌的乳糖操纵子，它由启动基因、分解产物基因活化蛋白（CAP）结合位点、操纵基因及部分半乳糖酶结构基因组成，受分解代谢系统的正调控和阻遏物的负调控。正调控是通过 CAP（catabolite gene activation protein）因子和 cAMP 来激活启动子，促使转录；负调控则是由调节基因（Lac I）产生 Lac 阻遏蛋白与操纵子结合，阻遏外源基因的转录和表达，此时细胞大量生长繁殖。乳糖的存在可解除这种阻遏，另外 IPTG 是 β-半乳糖苷酶底物类似物，具有很强的诱导能力，能与阻遏蛋白结合，使操纵子游离，诱导 LacZ 启动子转录，于是外源基因被诱导而高效转录和表达。所以可以通过在培养基中添加 IPTG 诱导基因的表达。pET-28a（＋）的基因表达受诱导剂 IPTG 的诱导。

2. 温度诱导

当用 $P_{L,R}$ 启动子构建表达质粒时，$P_{L,R}$ 启动子受 λ 噬菌体 cⅠ基因的负调控，cⅠ基因产生的阻遏蛋白结合在操纵基因上，阻止转录的进行。目前利用 cⅠ的温度敏感突变基因（cIts 857）调节这种阻遏。当在 28～30℃ 培养时，该突变体产生有活性的阻遏蛋白，阻遏 $P_{L,R}$ 转录，细菌大量生长。在获得足够量菌体后，使温度上升至 42℃，造成阻遏蛋白失活，$P_{L,R}$ 解除阻遏，启动外源基因的高效转录和表达，从而合成大量有价值的外源基因。pBV211 的基因表达是受温度控制的，在 42℃ 条件下可以诱导外源基因的大量表达。

分析被检测基因在细胞中转录和翻译的情况有以下一些方法：①Northern 杂交，检查细胞中是否含有特定的 mRNA；②SDS-PAGE 分析诱导前后细胞中目的蛋白质的表达水平；③在 Western 杂交中用特异性抗体分析目的蛋白质的存在及含量；④利用 ELISA 等免疫学方法，检测基因表达的强度；⑤直接测定目的蛋白质生物活性，根据活性的大小估计蛋白质的表达量；⑥将报告基因（如 LacZ）克隆在目的基因的下游，根据报告基因的转录或翻译情况，估计目的蛋白质表达量。

本实验中采用 SDS-PAGE 电泳法分析诱导前后细胞中目的蛋白产物的表达水平，并测定其分子量。在电场的作用下，带电粒子能在聚丙烯酰胺凝胶中迁移，其迁移速度与带电粒子的大小、构型和所带的电荷相关。十二烷基硫酸钠（SDS）能与蛋白质结合，改变蛋白质原有的构象，使其变成近似于雪茄烟形的长椭圆棒，其短轴长度一样，而长轴与分子量大小成正比。在 SDS-PAGE 中，SDS-蛋白复合物的迁移率不再受蛋白质的电荷和形状的影响，而只与蛋白质的分子量成正相关。在一定浓度的凝胶中，由于分子筛效应，则电泳迁移率成为蛋白质分子质量的函数，实验证实分子质量在 15～200kD 的范围内，电泳迁移率与分子质量的对数为直线关系，用此法可测定蛋白质亚基的分子质量。

从 NCBI 上获得编码碱性磷酸酶的基因序列，用生物信息学软件进行分析，预测其分子量分别为 50.28kD。碱性磷酸酶由 461 个氨基酸组成，其氨基酸序列如下所示：

```
  1 mkkmslfqnm kskllpiaav svltagifag aelqqtekas akkqdkaeir nvivmigdgm
 61 gtpyirayrs mknngdtpnn pkltefdrnl tgmmmthpdd pdynitdsaa agtalatgvk
121 tynnaigvdk ngkkvksvle eakqqgkstg lvatseinha tpaaygahne srknmdqian
181 symddkikgk hkidvllggg ksyfnrknrn ltkefkqagy syvttkqalk knkdqqvlgl
241 fadgglakal drdsktpslk dmtvsaidrl nqnkkgfflm vegsqidwaa hdndtvgams
301 evkdfeqayk aaiefakkdk htlviatadh ttggftigan geknwhaepi lsakktpefm
361 akkisegkpv kdvlaryanl kvtseeiksv eaaaqadksk gaskaiikif ntrsnsgwts
421 tdhtgeevpv yaygpgkekf rglinntdqa niifkilktg k
```

因此，本实验用 SDS-PAGE 来检测重组菌经过诱导表达后能否产生分子量约为 50kD 的碱性磷酸酶。

三、实验用品

1. 材料

实验八所得的阳性克隆转化子。

2. 试剂

(1)LB 液体培养基:蛋白胨(tryptone)10g,酵母提取物(yeast extract)5g,NaCl 10g,溶于 800mL 去离子水,用 5M NaOH 调 pH 至 7.2～7.4,加水至总体积 1000mL,灭菌;

(2)Kan 母液:配成 50mg/mL 水溶液,－20℃保存备用;

(3)100mmol/L IPTG;

(4)12％分离胶:

ddH$_2$O	1.6 mL
30 ％丙烯酰胺贮存液	2.0 mL
1.5M Tris-Cl(pH8.8)	1.3 mL
10 ％ SDS	50μL
10 ％过硫酸铵(AP)	50μL
TEMED	2μL
总体积	5mL

(5)5％浓缩胶:

ddH$_2$O	1.4mL
30 ％丙烯酰胺贮存液	330 μL
1M Tris-Cl(pH6.8)	250 μL
10 ％ SDS	20μL
10 ％过硫酸铵(AP)	20μL
TEMED	2μL
总体积	2mL

(6)2×样品处理液:4％ SDS,20％丙三醇,2％ β-巯基乙醇,0.2％溴酚蓝,100mM Tris-HCl;

(7)5×电泳缓冲液:15.1 g Tris,94.0 g Glycine,5.0 g SDS,加水定容至 1000 mL。4℃存放;

(8)SDS-PAGE 染色液:180 mL 甲醇,36.8 mL 冰醋酸,加入 1 g 考马斯亮蓝 R250,定容至 400mL,过滤备用,室温存放;

(9)SDS-PAGE 脱色液:50 mL 无水乙醇,100mL 冰醋酸,850mL 水,混匀;

(10)低分子量蛋白质 Mark:条带大小分别为 14400、20100、31000、43000、66200、97400 道尔顿。

3. 仪器

摇床、超净工作台、移液枪、离心机、水浴锅、pH 计、垂直电泳槽、电泳仪电源、凝胶成像系统、脱色摇床。

四、实验步骤

1. 碱性磷酸酶的诱导表达

将经过鉴定含有正确的重组质粒的菌液按照 1∶20～1∶100 的比例转接到 250mL 含有 50 μg/mL Kana 的 LB 培养基中进行放大培养。37℃振荡培养约 3 小时,当培养物的光密度(OD_{600})达到 0.6~1.0 时,加入 IPTG 至其终浓度为 1mM,诱导碱性磷酸酶蛋白表达,同时以不加 IPTG 的培养液作为对照,采用 42℃振荡培养 5 小时诱导目的蛋白的表达。

2. SDS-PAGE 检测碱性磷酸酶表达

诱导表达的菌液,12000g 离心 10 分钟,弃培养基。菌体用 PBS 重悬后加等体积的 2×样品处理液,混匀后沸水中煮沸 10 分钟,12000g 离心 10 分钟后上样。同时以未加 IPTG 诱导表达的菌液按相同方法处理并上样作为对照。

(1)SDS-PAGE 电泳板的处理:用中性洗涤剂清洗后,再用双蒸水淋洗,然后用无水乙醇浸润的棉球擦拭,用吹风机吹干备用。

(2)12%分离胶的制备:充分混匀凝胶组分,立即灌胶,胶液缓慢倒入固定在垂直电泳槽中的两电泳板之间的狭槽中(注意不要产生气泡),即在分离胶上面轻轻覆盖一层 ddH_2O;室温静置,使胶完全聚合,除去上层水相,然后用滤纸吸干水分。

(3)5%浓缩胶的制备:充分混匀凝胶组分,立即灌胶,将胶液缓慢倒入分离胶上的狭槽中(不要产生气泡),插入样品梳;室温静置聚合,待聚合完全后拔去梳子。

(4)在电泳槽中加满 1×电泳缓冲液。

(5)电泳:用移液枪移取 $20\mu L$ 准备好的样品液上样。加入 $10\mu L$ 低分子量蛋白质 Mark 作为分子量对照。开始电压先选择 60V,等溴酚蓝进入分离胶后电压再选择 120V,至溴酚蓝迁移至胶下缘结束电泳。

(6)染色:电泳完毕,小心取出凝胶,置于有盖的大培养皿中,倒入染色液至浸没凝胶,于水平摇床上染色 30 分钟。

(7)脱色:倒去染色液,用少量水淋洗凝胶,倒入脱色液至浸没凝胶,于水平摇床上脱色至蓝色背景消失。

(8)凝胶成像系统拍照记录结果。

五、注意事项

1. 在进行诱导实验中要注意应以含有空载体 pET-28a 的 BL21(DE3)菌株以及 IPTG 诱导前的含有 pET-28a 重组子 BL21(DE3)菌株做对照。

2. IPTG 诱导的最终浓度为 0.3~1mmol/L。

六、实验结果

观察电泳结果并拍照分析目标蛋白表达情况,计算目标蛋白产物的分子量。

七、思考题

1. 根据实验过程的体会,总结如何做好 SDS-PAGE 垂直板电泳?哪些是关键步骤?

2. 查阅资料,介绍可以分析被检测基因在细胞中转录和翻译情况的方法。

3. 简述诱导外源基因表达的基本原理。

实验十 表达产物的分离纯化

一、实验目的

1. 了解胞内蛋白质分离纯化的基本原理。
2. 学习亲和层析的基本原理和操作方法。

二、实验原理

诱导表达后的蛋白质往往是非分泌性的,位于菌体细胞内,并常常以包涵体的形式存在于细胞内。

细胞内蛋白质分离的基本步骤是:清洗细胞(通常用缓冲液悬浮培养细胞或菌体后离心,除去残留培养基,然后用合适的缓冲液悬浮菌体)、裂解细胞、离心去除膜组分等获得可溶性蛋白质(如果目的蛋白是膜蛋白则用去垢剂处理),然后通过离心、盐析沉淀、层析等方法进行分离纯化,以获得蛋白产物。分离纯化的情况可用 SDS-PAGE 电泳检测。

当基因诱导表达后,将处于细胞不同位置的待纯化蛋白释放出来,溶入已知成分的溶液中,这是分离蛋白质的第一步。超声波破碎法是借助声波的振动力破碎细胞壁和细胞器的有效方法。超声波破碎在处理少量样品时操作简便,适合实验室使用。

重组蛋白在大肠杆菌中表达时,由于表达量高,通常重组蛋白会以包涵体形式存在。即这些蛋白质在细胞内聚集成没有生物活性的直径为 $0.1 \sim 3.0 \mu m$ 的固体颗粒。这些颗粒需要经过变性、复性才能获得天然结构及生物活性。包涵体基本由蛋白质构成,其中 50% 以上是克隆产物,这些产物的一级结构是完全正确的,但立体构型存在错误,所以没有生物活性。如果目标产物表达后形成包涵体,包涵体蛋白的分离需经过细胞破碎、收集包涵体、包涵体的洗涤(去除吸附在包涵体表面的不溶性杂蛋白和其他杂质)、包涵体的溶解(可溶性变性、还原蛋白质)和变性蛋白质的复性、重新氧化等步骤,再进行与一般蛋白质相同的分离纯化。

用 pET-28a 质粒载体构建的蛋白表达产物中,目标蛋白与载体上设计的组氨酸标签融合表达,可以用镍柱进行金属离子亲和纯化。金属离子亲和层析是利用金属离子的络合物或形成螯合物的能力(如镍)吸附蛋白质的分离系统。亲和纯化是利用生物分子间的特异性结合作用的原理进行生物物质分离纯化的技术。亲和色谱技术是将亲和体系中的一种分子与固体粒子或可溶性物质共价耦联,特异性吸附或结合另一种分子(目标产物),使其从混合物中高选择性地分离纯化。其原理可用下图简单表示。

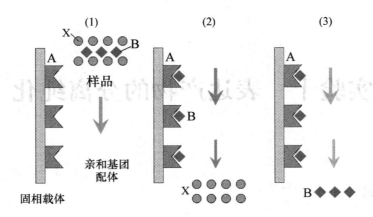

图 3-10-1 亲和层析原理

注:A 为固相载体上的配基;B 为目标蛋白;X 为杂质。

步骤(1):进料吸附;步骤(2):清洗杂质;步骤(3):洗脱目标物质。

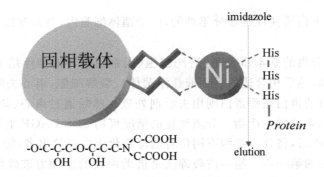

图 3-10-2 镍柱亲和层析原理

三、实验用品

1. 材料

ALP/pET-28a/BL21 甘油菌。

2. 试剂

(1)LB 液体培养基:蛋白胨(tryptone)10g,酵母提取物(yeast extract)5g,NaCl 10g,溶于 800mL 去离子水,用 5M NaOH 调 pH 至 7.2~7.4,加水至总体积 1000mL,灭菌;

(2)Kan 母液:配成 50mg/mL 水溶液,—20℃ 保存备用;

(3)100mmol/L IPTG;

(4)菌体重悬液 BufferI(50mmol/L Tris-HCl,1mmol/L EDTA,pH7.5);

(5)包涵体洗涤液 BufferII(50mmol/L Tris-HCl,1mmol/L EDTA,50mmol/L NaCl,w=0.3% Triton X-100,pH7.5);

(6)尿素变性液(50mM Tris-HCl,8M 尿素,pH 8.0);

(7)500mM 咪唑母液;

(8)12% 分离胶;

(9)5%浓缩胶；

(10)2×样品处理液：4% SDS，20%丙三醇，2%β-巯基乙醇，0.2%溴酚蓝，100mM Tris-HCl；

(11)5×电泳缓冲液：15.1 g Tris，94.0 g Glycine，5.0 g SDS，加水，定容至 1000mL，4℃存放；

(12)SDS-PAGE 染色液：180 mL 甲醇，36.8 mL 冰醋酸，加入 1 g 考马斯亮蓝 R250，定容至 400mL，过滤备用，室温存放；

(13)SDS-PAGE 脱色液：50 mL 无水乙醇，100mL 冰醋酸，850mL 水，混匀；

(14)低分子量蛋白质 Mark：条带大小分别为 14400、20100、31000、43000、66200、97400 道尔顿。

3. 仪器

超净工作台、摇床、移液枪、离心机、水浴锅、pH 计、垂直电泳槽、电泳仪电源、凝胶成像系统、脱色摇床、超声波破碎仪、蛋白层析系统。

四、实验步骤

1. ALP 蛋白质诱导表达

取 $4\mu L$ ALP/pET-28a/BL21 甘油菌接入 4mL LB 液体培养基中，Kana 终浓度为 $50\mu g/mL$，37℃培养 6 小时进行活化。将活化好的菌按照 1：100 接入含 250mL LB 培养基的锥形瓶中，Kana 终浓度为 $50\mu g/mL$，37℃培养 4 小时。加入 IPTG（终浓度 1mmol/L），20℃诱导 18 小时，转数 200 转/min。

2. 细胞超声裂解

6000rpm，离心 15min 收集菌体细胞。沉淀用蒸馏水清洗 3 次，最后收集的沉淀用菌体重悬液 BufferI（50mmol/L Tris-HCl，1mmol/L EDTA，pH7.5）按 1：15 的质量体积比悬浮。超声破菌 40min（超声 2sec，间隔 2sec）。9000rpm，4℃，离心 10min，收集沉淀①和上清①。

3. SDS-PAGE 电泳鉴定产物位置

取少量沉淀①和上清①进行 SDS-PAGE 电泳，以确定目标蛋白 ALP 是可溶性表达还是形成了包涵体。如果目标产物可溶性表达，即 ALP 在上清①中，按以下步骤（四）进行分离纯化。如果目标产物形成包涵体，即 ALP 在沉淀①中，则按以下步骤（五）进行分离纯化。

4. 可溶性蛋白的分离纯化

直接用镍柱纯化目标蛋白。镍柱（2mL）上样前先用平衡缓冲液（50mM Tris-HCl，20mM 咪唑，pH 8.0）平衡，约 3 倍柱体积（6mL）。上样，用离心管收集流出物。流出物重新再上 2 次样。

依次用下列 2 种含不同浓度咪唑溶液 10mL 进行洗脱，分别收集洗脱液进行 SDS-PAGE 电泳：

1)50mM Tris-HCl，30mM 咪唑，pH 8.0（杂质清洗）

2)50mM Tris-HCl，200mM 咪唑，pH 8.0（洗脱目标产物）

5. 包涵体蛋白的分离纯化

(1)包涵体清洗

沉淀①用 BufferI 清洗 1 遍,留沉淀。加入包涵体洗涤液 BufferII(50mmol/L Tris-HCl,1mmol/L EDTA,50mmol/L NaCl,$w=0.3\%$ Triton X-100,pH7.5),37℃振荡 0.5hr。9000rpm,4℃,离心 10min,收集沉淀。沉淀再用 BufferII 清洗一次。最后沉淀用蒸馏水洗 2 次。

(2)包涵体的变性溶解

清洗后的包涵体沉淀用 10mL 尿素变性液(50mM Tris-HCl,8M 尿素,pH 8.0)悬浮,可用枪把包涵体沉淀吹起来,放在振荡器振荡 30min,如果还有未溶的,可以少加些变性液再振会。等完全溶解后,12000rpm 离心 20min,留上清,上清直接上镍柱。

(3)镍柱纯化 ALP

镍柱(2mL)上样前先用平衡缓冲液 (50mM Tris-HCl,8M 尿素,20mM 咪唑,pH 8.0)平衡,约 3 倍柱体积(6mL)。上样,用离心管收集流出物。流出物重新再上 2 次样。

依次用下列 2 种含不同浓度咪唑溶液 10mL 进行洗脱,分别收集洗脱液进行 SDS-PAGE 电泳:

1)50mM Tris-HCl,8M 尿素,30mM 咪唑,pH 8.0(杂质清洗)

2)50mM Tris-HCl,8M 尿素,200mM 咪唑,pH 8.0(洗脱目标产物)

镍柱再生:500mM 咪唑洗 10mL,再用蒸馏水洗去残余物质。

五、注意事项

1. 目标蛋白诱导表达时,形成可溶性蛋白还是形成包涵体受诱导条件的影响,一般 IPTG 加入后,温度低时间长的诱导方式有利于形成可溶性表达,而较高温度的诱导易形成包涵体。有时目标产物既有可溶性表达的又有部分形成包涵体。

2. 细胞超声破碎时必须用冰水浴,否则蛋白质易变性。破碎时菌液体积和操作条件要控制好,使细胞发生有效的破碎同时尽量保持蛋白活性。

3. 本实验中包涵体的分离纯化是在破碎细胞后收集包涵体,用包涵体洗涤液清洗包涵体,得到较为纯净的包涵体然后变性溶解后用镍柱分离。为了得到有活性的 ALP 蛋白质,镍柱分离后还需要进行 ALP 蛋白的复性,可采用直接稀释复性方法。ALP 包涵体蛋白的分离纯化也可在变性后先复性再用镍柱分离。

六、实验结果

观察 SDS-PAGE 电泳结果,分析纯化过程目标蛋白的纯度变化情况。

七、思考题

1. 查阅资料,说明超声波破碎菌体细胞时的注意事项。

2. ALP/pET-28a/BL21 菌表达的碱性磷酸酶为何能用镍柱亲和层析进行纯化?

3. 包涵体变性和复性的方法分别有哪些?

第四部分　综合设计实验

项目一　枯草芽孢杆菌碱性磷酸酶基因的克隆与表达

一、实验目的

1. 了解原核基因克隆与筛选的全过程与实验设计策略、载体的基本结构、基因工程酶（限制性内切酶、连接酶、Taq 酶）的各种特性、DNA 重组以及重组子筛选与鉴定的相关技术；

2. 理解基因克隆与筛选的策略及其相关实验原理、碱裂解法质粒提取过程中各种纯化步骤的设计思想，PCR 引物设计以及 PCR 体系设计的原则与注意事项、DNA 重组时设计酶切与连接方案的一般规律、重组 DNA 导入受体细胞方法以及目的重组子的筛选与鉴定方法、影响 DNA 重组效率的因素；

3. 掌握质粒 DNA 的提取与定性定量分析、琼脂糖凝胶电泳、PCR 基因扩增及扩增产物回收、核酸的限制性酶切与连接、大肠杆菌感受态细胞的制备及转化、目的重组子筛选与鉴定等各项基本实验技术方法的基本原理与操作技能。

二、实验背景

碱性磷酸酶（alkaline phosphatase，简称 ALP），又名磷酸单酯酶（phosphom-onoester-ase），是一种既可以催化醇类的磷酸化反应，又可以非专一性催化磷酸单酯的水解反应的金属酶，在生物体的磷代谢过程中有着举足轻重的作用。ALP 广泛存在于生物界，是一种底物专一性低的磷酸单酯水解酶。

碱性磷酸酶在生物体内参与多种基团的转移和营养物质的代谢，对于钙质的吸收、营养物质的利用和肿瘤的生成有着十分重要的意义，具有重要的理论研究和实际应用价值。其通过催化磷蛋白水解，在细胞调节过程中也具有一定作用。在甲壳动物体内，碱性磷酸酶还与动物对海水中钙质吸取，甲壳素分泌及形成相关。该酶还能在体外催化多种磷酸单酯类化合物水解为相应的醇。碱性磷酸钠在医疗研究、生化研究和医药工业上有较大用途，在临床诊断肝胆疾病和骨质增生中也有重要作用。碱性磷酸酶广泛分布于人体各种组织中，多用于阻塞性黄疸、原发性肝癌、继发性肝癌、胆汁淤积性肝炎的检查。ALP 还和牙槽骨吸收、牙周袋形成密切相关，可反映牙周早期炎症和破坏状况，并能预测未来或当前牙周病的活动状态。该酶还是一种有广泛使用价值的生物试剂，可专一性水解磷酸单酯化合物释放无机磷，可用于核酸分析、测定核苷酸序列和基团分离重组，也是酶标免疫检测技术的常用工具酶。药用化妆品中添加碱性磷酸酶有益于皮肤细胞的再生和新陈代谢。

目前商业碱性磷酸酶大多产自动物体(小牛肠)或植物体(麦芽),产率低,价格昂贵;有些热稳定性差,使它的使用受到了限制。通过基因工程方法构建重组大肠杆菌表达载体就能利用微生物体内的蛋白质制造机器,为我们大量复制克隆所需的目的蛋白碱性磷酸酶,从而大大降低碱性磷酸酶的生产成本,并提高碱性磷酸酶的制备效率,为后续进行碱性磷酸酶的亚基三维构象研究、酶学性质研究、核酸分析和临床病理研究提供理想的材料。

枯草芽孢杆菌(*Bacillus subtilis*)是芽孢杆菌属的一种,作为一种价格低廉且容易获得的微生物,其体内具有容易分离提取的编码碱性磷酸酶的 ALP 基因。本实验项目根据枯草杆菌碱性磷酸酶基因序列设计一对引物,应用聚合酶链式反应(PCR)方法,从枯草杆菌 *Bacillus Subtilis as* 1.398 菌株的基因组中扩增获得碱性磷酸酶基因序列。PCR 产物经定向克隆连接到原核表达载体 pET-28a(+),构建重组表达质粒 pET-28a(+)/ALP,并转化大肠杆菌 *E. coli* BL21(DE3)感受态细胞,以期获得能大量表达生产碱性磷酸酶的重组体克隆。

pET-28a(+)系统是有史以来在大肠杆菌中克隆表达重组蛋白功能最强大的系统之一。目的基因被克隆到 pET 质粒载体上,受噬菌体 T7 强转录和翻译(可选择)信号控制,表达由宿主细胞提供的 T7 RNA 聚合酶诱导。T7 RNA 聚合酶机制十分有效并具有选择性,充分诱导时,几乎所有的细胞资源都用于表达目的蛋白,诱导表达后仅几小时,目的蛋白通常可以占到细胞总蛋白的 50% 以上。非诱导的条件下,可以使目的蛋白完全处于沉默状态而不转录。

本项目的研究将为进一步进行重组碱性磷酸酶的分离纯化、酶学性质研究和生产应用奠定基础。

三、实验设计要求

1. 提交一个具体的实验设计方案,进行枯草芽孢杆菌碱性磷酸酶基因的克隆与表达。

2. 具体内容包括:在 NCBI 网站上找到枯草芽孢杆菌碱性磷酸酶基因的全序列,利用分子生物学软件进行目的基因内部限制性内切酶的酶切分析及 5′和 3′末端引物的设计;提交具体的实验步骤,从枯草芽孢杆菌中提取基因组 DNA、扩增碱性磷酸酶目的基因、PCR 产物和载体质粒的酶切和连接、转化受体细胞、重组体的鉴定、重组蛋白的表达和鉴定、重组蛋白的分离纯化。

3. 本实验设计方案包括两部分:第一部分,实验总体流程,用图表述实验设计的总体流程和路线;第二部分,实验具体步骤,要求包括每个步骤涉及的简单原理、实验用品和操作方法。

4. 限定材料:

基因来源　　　　　　　　　　　*Bacillus subtilis* AS 1.398 菌株

表达载体　　　　　　　　　　　pET-28a(+)

限制性核酸内切酶　　　　　　　BamHI、HindIII

基因克隆受体菌　　　　　　　　*E. coli* DH5α 菌株

基因表达受体菌　　　　　　　　*E. coli* BL21(DE3)菌株

5. 推荐使用的软件和网络资源:

Gene 全序列检索　　　　　　　http://www.ncbi.nlm.nih.gov/

序列编辑　　　　　　　　　　　　DNA star：Editseq 功能
搜索 gene 序列中已有的酶切位点　　www. bio-soft. net SMS 中文版
引物设计　　　　　　　　　　　　Primer premier 5. 0

四、实验设计示例

第一部分　实验总体流程

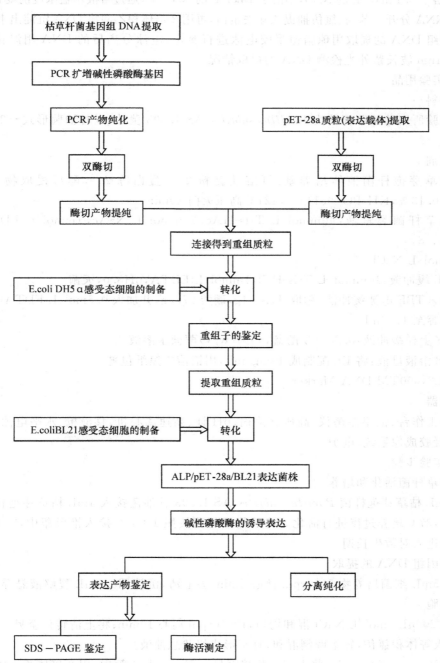

第二部分　实验具体步骤

1. 枯草芽孢杆菌基因组 DNA 的提取及电泳鉴定

(1)原理

本实验中细菌基因组的提取采用快速微量提取法。通过 SDS 裂解液裂解细菌之后，将胞内的核酸和蛋白质全释放出来。DNA 溶于 1mol/L 的 NaCl 中，不溶于 0.14mol/L 的 NaCl，而 RNA 溶于 0.14mol/L 的 NaCl，不溶于 1mol/L 的 NaCl 中，通过溶液中盐浓度的变化可以将 DNA 和 RNA 分开。苯酚、氯仿抽提法除去蛋白，再用 2 倍体积乙醇将 DNA 沉淀出来。

基因组 DNA 的提取用琼脂糖凝胶电泳进行鉴定，电泳分离后的 DNA 用溴化乙啶染色，用 254nm 波长紫外光检测 DNA 的提取情况。

(2)实验用品

1)材料

本实验所用的枯草杆菌为 *Bacillus subtilis* AS 1.398 菌株，以甘油菌形式 $-20℃$ 冰箱保存。

2)试剂

①枯草芽孢杆菌液体培养基：可溶性淀粉 2%，蛋白胨 2%，酵母提取物 0.12%，K_2HPO_4 0.13%，KH_2PO_4 0.11%。121℃ 高压灭菌 20min。

②枯草杆菌裂解液：40mmol/L Tris-HAc，20mmol/L NaAc，1mmol/L EDTA，1% SDS，pH7.8。

③5mol/L NaCl。

④TE 缓冲液：10mmol/L Tris-HCl，1mmol/L EDTA，pH8.0，灭菌。

⑤10×TBE 电泳缓冲液：称取 Tris 54g，硼酸 27.5g，并加入 0.5mol/L EDTA(pH8.0) 20mL，定容至 1000mL。

⑥6×上样缓冲液：0.25% 溴酚蓝，40%(w/v) 蔗糖水溶液。

⑦EB 溶液母液：将 EB 配制成 10mg/mL，用铝箔或黑纸包裹。

⑧DL2,000TM DNA Marker。

3)仪器

超净工作台、恒温振荡仪、高压灭菌锅、pH 计、高速离心机、移液枪、水平电泳槽、电泳仪电源、凝胶成像系统、电炉。

(3)实验步骤

1)枯草杆菌活化和培养

取 $4\mu L$ 枯草芽孢杆菌 *Bacillus subtilis* AS 1.398 甘油菌接入 4mL 枯草芽孢杆菌液体培养基中，37℃ 培养过夜进行活化。将活化好的菌按照 1∶100 接入锥形瓶中，37℃ 培养 4 小时使之进入对数生长期。

2)基因组 DNA 的提取

①1.5mL 细菌培养物 5000rpm 离心 3min，去上清，沉淀用 $200\mu L$ 裂解液悬浮，剧裂振荡破碎细胞。

②加 $200\mu L$ 5mol/L NaCl 混和均匀，12000rpm 离心 10min；将上清转移至另一无菌 EP 管中，加入等体积氯仿，轻柔颠倒混和，直至形成奶状悬浊液。

③12000rpm 离心 3min，将上层水相移至另一 Eppendorf 管中，用 2 倍体积无水乙醇沉

淀 15min；离心，去上清。

④用 70％乙醇洗涤沉淀。再离心，去上清，真空干燥沉淀，然后溶于 $50\mu L$ TE 中。

3)DNA 的琼脂糖凝胶电泳

用 1％琼脂糖凝胶电泳检查 DNA 的提取情况，并用凝胶成像系统进行观察和拍照。

2. PCR 法扩增枯草芽孢杆菌碱性磷酸酶基因及 PCR 产物的纯化

(1)原理

本实验以提取的枯草芽孢杆菌 *Bacillus subtilis* AS 1.398 基因组 DNA 作为反应模板，利用合成的引物对编码碱性磷酸酶的 DNA 序列进行 PCR 反应扩增，以获得目的基因。扩增产物用琼脂糖凝胶电泳进行鉴定，并用 DNA 纯化试剂盒进行纯化回收。

(2)实验用品

1)材料

步骤(一)所制备的枯草芽孢杆菌 *Bacillus subtilis* AS 1.398 基因组 DNA 溶液。

2)试剂

①2×Taq 酶 PCR 反应混合液（含 Taq DNA 聚合酶、PCR 反应缓冲液、$MgCl_2$、4 种 dNTP）；

②上游引物、下游引物（设计后由公司合成）；

③石蜡油；

④琼脂糖；

⑤10×TBE 电泳缓冲液：称取 Tris 54g，硼酸 27.5g，并加入 0.5mol/L EDTA(pH8.0) 20mL，定容至 1000mL；

⑥6×上样缓冲液：0.25％溴酚蓝，40％(w/v)蔗糖水溶液；

⑦EB 溶液母液：将 EB 配制成 10mg/mL，用铝箔或黑纸包裹；

⑧DNA 纯化试剂盒：上海杰瑞生物试剂有限公司，中国。

⑨DL2000™ DNA Marker。

3)仪器

超净工作台、高压灭菌锅、高速离心机、移液枪、PCR 扩增仪、水平电泳槽、电泳仪电源、凝胶成像系统、电炉。

(3)实验步骤

1)引物设计

在 NCBI 上查询 *Bacillus subtilis* alkaline phosphatase(ALP)的基因序列，以 Bacillus subtilis subsp. Subtilis str. 168 的碱性磷酸酶基因序列作为模板设计引物。其全基因序列如下，长度为 1386 个 bp：

　　1 ttattttcca gtttttaaaa tcttaaatat gatgtttgcc tggtccgtat tgttaatcaa

　61 tccgcggaat ttttcttttc cggggccgta cgcgtatacc ggtacttctt cgccggtatg

　121 atcggtactc gtccatccgc tgttggagcg ggtattaaaa atcttgatga tggctttgga

　181 ggcccctttg cttttgtcag cctgtgcagc tgcttcaacg cttttgattt cttcagatgt

　241 gactttcaga ttggcatagc gggcgagcac atctttaacc ggcttgcctt cactgatttt

　301 tttggccatg aattcaggtg ttttcttagc ggagagaatc ggttctgcgt gccaattctt

　361 ttccccgttt gcgccaatgg taaagccgcc ggttgtatgg tcagcagttg caatcacaag

421 tgtatgtttg tctttttttcg caaattcaat cgcggcttta taggcctgct caaaatcttt

481 aacctcgctc atggctccta ctgtatcatt gtcatgggcc gcccagtcaa tctggctccc

541 ttcgaccatc aagaaaaatc cttttttatt ttggttcagg cgatcaattg ctgaaaccgt

601 catgtctttg agagacggtg ttttactgtc acggtcgagc gctttagcaa gccctccatc

661 tgcgaaaagc ccgagcacct gctgatcttt attttttttc aatgcttgtt tagttgtcac

721 atagctgtag ccggcttgtt tgaattcctt tgtcaagttt ctgttcttgc ggttaaaata

781 agatttccg ccgccgagca gcacgtctat tttatgtttg ccttttatct tgtcatccat

841 atagctgttg gcgatttggt ccatgttttt ccgtgattca ttgtgggcgc catatgcggc

901 tggagtggcg tggttaattt cagacgtggc gacaagccct gttgacttgc cttgctgttt

961 ggcctcttca agtacagatt tcactttttt tccgtttttta tcgacgccaa ttgcattgtt

1021 atatgtctta acgcctgtcg ctaatgctgt tccggctgct gctgaatctg taatattata

1081 gtcagggtca tccggatgcg tcatcatcat gcctgtcagg ttccggtcaa attctgttaa

1141 cttcgggtta ttcggtgtgt caccgttatt tttcatggaa cggtaggctc ttatgtaagg

1201 cgtccccatg ccgtcgccta tcatcacaat gacatttctg atctcagctt tgtcttgttt

1261 tttggcgctg gccttttctg tttgctgaag ctcagctccg gcaaagattc cagctgtaag

1321 gacagaaaca gcggcgattg gcagaagttt tgatttcata ttttgaaaca aactcatttt

1381 tttcat

根据以上 DNA 序列和所采用的表达质粒载体 pET-28a（＋）的图谱（图 4-1-1），用 Primer Premier 5.0 软件设计了两对引物。在上游引物和下游引物上分别设置 BamHI 和 HindIII 的酶切位点，这两个不同的限制性内切酶识别位点分别在引物中以下划线的方式标记出来。引物序列如下：

上游引物 5′-CGGGATCCATGAAAAAAATGAGTTTGT-3′（BamHI）

下游引物 5′-CCGAAGCTTTTATTTTCCAGTTTTT-3′（HindIII）

2）基因扩增

以提取的基因组 DNA 作为反应模板，利用合成的引物对编码 ALP 的 DNA 序列进行 PCR 反应扩增。

在 PCR 管中分别加入

ddH$_2$O	19μL
2×Tag 酶 PCR 反应混合液	25μL
细菌总 DNA	2μL
上游引物	2μL
下游引物	2μL

以上试剂加好后，离心 5 秒钟混匀，加 20μL 石蜡油覆盖于混合物上，防止 PCR 过程样品中水分的蒸发。

反应参数：

94℃	5min	
94℃	30s	
55℃	30s	30 个循环
72℃	60s	
72℃	10min	

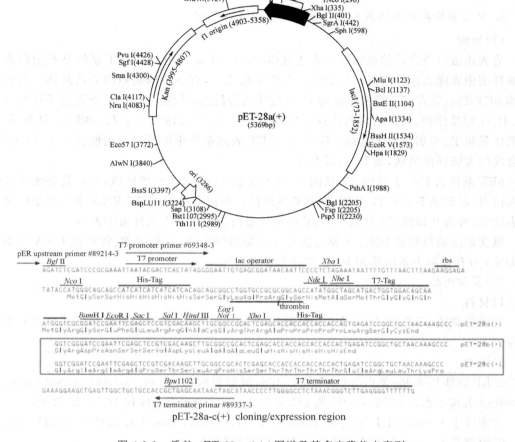

图 4-1-1　质粒 pET-28a-c(＋)图谱及其多克隆位点序列

当所有的反应都完成以后,设置 PCR 管的温度保持在 4℃。

反应完毕后各取 5μL 用 1% 琼脂糖凝胶电泳检测,基因长度约为 1400bp。用 DL2000™ DNA Marker 作为对照。电泳完毕,用凝胶成像系统观察结果并拍照。

3)PCR 产物的纯化

采用 DNA 纯化试剂盒进行纯化,具体步骤如下:

①PCR 结束后,将反应液从 PCR 反应管中移至干净的 1.5mL Eppendorf 离心管中,加入 4 倍体积的 Binding Buffer 混匀。将纯化柱放入收集管中,把混合液转移到柱内,室温放置 2min。

②10000×g 离心 1min。

③倒去收集管中的废液,将纯化柱放入同一个收集管中,加入 600μL 洗涤液,10000×g 离心 1min。

④重复步骤③一次。

⑤倒去收集管中的废液,将纯化柱放入同一个收集管中,10000g 离心 2min。

⑥将 3S 柱放入另一 1.5mL 离心管中,在纯化柱膜中央加 30μLTE,37℃ 放置 2 min。

⑦10000 g 离心 1min,离心管中的液体即为回收的 DNA 片段,可立即使用或保存于 -20℃ 备用。

3. 碱裂解法提取表达质粒载体 pET-28a 及电泳鉴定

（1）原理

为表达蛋白质设计的载体称为表达载体(expression vector)。pET 系统是有史以来在大肠杆菌中克隆表达重组蛋白功能最强大的系统之一,有一系列类似的表达载体。如表达载体 pET-28a,含有:T7 噬菌体启动子、核糖体结合位点、乳糖操纵子、乳糖阻遏子序列(LacI)、His6 标签序列、凝血酶切割位点、多克隆位点、T7 噬菌体终止子及 pBR322 复制子、f1 噬菌体复制子、卡那霉素筛选标记序列等。pET 表达系统中的受体菌为能够产生 T7 RNA 聚合酶的大肠杆菌菌株,如 BL21(DE3)。

pET 载体含有一个编码 T7 基因 10 氨基端前 11 个氨基酸的区域,其后是外源片段的插入位点,起始 ATG 由 T7 基因 10 氨基端提供。当宿主菌中的 T7 RNA 聚合酶基因被诱导表达后,外源片段以 T7 基因 10 氨基端融合蛋白的形式在大肠杆菌中表达。

碱变性法抽提质粒 DNA 主要包括培养收集细菌菌体、裂解细胞、将质粒 DNA 与染色体 DNA 分开及除去蛋白质和 RNA 以纯化质粒 DNA。

（2）实验用品

1）材料

含质粒载体 pET-28a(＋)的大肠杆菌(Novagen,Germany),以甘油菌形式 -20℃ 冰箱保存。

2）试剂

①LB 液体培养基:蛋白胨(tryptone)10g,酵母提取物(yeast extract)5g,NaCl 10g,溶于 800ml 去离子水,用 5M NaOH 调 pH 至 7.2~7.4,加水至总体积 1000mL,灭菌;

②溶液Ⅰ:50mmol/L 葡萄糖,25mmol/L Tris-HCl,10mmol/L EDTA,调 pH 至 8.0;

③溶液Ⅱ:0.2mol/L NaOH,1% SDS(需新鲜配制);

④溶液Ⅲ:5mol/L 醋酸钾 60mL,冰醋酸 11.5mL,ddH$_2$O 28.5mL(pH4.8);

⑤苯酚/氯仿/异戊醇(25:24:1);

⑥无水乙醇;

⑦TE 缓冲液:10mmol/L Tris-HCl,1mmol/L EDTA,pH8.0,灭菌;

⑧RNA 酶;

⑨10×TBE 电泳缓冲液:称取 Tris 54g,硼酸 27.5g,并加入 0.5mol/L EDTA(pH8.0) 20mL,定容至 1000mL;

⑩6×上样缓冲液:0.25% 溴酚蓝,40%(w/v)蔗糖水溶液;

⑪EB 溶液母液:将 EB 配制成 10mg/mL,用铝箔或黑纸包裹。

⑫琼脂糖;

⑬DL2000™ DNA Marker。

3）仪器

超净工作台、恒温振荡仪、高压灭菌锅、pH 计、高速离心机、移液枪、水平电泳槽、电泳仪电源、凝胶成像系统、电炉、涡旋仪。

（3）实验步骤

1）大肠杆菌培养

用接种环蘸取超低温保存的质粒载体 pET-28a（＋）的大肠杆菌甘油菌，在 LB 平板（含 50μg/mL 卡那霉素 Kan）上表面划线，37℃倒置培养 24 小时。挑取新活化的单菌落，接种于 5mL LB（含 50μg/mL Kan）液体培养基中，37℃振荡培养 12 小时左右至对数生长。菌液以 1∶50 比例接种于 100mL LB（含 50μg/mL Kan）液体培养基中，37℃振荡，180～200r/min，培养 3～4 小时使之进入对数生长期，至 OD_{600}＝0.6 左右。

2）质粒 DNA 的提取

①取 1.5～3mL 培养的菌液，室温，6000rpm 离心 5min，弃去上清，倒置于吸水纸上，使培养液流尽；

②加入 100μL 冰预冷的溶液 I，在涡旋仪上振荡混匀，使菌体充分悬浮，室温下静置 5 分钟；

③加入 200μL 新配制的溶液 II，温和颠倒数次，混匀，冰浴下静置 5 分钟；

④加 150μL 溶液 III，上下颠倒混匀，冰浴下静置 5 分钟；

⑤12000rpm，4℃ 离心 10 分钟，将上层水相转至干净的 1.5mL Eppendorf 管；

⑥加入等体积苯酚/氯仿/异戊醇（25∶24∶1），上下颠倒混匀，12000rpm，离心 5 分钟；

⑦将上清移至另一 1.5mL Eppendorf 管中，加入 1/10 体积量 3mol/L NaAc（pH5.2），加入 2.5 倍体积乙醇（—20℃预冷），混匀，室温放置 5 分钟后，12000rpm，4℃离心 10 分钟；

⑧弃去上清液，沉淀加 1mL 70%乙醇漂洗，上下颠倒混匀数次（动作要轻），12000rpm，4℃，离心 5 分钟，以除去盐离子；

⑨弃上清，沉淀于室温干燥 20～30 分钟，加 35μL TE 缓冲液溶解沉淀；

⑩加入 2μL RNA 酶（2mg/mL），用加样器上下吹打混匀，37℃作用 30min。

3）质粒 DNA 的琼脂糖凝胶电泳分析

取 5μL 加 1μL 6×上样缓冲液进行 1%琼脂糖电泳，用 DL2000™ DNA Marker 作为对照，并用凝胶成像系统观察和拍照。

4. 载体质粒、PCR 产物的双酶切及酶切产物纯化

（1）原理

限制性核酸内切酶能特异地结合于一段被称为限制性酶识别序列的 DNA 序列之内或其附近的特异位点上，并切割双链 DNA。本实验是用 BamHI、HindⅢ 分别对载体质粒、PCR 产物进行双酶切，使两者形成两个相同的黏性末端，以便进行外源基因和载体质粒的连接和重组。

在细菌细胞内，共价闭环质粒以超螺旋（ccc）形式存在。在提取质粒过程中，除了超螺旋 DNA 外，还会产生其他形式的质粒 DNA。如果质粒 DNA 两条链中有一条链发生一处或多处断裂，分子就能旋转而消除链的张力，形成松弛型的环状分子，称为开环 DNA（OC）；如果质粒 DNA 的两条链在同一处断裂，则形成线状 DNA（L）。当提取的质粒 DNA 电泳时，同一质粒 DNA 其超螺旋形式的泳动速度要比开环和线状分子的泳动速度快。当用限制酶切开质粒载体后质粒的电泳速度比原来变慢。

（2）实验用品

1）材料

步骤（二）所得的 PCR 产物；步骤（三）所提取的质粒载体。

2）试剂

①*Bam*HI 及酶切通用缓冲液；

②*Hind*Ⅲ 及酶切通用缓冲液；

③氯仿；

④无水乙醇；

⑤苯酚/氯仿/异戊醇（25∶24∶1）；

⑥TE 缓冲液：10mmol/L Tris-HCl，1mmol/L EDTA，pH8.0，灭菌；

⑦琼脂糖；

⑧10×TBE 电泳缓冲液：称取 Tris 54g，硼酸 27.5g，并加入 0.5mol/L EDTA（pH8.0）20mL，定容至 1000mL；

⑨6×上样缓冲液：0.25％溴酚蓝，40％（w/v）蔗糖水溶液；

⑩EB 溶液母液：将 EB 配制成 10mg/mL，用铝箔或黑纸包裹；

⑪DL2000™ DNA Marker。

3）仪器

恒温水浴锅、移液器。

（3）实验步骤

1）酶切

①在两个经灭菌编好号的 1.5mL 的离心管中分别依次加入下列试剂，注意防止错加、漏加：

A. 质粒 DNA pET-28a（＋）

ddH₂O	2μL
10×buffer	4μL
BamHI	2μL
HindⅢ	2μL
pET-28a（＋）	30μL

B. PCR 产物

ddH₂O	2μL
10×buffer	4μL
BamHI	2μL
HindⅢ	2μL
PCR 产物	30μL

②40μL 体系加好后 5 秒离心混匀，使溶液集中在管底。

③将 Eppendorf 管置于适当的支持物上，37℃水浴酶切 3 小时。

2）酶切产物的电泳鉴定

分别取 5μL 酶切产物与 1μL 6×上样缓冲液混合，进行 DNA 琼脂糖凝胶电泳鉴定。

3）酶切产物纯化

取剩余反应产物 $30\mu L$ 加 $100\mu L$ TE 缓冲液，加等体积氯仿混匀，10000rpm 离心 15 秒。用移液枪将上层水相吸至新的小管中，再用等体积苯酚/氯仿/异戊醇（25∶24∶1）抽提，10000rpm 离心 15 秒，回收上层液相。加 3 倍体积预冷的无水乙醇，置 -20℃ 下 30min 沉淀。12000rpm 离心 10min，吸净上清液。加入 0.5mL 70% 乙醇，稍离心后，吸净上清液，将沉淀溶于 8uL ddH_2O 中。

5. 载体片段与 PCR 产物的连接

（1）原理

DNA 重组，就是指把外源目的基因"装进"载体这一过程，即 DNA 的重新组合。这种重新组合的 DNA 是由两种不同来源的 DNA 组合而成，所以称作重组体或嵌合 DNA。DNA 连接酶（ligase）催化双链 DNA 中相邻碱基的 5′磷酸和 3′羟基间磷酸二酯键的形成，利用 DNA 连接酶可以将适当切割的载体 DNA 与目的基因 DNA 进行共价连接。

在本次实验中，我们用两种不同的限制酶 BamHI、HindⅢ 分别对载体质粒、PCR 产物进行双酶切，分别产生具有两种不同的黏性末端。用同一对核酸限制内切酶消化外源靶基因 DNA 片段与载体 DNA，然后进行连接，就可以使靶基因定向插入载体分子。即经两种非同尾酶处理的外源 DNA 片段只有一种方向与载体 DNA 重组。并且，上述重组分子可用相应的限制性核酸酶重新切出外源 DNA 片段和载体 DNA，克隆的外源 DNA 片段可以原样回收。

（2）实验用品

1）材料

步骤（四）酶切并纯化后的碱性磷酸酶目的基因和质粒载体。

2）试剂

T4-DNA 连接酶及 10×buffer。

3）仪器

恒温水浴锅、移液器、离心机、低温循环槽、制冰机。

（3）实验步骤

将步骤（四）纯化后的碱性磷酸酶目的基因和 pET-28a（＋）质粒酶切产物混合，总体积为 $8\mu L$，45℃ 保温 5 分钟，冷却至 0℃。加 10× 连接酶缓冲液 $1\mu L$，连接酶 $0.5\mu L$，离心混匀。16℃ 保温 12～16 小时。

6. E. coli DH5α 菌株感受态细胞的制备和重组质粒的转化

（1）实验原理

DNA 重组分子体外构建完成后，必须导入特定的宿主（受体）细胞，使之无性繁殖并高效表达外源基因或直接改变其遗传性状，这个导入过程及操作称为重组 DNA 分子的转化（transformation）。本实验以 E.coli DH5α 菌株为受体细胞，用 $CaCl_2$ 处理受体菌使其处于感受态，然后与 pET-28a（＋）重组质粒共保温实现转化。转化后需要筛选出含有重组质粒的单菌落，本实验中采用 Kana 抗性筛选进行鉴定，进一步的鉴定见实验 7。pET-28a（＋）上带有 KanaR 基因而碱性磷酸酶基因片段和 E.coli DH5α 菌株没有基础，故转化受体菌后只有带有 pET-28a（＋）质粒的转化子才能在含有 Kana 的培养基上存活，而不带 pET-28a

（十）的转化子或没有转化的细菌不能存活。

（2）实验用品

1）材料

步骤（五）所得重组质粒；$E.coli$ DH5α 甘油菌。

2）试剂

①LB 液体培养基：蛋白胨（tryptone）10g，酵母提取物（yeast extract）5g，NaCl 10g，溶于 800mL 去离子水，用 5M NaOH 调 pH 至 7.2～7.4，加水至总体积 1000mL，灭菌；

②LB 固体培养基：每升 LB 液体培养基中加入 15g 琼脂，121℃ 高压灭菌 20min。待培养基降温至 60℃，倾倒铺平板；

③0.05mol/L 的 $CaCl_2$：称取 0.28g $CaCl_2$（无水，分析纯），溶于 50mL 重蒸水中，定容至 100mL，高压灭菌；

④含 15% 甘油的 0.05mol/L 的 $CaCl_2$：称取 0.28 $CaCl_2$（无水，分析纯），溶于 50mL 重蒸水中，加入 15mL 甘油，定容至 100mL，高压灭菌；

⑤Kan 母液：配成 50mg/mL 水溶液，－20℃ 保存备用。

3）仪器

超净工作台、恒温培养箱、摇床、分光光度计、制冰机、冷冻离心机、移液枪、水浴锅、高压灭菌锅。

（3）实验步骤

1）受体菌培养

用接种环蘸取超低温保存的 $E.coli$ DH5α 菌株，在 LB 平板上表面划线，37℃ 倒置培养 24 小时。挑取新活化的 $E.coli$ DH5α 单菌落，接种于 3～5ml LB 液体培养基中，37℃ 振荡培养 12 小时左右至对数生长。菌液以 1：50 比例接种于 100ml LB 液体培养基中，37℃ 振荡，180～200r/min，培养 3～4 小时，至 OD_{600}＝0.6 左右。

2）感受态细胞制备（$CaCl_2$ 法）

将 1.5～3mL 培养液转入离心管中，冰上放置 10 分钟，4℃ 下 3000g 离心 10 分钟。弃上清，用预冷的 1mL 0.05mol/L 的 $CaCl_2$ 溶液轻轻悬浮细胞，冰上放置 15～30 分钟，4℃ 下 3000g 离心 10 分钟。弃上清，加入 0.2mL 预冷含 15% 甘油的 0.05mol/L 的 $CaCl_2$ 溶液，轻轻悬浮细胞，冰上放置几分钟即可。此时的细胞为感受态细胞，置 4℃ 备用，或－20℃ 冻存备用。

3）转化

取感受态细胞 200μL，加入重组质粒，轻轻混匀，冰上放置 30 分钟。42℃ 水浴中热击 90 秒或 37℃ 水浴 5 分钟，迅速置于冰上冷却 3～5 分钟。向管中加入 1ml LB 液体培养基（不含 Kan），混匀后 37℃ 振荡培养 1 小时，使细菌恢复正常生长状态，并表达质粒编码的抗生素抗性基因（Kan^r）。

4）重组体筛选

稍离心，弃上清 800μL，用枪吹打悬浮细菌后，均匀涂布于 2 块的 LB 平板（含卡那霉素 50μg/mL）上，正面向上放置半小时，待菌液完全被培养基吸收后倒置培养皿，37℃ 培养 12～16 小时。出现明显而又未相互重叠的单菌落时拿出平板，检查结果。

7. 重组子的鉴定

（1）原理

重组质粒转化宿主细胞后，还需对转化菌落进行筛选鉴定，从而将含正确重组的阳性质粒菌落从空菌落、仅含质粒本身的菌落等混合体系中分选出来。

由于我们所用的载体 pET-28a（＋）上不含有 β-半乳糖苷酶基因（LacZ），所以转化 E. coli DH5α 菌株后不能用蓝白斑法进行筛选，只能使用 Kan 抗性筛选。

本实验对上一实验通过抗性筛选得到的白色菌落，用 LB 扩增后，先用菌落 PCR 法初步确定菌体中是否含有重组质粒，检测结果呈阳性的转化子再利用电泳法和 PCR 法鉴定重组质粒。电泳法鉴定即从转化子中利用碱裂解法提取质粒，通过琼脂糖凝胶电泳法测定它们的大小，并用 *Bam*HI 和 *Hind*Ⅲ 双酶切后电泳进一步验证质粒的重组情况。PCR 鉴定是用碱裂解法提取的重组质粒为模板，利用原来设计的引物，进行 PCR 扩增，检测构建质粒是否是所期望的重组质粒。

（2）实验用品

1）材料

步骤（六）所得的白色菌落。

2）试剂

①LB 液体培养基：蛋白胨（tryptone）10g，酵母提取物（yeast extract）5g，NaCL 10g，溶于 800mL 去离子水，用 5M NaOH 调 pH 至 7.2～7.4，加水至总体积 1000mL，灭菌；

②溶液Ⅰ：50mmol/L 葡萄糖，25mmol/L Tris-HCl，10mmol/L EDTA，调 pH 至 8.0；

③溶液Ⅱ：0.2mol/L NaOH，1％SDS（需新鲜配制）；

④溶液Ⅲ：5mol/L 醋酸钾 60mL，冰醋酸 11.5mL，ddH$_2$O28.5mL（pH4.8）；

⑤苯酚/氯仿/异戊醇（25：24：1）；

⑥无水乙醇；

⑦TE 缓冲液：10mmol/L Tris-HCl，1mmol/L EDTA，pH8.0，灭菌；

⑧RNA 酶；

⑨10×TBE 电泳缓冲液：称取 Tris 54g，硼酸 27.5g，并加入 0.5mol/L EDTA（pH8.0）20mL，定容至 1000mL；

⑩6×上样缓冲液：0.25％溴酚蓝，40％（w/v）蔗糖水溶液；

⑪EB 溶液母液：将 EB 配制成 10mg/mL，用铝箔或黑纸包裹；

⑫琼脂糖；

⑬*Bam*HI 及酶切通用缓冲液；

⑭*Hind*Ⅲ 及酶切通用缓冲液；

⑮2×Taq 酶 PCR 反应混合液（含 Taq DNA 聚合酶、PCR 反应缓冲液、MgCl$_2$、4 种 dNTP）；

⑯上游引物、下游引物（设计后由公司合成）；

⑰石蜡油；

⑱DL2000™ DNA Marker。

3）仪器

摇床、超净工作台、高压灭菌锅、pH 计、高速离心机、移液枪、水平电泳仪、电泳仪电源、紫外透射仪、电炉、涡旋仪、恒温水浴锅、PCR 仪。

（3）实验步骤

1）菌体培养

挑选步骤（六）所得形态饱满、生长良好的白斑 3～5 个，分别接种于 5mL 卡那霉素 Kana(50µg/mL)的 LB 液体培养基中，37℃振荡培养过夜。

2）菌落 PCR

取菌液 100µL，以 100℃加热 5min 破菌后的菌液作为模板（含 DNA），进行 PCR 鉴定，以期找到能扩增出 ALP 基因的菌株。

在 PCR 管中分别加入

ddH₂O	9.5µL
2×Tag 酶 PCR 反应混合液	12.5µL
菌液	1µL
上游引物	1µL
下游引物	1µL

以上试剂加好后，离心 5 秒钟混匀，加 20µL 石蜡油覆盖于混合物上，防止 PCR 过程样品中水分的蒸发。

反应参数：

	94℃	5min
	94℃	30s
	55℃	30s
	72℃	60s
	72℃	10min

（94℃ 30s，55℃ 30s，72℃ 60s）30 个循环

当所有的反应都完成以后，设置 PCR 仪的温度保持在 4℃。

反应完毕后各取 5µL 用 1‰琼脂糖凝胶电泳检测，用标准 DNA marker 做对照，确定 PCR 产物是否存在以及大小。电泳完毕，用凝胶成像系统观察结果并拍照。

对于能扩增出约 1400bp 条带的菌液，再进行以下鉴定。

3）碱裂解法小量制备重组质粒

取 4mL 培养液提取质粒，其余部分于 4℃保存备用。质粒提取步骤见基础实验 3，取 5µL 提取的质粒加 1µL 6×上样缓冲液进行 1‰琼脂糖电泳（原来提取的载体质粒 pET-28a（＋）作为对照），并用凝胶成像系统观察并拍照。

4）重组质粒的双酶切鉴定

①双酶切：与空载体比较，选取琼脂糖电泳速度较慢者进行酶切鉴定。用 20µL 反应体系，37℃酶切 3h：

10×buffer	2µL
ddH₂O	7µL
BamH I	1µL
Hind Ⅲ	1µL
重组质粒	9µL

②酶切产物取 5µL 加 1µL 6×上样缓冲液进行 1‰琼脂糖电泳鉴定，利用空载体片段与目标基因片段作为对照，从酶切后的片段的数目及大小上进行确认，并用凝胶成像系统观

察并拍照。

5）重组质粒的 PCR 鉴定

用重组质粒做模板，利用合成的引物对编码 ALP 的 DNA 序列进行 PCR 反应扩增。

在 PCR 管中分别加入

ddH$_2$O	9.5μL
2×Tag 酶 PCR 反应混合液	12.5μL
重组质粒	1μL
上游引物	1μL
下游引物	1μL

以上试剂加好后，离心 5 秒钟混匀，加 20μL 石蜡油覆盖于混合物上，防止 PCR 过程样品中水分的蒸发。

反应参数：

94℃	5min	
94℃	30s	
55℃	30s	30 个循环
72℃	60s	
72℃	10min	

当所有的反应都完成以后，设置 PCR 仪的温度保持在 4℃。

反应完毕后各取 5μL 用 1% 琼脂糖凝胶电泳检测，用标准 DNA marker 做对照，确定 PCR 产物是否存在以及大小。电泳完毕，用凝胶成像系统观察结果并拍照。

6）DNA 测序

为了确保 DNA 片段被正确地插入到载体中合适的酶切位点，并且没有突变的引入，挑选鉴定正确的单克隆菌株送测序公司进行 DNA 全序列测序分析。将测序结果与报道的 DNA 序列进行完全比对。如果比对正确，则重组质粒就构建成功了。

8. 阳性重组质粒转化表达菌株 *E. coli* BL21(DE3)

(1)原理

在构建具有 ALP 基因、Kana 抗性的重组质粒后，经鉴定质粒构建正确后，还需要提取重组质粒，转化表达菌株 *E. coli* BL21(DE3)，在该菌中表达碱性磷酸酶基因，才能最终形成碱性磷酸酶表达产物。而含有重组质粒的 *E. coli* DH5α 菌株不能进行外源基因的大量表达。

基因工程的研究要获得基因表达产物，就涉及目的基因的表达问题。基因表达的调控机制是相当复杂而严密的，从 DNA 转录成 RNA 前体、前体 RNA 加工成 mRNA，以及 mRNA 翻译成蛋白质的整个过程中每一步都有精密的调节。表达载体(expression vector)是指具有宿主细胞基因表达所需调控序列，能使克隆的基因在宿主细胞内转录与翻译的载体。也就是说，克隆载体只是携带外援基因，使其在宿主细胞内扩增；表达载体不仅使外源基因扩增，还使其表达。

常用的 pET 系列质粒在大肠杆菌中进行基因的表达受 T7 RNA 聚合酶的控制，在诱导条件下可以进行蛋白质的高水平表达，具有合适的克隆位点。它的宿主细胞是大肠杆菌 BL21(DE3)细胞，BL21(DE3)是一株带有 LacUV5 启动子控制的 T7 噬菌体 RNA 聚合酶基因的溶源菌。pET/*E. coli* 表达系统被广泛应用于细菌体内表达。

（2）实验用品

1）材料

①步骤（七）提取的具有 ALP 基因、Kana 抗性的重组质粒；

②$E.\ coli$ BL21（DE3）甘油菌。

2）试剂

①LB 液体培养基：蛋白胨（tryptone）10g，酵母提取物（yeast extract）5g，NaCl 10g，溶于 800mL 去离子水，用 5M NaOH 调 pH 至 7.2～7.4，加水至总体积 1000mL，灭菌；

②LB 固体培养基：每升 LB 液体培养基中加入 15g 琼脂，121℃ 高压灭菌 20min。待培养基降温至 60℃，倾倒铺平板；

③0.05mol/L 的 $CaCl_2$：称取 0.28g $CaCl_2$（无水，分析纯），溶于 50mL 重蒸水中，定容至 100mL，高压灭菌；

④含 15％甘油的 0.05mol/L 的 $CaCl_2$：称取 0.28 $CaCl_2$（无水，分析纯），溶于 50mL 重蒸水中，加入 15mL 甘油，定容至 100mL，高压灭菌；

⑤Kan 母液：配成 50mg/mL 水溶液，−20℃ 保存备用；

⑥30％的无菌甘油。

3）仪器

超净工作台、恒温培养箱、摇床、分光光度计、制冰机、冷冻离心机、移液枪、水浴锅、高压灭菌锅。

（3）实验步骤

将鉴定正确的重组细菌加入到含有 50 μg/mL Kana 的 LB 液体培养基中过夜振荡培养，培养温度为 37℃。然后用碱裂解法抽提质粒，获得了具有 ALP 基因、Kana 抗性的重组质粒。将获得的重组质粒通过热激法转入化学感受态细胞 $E.\ coli$ BL21（DE3）中，反应过程与前面的描述完全相同。热刺激反应温度为 42℃，反应时间 90 秒。将转化后的细胞均匀地涂布在两块包含有 50 μg/mL Kana 的 LB 固体培养平板上，放在 37℃ 的培养箱中，倒置培养过夜。

从培养的平板上，挑选单个的、较大的白色克隆接种到含 Kana 的 5mL LB 液体培养基中，然后 37℃ 振荡培养过夜。取部分培养液加入 30％的无菌甘油保种，甘油的终浓度为 15％，轻轻振荡混匀，然后保存在 −70℃ 超低温冰箱中。

9. 碱性磷酸酶的诱导表达和 SDS-PAGE 电泳鉴定

（1）原理

外源基因在原核生物中高效表达除了有合适的载体外，还必须有适合的宿主菌以及一定的诱导因素。通常表达质粒不应使外源基因始终处于转录和翻译之中，因为某些有价值的外源蛋白可能对宿主细胞是有毒的，外源蛋白的过量表达必将影响细菌的生长。为此，宿主细胞的生长和外源基因的表达是分成两个阶段进行的，第一阶段使含有外源基因的宿主细胞迅速生长，以获得足够量的细胞；第二阶段是启动调节开关，使所有细胞的外源基因同时高效表达，产生大量有价值的基因表达产物。

pET 由于带有来自大肠杆菌的乳糖操纵子，它由启动基因、分解产物基因活化蛋白（CAP）结合位点、操纵基因及部分半乳糖酶结构基因组成，受分解代谢系统的正调控和阻遏物的负调控。正调控是通过 CAP（catabolite gene activation protein）因子和 cAMP 来激活启动子,促使转录;负调控则是由调节基因(Lac I)产生 Lac 阻遏蛋白与操纵子结合,阻遏外源基因的转录和表达,此时细胞大量生长繁殖。乳糖的存在可解除这种阻遏,另外 IPTG是 β-半乳糖苷酶底物类似物,具有很强的诱导能力,能与阻遏蛋白结合,使操纵子游离,诱导LacZ 启动子转录,于是外源基因被诱导而高效转录和表达。所以可以通过在培养基中添加IPTG 诱导基因的表达。pET-28a(+)的基因表达是受诱导剂 IPTG 的诱导。

(2)实验用品

1)材料

步骤(八)所得的阳性克隆转化子。

2)试剂

①LB 液体培养基:蛋白胨(tryptone)10g,酵母提取物(yeast extract)5g,NaCl 10g,溶于 800mL 去离子水,用 5M NaOH 调 pH 至 7.2~7.4,加水至总体积 1000mL,灭菌;

②Kan 母液:配成 50mg/mL 水溶液,－20℃保存备用;

③100mmol/L IPTG;

④12%分离胶;

⑤5%浓缩胶;

⑥2×样品处理液:4% SDS,20%丙三醇,2%β-巯基乙醇,0.2%溴酚蓝,100mM Tris-HCl。

⑦5×电泳缓冲液:15.1 g Tris,94.0 g Glycine,5.0 g SDS,加水定容至 1000 mL。4℃存放。

⑧SDS-PAGE 染色液:180 mL 甲醇,36.8 mL 冰醋酸,加入 1 g 考马斯亮蓝 R250,定容至 400mL,过滤备用,室温存放。

⑨SDS-PAGE 脱色液:50 mL 无水乙醇,100mL 冰醋酸,850mL 水,混匀后室温存放。

⑩低分子量蛋白质 Marker:条带大小分别为 14400、20100、31000、43000、66200、97400道尔顿。

3)仪器

摇床、超净工作台、移液枪、离心机、水浴锅、pH 计、垂直电泳槽、电泳仪电源、凝胶成像系统、脱色摇床。

(3)实验步骤

1)碱性磷酸酶的诱导表达

将经过鉴定含有正确的重组质粒的菌液按照 1:20~1:100 的比例转接到 250mL 含有 50 μg/mL Kana 的 LB 培养基中进行放大培养。37℃振荡培养约 3h,当培养物的光密度(OD$_{600}$)达到 0.6~1.0 时,加入 IPTG 至其终浓度为 1mM,诱导碱性磷酸酶蛋白表达,同时以不加 IPTG 的培养液作为对照,采用 25℃振荡培养 12h 诱导目的蛋白的表达。

2)SDS-PAGE 检测碱性磷酸酶表达

诱导表达的菌液,12000g 离心 10min,弃培养基。菌体用 PBS 重悬后加等体积的 2×样品处理液,混匀后沸水中煮 10min,12000g 离心 10min,用 SDS-PAGE 鉴定蛋白表达情况。

10. 碱性磷酸酶的分离纯化

(1)原理

细胞内蛋白质分离的基本步骤是:清洗细胞(通常用缓冲液悬浮培养细胞或菌体后离

心,除去残留培养基,然后用合适的缓冲液悬浮菌体)、裂解细胞、离心去除膜组分等获得可溶性蛋白质(如果目的蛋白是膜蛋白则用去垢剂处理),然后通过离心、盐析沉淀、层析等方法进行分离纯化,以获得蛋白产物。分离纯化的情况可用 SDS-PAGE 电泳检测。

重组蛋白在大肠杆菌中表达时,由于表达量高,通常重组蛋白会以包涵体形式存在。即这些蛋白质在细胞内聚集成没有生物活性的直径为 $0.1\sim3.0\mu m$ 的固体颗粒。如果目标产物表达后形成包涵体,包涵体蛋白的分离需经过细胞破碎、收集包涵体、包涵体的洗涤(去除吸附在包涵体表面的不溶性杂蛋白和其他杂质)、包涵体的溶解(可溶性变性、还原蛋白质)和变性蛋白质的复性、重新氧化等步骤,再进行与一般蛋白质相同的分离纯化。

用 pET-28a 质粒载体构建的蛋白表达产物中,目标蛋白与载体上设计的组氨酸标签融合表达,可以用镍柱进行金属离子亲和纯化。

(2)实验用品

1)材料

ALP/pET-28a/BL21 甘油菌。

2)试剂

①LB 液体培养基:蛋白胨(tryptone)10g,酵母提取物(yeast extract)5g,NaCl 10g,溶于 800mL 去离子水,用 5M NaOH 调 pH 至 7.2~7.4,加水至总体积 1000mL,灭菌;

②Kan 母液:配成 50mg/mL 水溶液,−20℃保存备用;

③100mmol/L IPTG;

④菌体重悬液 BufferI(50mmol/L Tris-HCl,1mmol/L EDTA,pH7.5);

⑤包涵体洗涤液 BufferII(50mmol/L Tris-HCl,1mmol/L EDTA,50mmol/L NaCl,w=0.3% Triton X-100,pH7.5);

⑥尿素变性液(50mM Tris-HCl,8M 尿素,pH 8.0);

⑦500mM 咪唑母液;

⑧镍柱(2mL);

⑨SDS-PAGE 电泳所涉及的试剂。

3)仪器

超净工作台、摇床、超净工作台、移液枪、离心机、水浴锅、pH 计、垂直电泳槽、电泳仪电源、凝胶成像系统、脱色摇床、超声波破碎仪、蛋白层析系统。

(3)实验步骤

1)ALP 蛋白质诱导表达

取 $4\mu L$ ALP/pET-28a/BL21 甘油菌接入 4mL LB 液体培养基中,Kana 终浓度为 $50\mu g/mL$,37℃培养 6 小时进行活化。将活化好的菌按照 1∶100 接入含 250mL LB 培养基的锥形瓶中,Kana 终浓度为 $50\mu g/mL$,37℃培养 4 小时。加入 IPTG(终浓度 1mmol/L),20℃诱导 18 小时,转数 200r/分钟。

2)细胞超声裂解

6000rpm,离心 15 分钟,收集菌体细胞。沉淀用蒸馏水清洗 3 次,最后收集的沉淀用菌体重悬液 BufferI(50mmol/L Tris-HCl,1mmol/L EDTA,pH7.5)按 1∶15 的质量体积比悬浮。超声破菌 40 分钟(超声 2 秒,间隔 2 秒)。9000rpm,4℃,离心 10 分钟,收集沉淀①和上清①。

3)SDS-PAGE 电泳鉴定产物位置

取少量沉淀①和上清①进行 SDS-PAGE 电泳,以确定目标蛋白 ALP 是可溶性表达还是形成了包涵体。如果目标产物可溶性表达,即 ALP 在上清①中,按以下步骤(4)进行分离纯化。如果目标产物形成包涵体,即 ALP 在沉淀①中,则按以下步骤(5)进行分离纯化。

4)可溶性蛋白的分离纯化

直接用镍柱纯化目标蛋白。镍柱(2mL)上样前先用平衡缓冲液(50mM Tris-HCl,20mM 咪唑,pH 8.0)平衡,约 3 倍柱体积(6mL)。上样,用离心管收集流出物。流出物重新再上 2 次样。

依次用下列 2 种含不同浓度咪唑溶液 10mL 进行洗脱,分别收集洗脱液进行 SDS-PAGE 电泳:

①50mM Tris-HCl,30mM 咪唑,pH 8.0(杂质清洗)

②50mM Tris-HCl,200mM 咪唑,pH 8.0(洗脱目标产物)

5)包涵体蛋白的分离纯化

①包涵体清洗

沉淀①用 BufferI 清洗 1 遍,留沉淀。加入包涵体洗涤液 BufferII(50mmol/L Tris-HCl,1mmol/L EDTA,50mmol/L NaCl,$w=0.3\%$ TritonX-100,pH7.5),37℃ 振荡 0.5h。9000rpm,4℃,离心 10min,收集沉淀。沉淀再用 BufferII 清洗一次。最后沉淀用蒸馏水洗 2 次。

②包涵体的变性溶解

清洗后的包涵体沉淀用 10mL 尿素变性液(50mM Tris-HCl,8M 尿素,pH8.0)悬浮,可用枪把包涵体沉淀吹起来,放在振荡器振荡 30min,如果还有未溶的,可以少加些变性液再振会。等完全溶解后,12000rpm 离心 20min,留上清,上清直接上镍柱。

③镍柱纯化 ALP

镍柱(2mL)上样前先用平衡缓冲液(50mM Tris-HCl,8M 尿素,20mM 咪唑,pH 8.0)平衡,约 3 倍柱体积(6mL)。上样,用离心管收集流出物。流出物重新再上 2 次样。

依次用下列 2 种含不同浓度咪唑溶液 10mL 进行洗脱,分别收集洗脱液进行 SDS-PAGE 电泳:50mM Tris-HCl,8M 尿素,30mM 咪唑,pH 8.0(杂质清洗);50mM Tris-HCl,8M 尿素,200mM 咪唑,pH 8.0(洗脱目标产物)。

镍柱再生:500mM 咪唑洗 10mL,再用蒸馏水洗去残余物质。

11. 碱性磷酸酶的酶活性测定

(1)原理

碱性磷酸酶(EC3.1.3.1)能在碱性条件下水解磷酸单酯,放出无机磷酸。用硝基酚磷酸(NPP)为底物,通过碱性磷酸酶的作用,生成硝基酚和磷酸;在 420nm 波长下,用分光光度计测定吸光度,可测定酶活力。

在 420nm 波长下,吸光度每变化 0.001 定义为酶的一个活力单位。即:

酶活力(单位)$=\Delta OD_{420}\times1000$

(2)实验用品

1)材料

步骤(十)所得的匀浆液上清、纯化的碱性磷酸酶等样品。

2）试剂

①1mol/L 的 Tris-HCl,pH9.5；

②40mmol/L NPP。

3）仪器

恒温水浴锅、分光光度计、移液器。

（3）实验步骤

测定步骤（十）所得的匀浆液上清、纯化的碱性磷酸酶等样品的酶活性，具体方法如下：

取样品液（可适当稀释）0.5mL 于小试管中，加进 1mol/L,pH9.5 的 Tris-HCl 缓冲液 1mL,混合液于 30℃ 水浴中预热 5min。然后加进 40mmol/L NPP 溶液 0.5mL,于 30℃ 恒温反应 10min,分别测定反应前后 420nm 波长处的吸光度。吸光度每变化 0.001 定义为酶的一个活力单位，即：

$$酶活力（单位）=\Delta OD_{420}\times 1000=(A_{420反应后}-A_{420反应前})\times 1000$$

式中：$A_{420反应后}$——反应结束时，测定的吸光度；

$A_{420反应前}$——加入 NPP,反应开始时的吸光度。

五、结果展示

1. 枯草杆菌碱性磷酸酶基因组 DNA 的提取结果

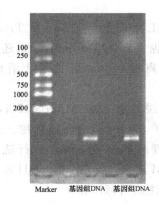

图 4-1-2   枯草杆菌 AS 1.398 菌株基因组 DNA

2. 碱性磷酸酶 ALP 编码序列的 PCR 结果

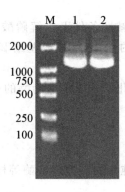

图 4-1-3   枯草杆菌 AS 1.398 菌株 ALP 基因的 PCR 扩增

注：M:DL2000 DNA Marker；1、2:枯草杆菌 AS1.398 菌株。

从以上电泳图的结果可以看出,提取的枯草杆菌 ALP 基因进行 PCR 扩增后条带清晰明显且碱基数在 Marker 上显示的范围也在 1400bp 左右,证明 DNA 提取和 PCR 扩增成功。

3. 表达载体 pET-28a 质粒提取结果

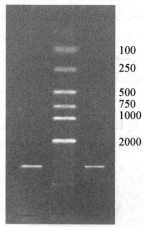

质粒DNA Marker 质粒DNA

图 4-1-4　pET-28a 质粒提取

pET-28a 质粒大小为 5369bp,电泳结果显示所提取的质粒大小与预期相符。

4. 碱性磷酸酶基因克隆重组体的检测结果

经抗性筛选的白色菌落经过 LB 液体培养扩增后,提取质粒作为模板,用原来设计的 ALP 基因引物进行 PCR,再用琼脂糖凝胶电泳进行鉴定。由图 4-1-5 可见,PCR 产物的大小约为 1400bp,说明目的基因大小正确,并且被正确地插入 pET-28a(+)表达载体中。

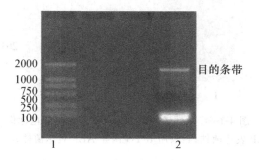

图 4-1-5　重组质粒 PCR 电泳图
注:1:DL2000 DNA Marker;2:重组质粒 pET-28a(+)/ALP PCR 产物。

实验结果说明,通过 PCR 方法从 *Bacillus Subtilis* as 1.398 基因组中扩增得到了大小约为 1400bp 的基因片段,连接至表达载体 pET-28a,成功转化至受体菌大肠杆菌 BL21(DE3)中,经 PCR 鉴定和电泳分析与 NCBI 上查到的 alkaline phosphatase 基因大小一致。

5. 碱性磷酸酶氨基酸序列分析

从 NCBI 上获得编码碱性磷酸酶的基因序列,用生物信息学软件进行分析,预测其分子

量分别为 50.28 kD。碱性磷酸酶由 461 个氨基酸组成,其氨基酸序列如下所示:

```
  1 mkkmslfqnm kskllpiaav svltagifag aelqqtekas akkqdkaeir nvivmigdgm
 61 gtpyirayrs mknngdtpnn pkltefdrnl tgmmmthpdd pdynitdsaa agtalatgvk
121 tynnaigvdk ngkkvksvle eakqqgkstg lvatseinha tpaaygahne srknmdqian
181 symddkikgk hkidvllggg ksyfnrknrn ltkefkqagy syvttkqalk knkdqqvlgl
241 fadgglakal drdsktpslk dmtvsaidrl nqnkkgfflm vegsqidwaa hdndtvgams
301 evkdfeqayk aaiefakkdk htlviatadh ttggftigan geknwhaepi lsakktpefm
361 akkisegkpv kdvlaryanl kvtseeiksv eaaaqadksk gaskaiikif ntrsnsgwts
421 tdhtgeevpv yaygpgkekf rglinntdqa niifkilktg k
```

6. 碱性磷酸酶的诱导表达

通过鉴定的重组体克隆,接种至 LB 液体培养基,加入终浓度 1mmol/L IPTG 25℃诱导12h,菌液离心后进行 SDS 检测目的蛋白表达情况。结果如下:

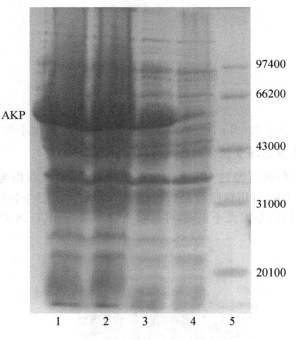

图 4-1-6　碱性磷酸酶诱导表达蛋白凝胶电泳图

注:1—3:IPTG 诱导 ALP 表达菌株;4:未用 IPTG 诱导 ALP 表达菌株;5:低分子量蛋白质 marker。

由 12% 的 SDS-PAGE 分析图可以看出,通过与蛋白质分子量 marker 的比较可看出IPTG 诱导后表达的碱性磷酸酶分子量大约为 51kD,这与根据生物信息学预测的分子量基本一致,说明枯草杆菌碱性磷酸酶基因的克隆和表达取得成功。

六、合作研讨题

1. 如何利用网络资源和分子生物学软件进行某种原核生物特定基因克隆、表达的引物设计? 以枯草杆菌碱性磷酸酶基因的克隆表达为例说明具体步骤。

2.简述本次枯草杆菌碱性磷酸酶基因克隆表达实验的流程。

3.结合本次实验设计和操作过程,谈谈你对成功进行克隆表达实验的体会。

4.有哪些方法可以鉴定你所克隆表达的蛋白产物就是目标蛋白质?

5.目标蛋白克隆表达后如何进行分离纯化? 写出总体的流程。

七、实验设计及学习参考资料

[1] 魏群.生物化学与分子生物学综合大实验.北京:化学工业出版社,2007.

[2] 朱旭芬.基因工程实验指导.北京:高等教育出版社,2006.

[3] 刘进元等.分子生物学实验指导.北京:清华大学出版社,2002.

[5] 郭勇.现代生化技术.北京:科学出版社,2005.

[4] Novagen pET-28a-c(+) Vectors 说明书.

[5] 南海波.大肠杆菌 K12 碱性磷酸酶基因的克隆表达[J].沈阳师范大学学报,2006,24(2):228-230.

[6] 刘新育等.枯草芽孢杆菌碱性蛋白酶基因的克隆和表达[J].生物技术,2007,17(2):13-16.

[7] 蒋思婧,马立新.枯草芽孢杆菌寡聚-1,6-葡萄糖苷酶基因的克隆及其在大肠杆菌中的表达[J].微生物学报,2002,42(2):145-152.

[8] 丁琳,王红心.枯草杆菌碱性磷酸酶制备的最佳工艺条件及酶促反应动力学性质的研究[J].辽宁化工,2004,33(12):691-693.

项目二　大肠杆菌甘露醇-1-磷酸脱氢酶基因的克隆与表达

一、实验目的

1. 了解原核基因克隆与筛选的全过程与实验设计策略、载体的基本结构、基因工程酶（限制性内切酶、连接酶、Taq 酶）的各种特性、DNA 重组以及重组子筛选与鉴定的相关技术；

2. 理解基因克隆与筛选的策略及其相关实验原理、碱裂解法质粒提取过程中各种纯化步骤的设计思想、PCR 引物设计以及 PCR 体系设计的原则与注意事项、DNA 重组时设计酶切与连接方案的一般规律、重组 DNA 导入受体细胞方法以及目的重组子的筛选与鉴定方法、影响 DNA 重组效率的因素；

3. 掌握质粒 DNA 的提取与定性定量分析、琼脂糖凝胶电泳、PCR 基因扩增及扩增产物回收、核酸的限制性酶切与连接、大肠杆菌感受态细胞的制备及转化、目的重组子筛选与鉴定等各项基本实验技术方法的基本原理与操作技能。

二、实验背景

据统计，全世界的盐碱地约占陆地面积的三分之一，我国有大约 1 亿亩盐碱化耕地。随着人口的不断增加和现代工业的发展，人均耕地面积日趋减少。因此，如何开发利用广阔的盐碱地来发展农业生产、提高粮食等作物的产量已经成为政府和科学家必须直面的迫切问题。盐胁迫是盐碱地抑制植物生长、降低农作物产量的最重要环境因素之一。长期以来，如何提高植物的耐盐性、增加盐胁迫下农作物的产量一直受到政府和科学家的关注。深入研究植物对盐胁迫的反应机制和耐盐机理是改造植物、提高其耐盐性的前提。其中，通过转耐盐基因提高植物耐盐性是一条日益受重视的途径。

研究表明，有些植物在受到盐胁迫时，为消除由盐胁迫所造成的不平衡，会在体内合成和积累一定浓度的小分子量、无毒性的渗透保护剂（如甜菜碱、脯氨酸、海藻糖、山梨醇及甘露醇等），来提高细胞内渗透压，降低 Na 对酶活性的抑制，增加酶的热稳定性，阻止酶复合物的解离。这些渗透保护剂还可以清除活性氧，从而有助于植物耐冷害、冻害、高温及干旱等胁迫，广泛存在于细菌、藻类和动植物中。这类物质对于细胞耐高渗环境起着重要作用。其中甘露醇和山梨醇属糖醇类物质，其生物合成的关键酶为甘露醇-1-磷酸脱氢酶（MTLD）和山梨醇-6-磷酸脱氢酶（GUTD）。然而有些植物（如大部分水果和蔬菜）没有此类渗透保护剂的合成或含量很低。将负责这些小分子渗透调节物合成的关键酶基因引入植物后，能够起到一定的耐盐作用。因此，可以通过基因工程的方法使这类植物超量表达甜菜碱、脯氨酸和甘露醇等渗透保护剂,从而提高其耐盐胁迫能力。

本实验项目根据大肠杆菌甘露醇-1-磷酸脱氢酶(mannitol-1-phosphate dehydrogenase,MTLD)基因序列设计一对引物,应用聚合酶链式反应(PCR)方法,从大肠杆菌 *E. coli* JM109 菌株的基因组中扩增获得甘露醇-1-磷酸脱氢酶基因序列,该基因序列开放阅读区全长 1146 bp,编码由 382 个氨基酸组成、分子量约为 41 kDa。扩增产物经定向克隆连接到原核表达载体 pET-28a(+),构建重组表达质粒 pET-28a(+)/MTLD,并转化大肠杆菌 *E. coli* BL21(DE3)感受态细胞,以期获得能大量表达生产甘露醇-1-磷酸脱氢酶的重组体克隆。

本实验项目从大肠杆菌菌株中克隆 MTLD 基因,将其构建到原核表达载体上后实现高效表达,从而为通过基因工程方法培育耐盐作物奠定基础。

三、实验设计要求

1. 提交一个具体的实验设计方案,进行大肠杆菌甘露醇-1-磷酸脱氢酶基因的克隆与表达。

2. 具体内容包括:在 NCBI 网站上找到大肠杆菌甘露醇-1-磷酸脱氢酶基因的全序列,利用分子生物学软件进行目的基因内部限制性内切酶的酶切分析及 5′ 和 3′ 末端引物的设计;提交具体的实验步骤,从大肠杆菌中提取基因组 DNA、扩增甘露醇-1-磷酸脱氢酶目的基因、PCR 产物和载体质粒的酶切和连接、转化受体细胞、重组体的鉴定、重组蛋白的表达和鉴定、重组蛋白的分离纯化。

3. 本实验设计方案包括两部分:第一部分,实验总体流程,用图表述实验设计的总体流程和路线;第二部分,实验具体步骤,要求包括每个步骤涉及的简单原理、实验用品和操作方法。

4. 限定材料:

基因来源	*E. coli* JM109 菌株
表达载体	pET-28a(+)
限制性核酸内切酶	BamHI、SacI
基因克隆受体菌	*E. coli* DH5α 菌株
基因表达受体菌	*E. coli* BL21(DE3)菌株

5. 推荐使用的软件和网络资源:

Gene 全序列检索	http://www.ncbi.nlm.nih.gov/
序列编辑	DNA star：Editseq 功能
搜索 gene 序列中已有的酶切位点	www.bio-soft.net SMS 中文版
引物设计	Primer premier 5.0

四、实验设计示例

第一部分　实验总体流程

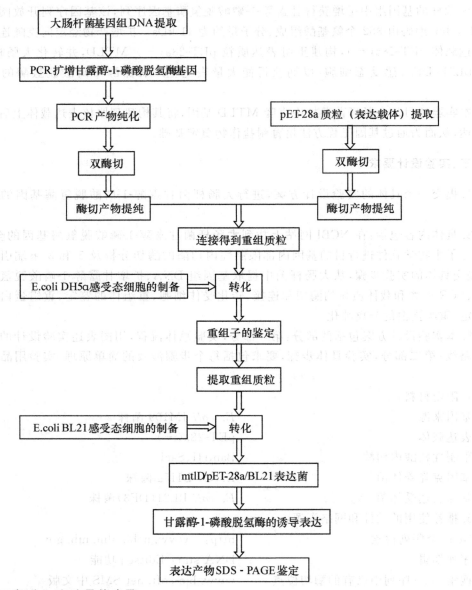

第二部分　实验具体步骤

1. 大肠杆菌基因组 DNA 的提取及电泳鉴定

(1)实验原理

基因组 DNA 提取的基本原理见本书第二部分第一章内容。本实验中细菌基因组 DNA 的提取采用天根生化科技有限公司的 DP302 细菌基因组提取试剂盒。该试剂盒可以特异性结合 DNA 的离心吸附柱和独特的缓冲液系统提取细菌的基因组 DNA。离心吸附柱中采用的硅基质材料能够高效、专一吸附 DNA,可最大限度去除杂质蛋白及细胞中其他有机化合物。提取的基因组 DNA 片段大、纯度高,质量稳定可靠。

基因组 DNA 的提取用琼脂糖凝胶电泳进行鉴定,电泳分离后的 DNA 用溴化乙锭染色,用 254nm 波长紫外光检测 DNA 的提取情况。

(2)实验用品

1)材料

本实验所用的大肠杆菌为 *E. coli* JM109 菌株,以甘油菌形式—20℃冰箱保存。

2)试剂

①天根生化科技有限公司的 DP302 细菌基因组提取试剂盒。包括缓冲液 GA、缓冲液 GD、缓冲液 GB、漂洗液 PW、洗脱缓冲液 TE、蛋白酶 K、吸附柱 CB3、收集管。

②TBE 缓冲液(Tris-硼酸-EDTA 缓冲液,pH8.3):称取 10.78g Tris,5.50g 硼酸, 0.93g EDTA-Na$_2$ 溶于去离子水,定容至 1000mL。

③6×上样缓冲液:0.25%溴酚蓝,40%(w/v)蔗糖水溶液。

④EB 溶液母液:将 EB 配制成 10mg/mL,用铝箔或黑纸包裹。

⑤DL2,000TM DNA Marker(TaKaRa 公司):本 Marker 为已含有 1×Loading Buffer 的 DNA 溶液,可取 5μL 直接电泳。

3)仪器

超净工作台、恒温振荡仪、高压灭菌锅、pH 计、高速离心机、移液枪、水平电泳仪、电泳仪电源、凝胶成像系统、电炉。

(3)实验步骤

1)大肠杆菌活化和培养

取 4μL 大肠杆菌 *E. coli* JM109 甘油菌接入 4mL LB 液体培养基中,37℃培养过夜进行活化。将活化好的菌按照 1∶100 接入锥形瓶中,37℃培养 4 小时使之进入对数生长期。

2)基因组 DNA 的提取

①取细菌培养液 1~5mL,10000rpm 离心 1 分钟,尽量吸净上清。

②向菌体沉淀中加入 200μL 缓冲液 GA,振荡至菌体彻底悬浮。

③向管中加入 20μL 蛋白酶 K 溶液,混匀。

④加入 220μL 缓冲液 GB,振荡 15 秒,70℃放置 10 分钟,溶液应变清亮,简短离心以去除管盖内壁的水珠。注意:加入缓冲液 GB 时可能会产生白色沉淀,一般 70℃放置时会消失,不会影响后续实验。如溶液未变清亮,说明细胞裂解不彻底,可能导致提取 DNA 量少和提取出的 DNA 不纯。

⑤加 220μL 无水乙醇,充分振荡混匀 15 秒,此时可能会出现絮状沉淀,简短离心以去除管盖内壁的水珠。

⑥将上一步所得溶液和絮状沉淀都加入一个吸附柱 CB3 中(吸附柱放入收集管中), 12000rpm 离心 30 秒,倒掉废液,将吸附柱 CB3 放入收集管中。

⑦向吸附柱 CB3 中加入 500μL 缓冲液 GD,12000rpm 离心 30 秒,倒掉废液,将吸附柱 CB3 放入收集管中。

⑧向吸附柱 CB3 中加入 700μL 漂洗液 PW,12000rpm 离心 30 秒,倒掉废液,将吸附柱 CB3 放入收集管中。

⑨向吸附柱 CB3 中加入 500μL 漂洗液 PW,12000rpm 离心 30 秒,倒掉废液,将吸附柱

CB3 放入收集管中。

⑩将吸附柱 CB3 放回收集管中，12000rpm 离心 2 分钟，倒掉废液。将吸附柱 CB3 置于室温放置数分钟，以便晾干吸附材料中残余的漂洗液。注意：这一步的目的是将吸附柱中残余的漂洗液去除，漂洗液中乙醇的残留会影响后续的酶反应实验。

⑪将吸附柱 CB3 转入一个干净的离心管中，向吸附膜的中间部位悬空滴加 $50\sim200\mu L$ 洗脱缓冲液 TE，室温放置 $2\sim5$ 分钟，12000rpm 离心 2 分钟，将溶液收集到离心管中。注意：为增加基因组 DNA 的得率，可将离心得到的溶液再加入吸附柱 CB3 中，室温放置 2 分钟，12000rpm 离心 2 分钟。洗脱缓冲液体积不应少于 $50\mu L$，体积过小影响回收效率。

3）DNA 的琼脂糖凝胶电泳

用 1% 琼脂糖凝胶电泳检查 DNA 的提取情况。样品贮存在 -20℃冰箱中备用。具体步骤如下：

①琼脂糖凝胶液的制备：称取 1g 琼脂糖，置于三角瓶中，加入 100mL $1\times$ TBE 电泳缓冲液，瓶口倒扣一个小烧杯或包一层保鲜膜，于电炉加热。琼脂全部融化后取出摇匀，即为 1% 琼脂（也可加溴化乙锭 $2.5\mu L$）。

②凝胶板的制备：置水平板于工作台面上，将样品槽模板（梳子）插进水平板上凹槽内，距一端约 0.5cm。梳子底边与水平板表面保持 $0.5\sim1$mm 的间隙。待琼脂糖冷至 65℃左右，小心地倒入托盘内，使凝胶缓慢地展开在水平板表面形成一层约 3mm 厚均匀胶层。液体内不存有气泡。室温下静置 $0.5\sim1$ 小时，待凝固完全后，用小滴管在梳齿附近加入少量缓冲液润湿凝胶，双手均匀用力轻轻拔出样品槽模板（注意勿使样品槽破裂），则在胶板上形成相互隔开的样品槽。

③加样：将 DNA 样品液与溴酚蓝一甘油溶液以 5：1 的体积比混合，用移液枪分别加入到凝胶板的加样槽内。每个槽加 $10\mu L$ 左右。加样量不宜太多，避免样品过多溢出，污染邻近样品。加样时注射器针头穿过缓冲液小心插入加样槽底部，但不要损坏凝胶槽，然后缓慢地将样品推进槽内让其集中沉于槽底部。DNA Marker 取 $5\mu L$ 直接进行加样。

④电泳：加样完毕，靠近样品槽一端连接负极，另一端连接正极，接通电源，开始电泳。控制电压降不高于 5V/cm（电压值 V/电泳板两极之间距离比）。当染料条带移动到距离凝胶前沿约 1cm 时，停止电泳。

⑤染色：将电泳后的胶取出，小心推至 $0.5\mu L/mL$ 溴化乙锭染色液中，室温下浸泡染色 30min。

⑥观察：小心地取出凝胶置托盘上，并用水轻轻冲洗胶表面的溴化乙锭溶液，再将胶板推至凝胶成像系统的样品板上，在紫外灯下进行观察。DNA 存在的位置呈现橘红色荧光，肉眼可观察到清晰的条带，拍照记录下电泳图谱。

2. PCR 法扩增大肠杆菌甘露醇-1-磷酸脱氢酶基因及 PCR 产物的纯化

（1）实验原理

本实验以提取的大肠杆菌 *E. coli* JM109 基因组 DNA 作为反应模板，利用合成的引物对编码甘露醇-1-磷酸脱氢酶的 DNA 序列进行 PCR 反应扩增，以获得甘露醇-1-磷酸脱氢酶目的基因。扩增产物用琼脂糖凝胶电泳进行鉴定，并用 DNA 纯化试剂盒进行纯化回收。

（2）实验用品

1）材料

实验 1 所制备的大肠杆菌 E. coli JM109 基因组 DNA 溶液。

2)试剂

①TaKaRa 公司 PCR 反应试剂盒：2× PCR 反应混合液（含 Taq DNA 聚合酶、10×PCR 反应缓冲液、MgCl₂、dNTP 等）。

②上游引物、下游引物（设计后由公司合成）。

③石蜡油。

④琼脂糖。

⑤TBE 缓冲液（Tris-硼酸-EDTA 缓冲液，pH8.3）：称取 10.78g Tris，5.50g 硼酸，0.93g EDTA-Na₂ 溶于去离子水，定容至 1000mL。

⑥6× 上样缓冲液：0.25% 溴酚蓝，40%（w/v）蔗糖水溶液。

⑦EB 溶液母液：将 EB 配制成 10mg/mL，用铝箔或黑纸包裹。

⑧生工生物工程（上海）有限公司的 BS363-N 柱式 PCR 产物纯化试剂盒，包括吸附缓冲液（Binding Buffer）、漂洗液（Washing Buffer）、洗脱液（Elution Buffer）。

3)仪器

超净工作台、高压灭菌锅、高速离心机、移液枪、PCR 扩增仪、水平电泳仪、电泳仪电源、凝胶成像系统、电炉。

（3）实验步骤

1)引物设计

在 NCBI（http://www.ncbi.nlm.nih.gov/）上查询 Escherichia coli mannitol-1-phosphate dehydrogenase（MTLD）的基因序列，作为模板设计引物。

检索得到，该蛋白质由 382 个氨基酸组成，具体序列如下：

```
  1 mkalhfgagn igrgfigkll adagiqltfa dvnqvvldal narhsyqvhv vgeteqvdtv
 61 sgvdavssig ddvvdliaqv dlvttavgpv vleriapaia kglvkrkeqg nesplniiac
121 enmvrgttql kghvmnalpe dakawveehv gfvdsavdri vppsasatnd plevtvetfs
181 ewivdktqfk galpnipgme ltdnlmafve rklftlntgh aitaylgkla ghqtirdail
241 dekiravvkg ameesgavli krygfdadkh aayiqkilgr fenpylkddv ervgrqplrk
301 lsagdrlikp llgtleyslp hknliqgiag amhfrseddp qaqelaalia dkgpqaalaq
361 isdldansev vseavtayka mq
```

其全基因序列如下，长度为 1149 个 bp：

```
  1 atgaaagcat tacattttgg cgcaggtaat atcggtcgtg gctttatcgg taaactgctg
 61 gcagacgcgg gtatccaact gacgtttgcc gatgtcaatc aggtggtact tgatgccctg
121 aatgcccgtc atagctatca ggttcatgtg gtcggtgaaa ccgagcaggt agataccgtt
181 tccggcgtcg atgctgtcag cagcattggt gatgatgtcg ttgatctgat tgctcaggtc
241 gatttagtca ctaccgccgt tggcccggtt gtgctggaac gtattgctcc ggctatcgcc
301 aaagggctgg tgaaacgtaa agaacaaggt aatgaatccc cgctgaacat catcgcctgt
361 gaaaacatgg tacgcggtac cacgcagctg aaaggtcatg tgatgaacgc cctaccagaa
421 gacgccaaag cgtgggtaga agaacacgtt ggctttgtcg attccgccgt tgaccgcatc
481 gtaccgcctt cggcttcggc aactaacgat ccgctggaag tgacggtaga aactttcagc
541 gaatggattg tcgataaaac gcagttcaaa ggcgcactgc cgaacatccc aggcatggag
```

```
 601 ttaaccgaca acctgatggc atttgtcgaa cgtaaactct tcaccctgaa cacgggtcat
 661 gctataaccg cgtacctcgg aaaactggcc ggtcatcaga ccattcgtga cgctattctc
 721 gacgagaaaa tccgcgcggt ggtaaaaggt gcgatggaag aaagtggtgc ggtactgatc
 781 aagcgctacg gctttgacgc agacaaacat gcggcgtaca tccagaaaat cctcggtcgt
 841 tttgagaacc cgtatctgaa agatgatgta gagcgcgtag gccgtcagcc gctgcgtaaa
 901 ctgagtgctg cgaccgtct gatcaagcca ttgctcggta cgctggaata cagccttccg
 961 cacaagaatc tgattcaggg gattgctggt gcaatgcact ccgcagtga agacgatccg
1021 caggctcagg aactggcagc actgatcgct gacaaaggtc cgcaggcggc gctggcacag
1081 atttccgatc ttgatgccaa cagcgaggtt gtatccgagg cggtaaccgc ttataaagca
1141 atgcaataa //
```

根据以上 DNA 序列和所采用的表达质粒载体 pET-28a-c（＋）的图谱，用 Primer Premier 5.0 软件设计了两对引物。在上游引物和下游引物上分别设置 BamHI 和 SacI 的酶切位点，这两个不同的限制性内切酶识别位点分别在引物中以下划线的方式标记出来。引物序列如下：

上游引物 5′-GTT<u>GGATCC</u>ATGAAAGCATTACATTTTCGCG-3′（BamHI）
下游引物 5′-TG<u>GGAGCTC</u>ATTATTGCATTGCTTTATAAGCG-3′（SacI）

2）基因扩增

以提取的基因组 DNA 作为反应模板，利用合成的引物对编码 MTLD 的 DNA 序列进行 PCR 反应扩增。

在 PCR 管中分别依次加入以下试剂：

试剂	体积/μL
ddH$_2$O	19
2× PCR 反应混合液	25
上游引物	2
下游引物	2
模板 E.coliJM109 全基因组	2
总体积	50

短暂离心混匀后，加 20μL 石蜡油覆盖于混合物上，防止 PCR 过程样品中水分的蒸发。

反应参数：
94℃　　　5min
94℃　　　1min ⎫
55℃　　　1min ⎬ 35 个循环
72℃　　　2min ⎭
72℃　　　10min

当所有的反应都完成以后，设置 PCR 仪的温度保持在 4℃。

反应完毕后取 5μL 用 1％琼脂糖凝胶电泳检测，基因长度约为 1150bp。DNA Marker 取 5μL 直接进行加样。电泳完毕，用凝胶层析系统观察结果并拍照。

3）PCR 产物的纯化

采用 PCR 产物纯化试剂盒进行纯化，具体步骤如下：

①取剩余酶 PCR 产物至 1.5ml 离心管中。

②加 5 倍体积的 Binding buffer。

③把混合液吸至装有吸附柱的 2mL 离心管中,室温下静置 2 分钟。

④8000rpm 离心 1 分钟,弃 2mL 离心管中离心液。

⑤在吸附柱中加 500μL Washing buffer,10000$\times$g(rcf)离心 1 分钟,弃离心液。

⑥再加 500μL Washing buffer,10000$\times$g(rcf)离心 1 分钟,弃离心液。

⑦10000$\times$g(rcf)再离心 1 分钟,以甩去多余的液体。

⑧在柱中间薄膜中滴加 50μL Elution buffer,50℃保温 5 分钟。

⑨把吸附柱转移至新的 1.5mL 离心管中,10000$\times$g(rcf)离心 1 分钟,弃吸附柱,1.5mL 离心管中离心液即为纯化后的 PCR 产物。

3. 碱裂解法提取表达质粒载体 pET-28a 及电泳鉴定

(1)实验原理

为表达蛋白质设计的载体称为表达载体(expression vector)。pET 系统是有史以来在大肠杆菌中克隆表达重组蛋白功能最强大的系统之一,有一系列类似的表达载体。如表达载体 pET-28a,含有:T7 噬菌体启动子、核糖体结合位点、乳糖操纵子、乳糖阻遏子序列(la-cI)、His6 标签序列、凝血酶切割位点、多克隆位点、T7 噬菌体终止子及 pBR322 复制子、f1 噬菌体复制子、卡那霉素筛选标记序列等。pET 表达系统中的受体菌为能够产生 T7 RNA 聚合酶的大肠杆菌菌株,如 BL21(DE3)。

pET 载体含有一个编码 T7 基因 10 氨基端前 11 个氨基酸的区域,其后是外源片段的插入位点,起始 ATG 由 T7 基因 10 氨基端提供。当宿主菌中的 T7 RNA 聚合酶基因被诱导表达后,外源片段以 T7 基因 10 氨基端融合蛋白的形式在大肠杆菌中表达。pET-28 大小为 5369bp,具有 Kan 抗性。

碱变性法抽提质粒 DNA 主要包括收集并悬浮细菌菌体、裂解细胞、将质粒 DNA 与染色体 DNA 分开及除去蛋白质和 RNA 以纯化质粒 DNA。我们购买的质粒提取试剂盒的原理也是碱解法裂解细菌,再通过离心吸附柱在高盐状态下特异性地结合溶液中的 DNA。

(2)实验用品

1)材料

含质粒载体 pET-28a(+)的大肠杆菌(Novagen,Germany),以甘油菌形式−20℃冰箱保存。

2)试剂

①天根生化科技有限公司的质粒提取试剂盒 DP103,含 RnaseA、平衡溶液 BL、溶液 P1、溶液 P2、溶液 P3、去蛋白液 PD、漂洗液 PW、洗脱缓冲液 EB、吸附柱 CP3、收集管等。

②TBE 缓冲液(Tris-硼酸-EDTA 缓冲液,pH8.3):称取 10.78g Tris,5.50g 硼酸,0.93g EDTA-Na$_2$ 溶于去离子水,定容至 1000mL。

③6$\times$上样缓冲液:0.25%溴酚蓝,40%(w/v)蔗糖水溶液。

④EB 溶液母液:将 EB 配制成 10mg/mL,用铝箔或黑纸包裹。

⑤琼脂糖。

3)仪器

超净工作台、恒温振荡仪、高压灭菌锅、pH 计、高速离心机、移液枪、水平电泳仪、电泳仪电源、凝胶成像系统、电炉、涡旋仪。

（3）实验步骤

1）大肠杆菌培养

用接种环蘸取超低温保存的质粒载体 pET-28a(＋)的大肠杆菌甘油菌，在 LB 平板(含 $50\mu g/mL$ 卡那霉素 Kan)上表面划线，37℃倒置培养 24 小时。挑取新活化的单菌落，接种于 5ml LB(含 $50\mu g/mL$ Kan)液体培养基中，37℃振荡培养 12 小时左右至对数生长。菌液以 1∶50 比例接种于 100ml LB(含 $50\mu g/mL$ Kan)液体培养基中，37℃振荡，180～200 r/min，培养 3～4h 使之进入对数生长期，至 $OD_{600}＝0.6$ 左右。

2）质粒 DNA 的提取

①柱平衡步骤：向吸附柱 CP3 中(吸附柱放入收集管中)加入 $500\mu L$ 的平衡液 BL，12000rpm 离心 1 分钟，倒掉收集管中的废液，将吸附柱重新放回收集管中。

②取 2mL 过夜培养的菌液，加入离心管中，使用常规台式离心机，12000rpm 离心 1 分钟，尽量吸除上清(菌液较多时可以通过多次离心将菌体沉淀收集到一个离心管中)。

③向留有菌体沉淀的离心管中加入 $250\mu L$ 溶液 P1，使用移液器或涡旋振荡器彻底悬浮细菌沉淀。注意：如果有未彻底混匀的菌块，会影响裂解，导致提取量和纯度偏低。

④向离心管中加入 $250\mu L$ 溶液 P2，温和地上下翻转 6～8 次使菌体充分裂解。注意：温和地混合，不要剧烈振荡，以免打断基因组 DNA，造成提取的质料中混有基因组 DNA 片段。此时菌液应变得清亮黏稠，所用时间不应超过 5 分钟，以免质粒受到破坏。如果未变清亮，可能由于菌体过多，裂解不彻底，应减少菌体量。

⑤向离心管中加入 $350\mu L$ 溶液 P3，立即温和地上下翻转 6～8 次，充分混匀，此时将出现白色絮状沉淀。12000rpm 离心 10 分钟，此时在离心管底部形成沉淀。注意：P3 加入后应立即混合，避免产生局部沉淀。如果上清中还有微小白色沉淀，可再次离心后取上清。

⑥将上一步收集的上清液用移液器转移到吸附柱 CP3 中(吸附柱放入收集管中)，注意尽量不要吸出沉淀。12000rpm 离心 30～60 秒，倒掉收集管中的废液，将吸附柱 CP3 放入收集管中。

⑦向吸附柱 CP3 中加入 $500\mu L$ 去蛋白液 PD，12,000rpm 离心 30～60 秒，倒掉收集管中的废液，将吸附柱 CP3 重新放回收集管中。

⑧向吸附柱 CP3 中加入 $600\mu L$ 漂洗液 PW，12,000rpm 离心 30～60 秒，倒掉收集管中的废液，将吸附柱 CP3 放入收集管中。

⑨向吸附柱 CP3 中加入 $600\mu L$ 漂洗液 PW，12,000rpm 离心 30～60 秒，倒掉收集管中的废液。

⑩将吸附柱 CP3 放入收集管中，12,000rpm 离心 2 分钟，目的是将吸附柱中残余的漂洗液去除。注意：漂洗液中乙醇的残留会影响后续的酶反应(酶切、PCR 等)实验。为确保下游实验不受残留乙醇的影响，建议将吸附柱 CP3 开盖，室温放置数分钟，以彻底晾干吸附材料中残留的漂洗液。

⑪将吸附柱 CP3 置于一个干净的离心管中，向吸附膜的中间部位滴加 $50\mu L$ 洗脱缓冲液 EB，室温放置 2 分钟，12,000rpm 离心 1 分钟，将质粒溶液收集到离心管中。

3）质粒 DNA 的琼脂糖凝胶电泳分析

取 $5\mu L$ 加 $1\mu L$ 6×上样缓冲液进行 1％琼脂糖电泳，DNA Marker 取 $5\mu L$ 直接进行加样。用凝胶成像系统观察和拍照。

4. 载体质粒、PCR 产物的双酶切及酶切产物纯化

(1)实验原理

限制性核酸内切酶能特异地结合于一段被称为限制性酶识别序列的 DNA 序列之内或其附近的特异位点上,并切割双链 DNA。本实验是用 BamHI、SacI分别对载体质粒、PCR 产物进行双酶切,使两者形成两个相同的黏性末端,以便进行外源基因和载体质粒的连接和重组。

(2)实验用品

1)材料

步骤(二)所得的 PCR 产物;步骤(三)所提取的质粒载体。

2)试剂

①BamHI 及酶切通用缓冲液。

②SacⅠ及酶切通用缓冲液。

③生工生物工程(上海)有限公司的 BS363-N 柱式酶切产物纯化试剂盒。包括吸附缓冲液(Binding Buffer)、漂洗液(Washing Buffer)、洗脱液(Elution Buffer)。

④琼脂糖。

⑤TBE 缓冲液（Tris-硼酸-EDTA 缓冲液,pH8.3）:称取 10.78g Tris,5.50g 硼酸,0.93g EDTA-Na$_2$ 溶于去离子水,定容至 1000mL。

⑥6×上样缓冲液:0.25％溴酚蓝,40％(w/v)蔗糖水溶液。

⑦EB 溶液母液:将 EB 配制成 10mg/mL,用铝箔或黑纸包裹。

3)仪器

恒温水浴锅、移液器。

(3)实验步骤

1)酶切

①在两个经灭菌编好号的 1.5mL 的离心管中分别依次加入下列试剂,注意防止错加、漏加:

a. 质粒 DNA pET-28a(＋)

试剂	体积/μL
ddH$_2$O	4
10×buffer	4
pET-28a(＋)	30
BamHⅠ	2
SacⅠ	2
总体积	40

b. PCR 产物

试剂	体积/μL
ddH$_2$O	4
10×buffer	4
PCR 产物	30
BamHⅠ	2
SacⅠ	2

　　　总体积　　　　　　　　　　　40

②加好 5 秒离心混匀,使溶液集中在管底。

③将离心管置于适当的支持物上,37℃水浴酶切 2 小时。

2)酶切产物纯化

酶切后质粒 DNA 和 PCR 产物分别采用酶产物纯化试剂盒进行纯化,具体步骤如下:

①加 5 倍体积的 Binding buffer。

②把混合液吸至装有吸附柱的 2mL 离心管中,室温下静置 2 分钟。

③8000rpm 离心 1 分钟,弃 2mL 离心管中离心液。

④在吸附柱中加 500μL Washing buffer,10000×g(rcf)离心 1 分钟,弃离心液。

⑤再加 500μL Washing buffer,10000×g(rcf)离心 1 分钟,弃离心液。

⑥10000×g(rcf)再离心 1 分钟,以甩去多余的液体。

⑦在柱中间薄膜中滴加 50μL Elution buffer,50℃保温 5 分钟。

⑧把吸附柱转移至新的 1.5mL 离心管中,10000×g(rcf)离心 1 分钟,弃吸附柱,1.5mL 离心管中离心液即为纯化后的酶切产物。

3)纯化后的酶切产物电泳鉴定

　　分别取 5μL 纯化后的酶切产物与 1μL 6×上样缓冲液混合,进行 DNA 琼脂糖凝胶电泳鉴定。DNA Marker 取 5μL 直接进行加样。

　　5. 载体片段与 PCR 产物的连接

　　(1)实验原理

　　在步骤(四)中,我们用两种不同的限制酶 BamHI、SacⅠ分别对载体质粒、PCR 产物进行双酶切,分别产生相同的黏性末端,通过连接反应,就可以使靶基因(即 PCR 产物)定向插入载体分子。即经两种非同尾酶处理的外源 DNA 片段只有一种方向与载体 DNA 重组。并且,上述重组分子可用相应的限制性核酸酶重新切出外源 DNA 片段和载体 DNA,用于鉴定是否为真正的阳性重组子。

　　(2)实验用品

　　1)材料

　　步骤(四)酶切并纯化后的甘露醇-1-磷酸脱氢酶目的基因和质粒载体。

　　2)试剂

　　T4-DNA 连接酶及 10×buffer。

　　3)仪器

　　恒温水浴锅、移液器、离心机、低温循环槽、制冰机。

　　(3)实验步骤

　　将步骤(四)酶切纯化后的甘露醇-1-磷酸脱氢酶目的基因 12μL 和 pET-28a(+)质粒酶 4μL 混合,总体积为 16μL,45℃保温 5 分钟,冷却至 0℃。加 10×连接酶缓冲液 2μL、T4 连接酶 2μL,用手指轻弹管壁混匀后稍离心。16℃保温 12～16 小时。

　　6. E.coli DH5α 菌株感受态细胞的制备和重组质粒的转化

　　(1)实验原理

　　受体细胞经过一些特殊方法(如电击法、CaCl₂ 法等)处理后,细胞膜的通透性发生变化,成为能允许带有外源 DNA 的载体分子通过的感受态细胞(competence cell)。所谓的感受态,即指受体(或宿主)细胞最易接受外源 DNA 片段并实现其转化的一种生理状态,它是由受体菌的遗传性所决定的,同时也受菌龄、外界环境因子等影响。细胞的感受态一般出现在对数生长期,新鲜幼嫩的细胞是制备感受态细胞和进行成功转化的关键。对数生长期的细菌在 0℃、$CaCl_2$ 低渗溶液中,细胞膨胀成球形,此时容易吸收外源 DNA。大肠杆菌的转化过程是将质粒分子溶液或连接反应的混合物与感受态细胞的悬浮液混合放置一定的时间,使 DNA 黏附于细胞表面,以使得 DNA 能被细胞吸收。将混合溶液于 42℃ 热处理 1～2min,会诱导质粒 DNA 分子进入细胞,结果提高了转化效率。吸收外源 DNA 的细菌先在非选择性培养基中保温一段时间,促使其在转化过程中获得新的表型(如抗性基因等)得到表达和细菌本身的修复,然后将此细菌培养物涂在选择性培养基上以获得含有重组质粒的单菌落。

$CaCl_2$ 法简便易行,且其转化效率可完全满足一般实验的要求,制备出的感受态细胞暂时不用时,可加入占总体积 15% 的无菌甘油于 -70℃ 保存半年,因此 $CaCl_2$ 法使用广泛。

转化的原理见本书中第二部分第四章内容。本实验以 E. coli DH5α 菌株为受体细胞,用 $CaCl_2$ 处理受体菌使其处于感受态,然后与 pET-28a(+)重组质粒共保温实现转化,转化后的菌液涂布在卡那霉素(Kan)抗生素平板中进行含重组质粒的菌落筛选。由于 pET-28a(+)上带有抗 Kan 基因,故转化后的受体菌只有转入未连进目的基因的空 pET-28a(+)质粒,或者转入连进目的基因的重组质粒才能在含有 Kan 的培养基上存活,而没有转入任何质粒的细菌因为没有 Kan 抗性不能存活。进一步的鉴定见步骤(七)。

(2)实验用品

1)材料

步骤(五)连接后的质粒;E. coli DH5α 甘油菌。

2)试剂

①LB 液体培养基:蛋白胨(tryptone)10g,酵母提取物(yeast extract)5g,NaCl 10g,溶于 800mL 去离子水,用 5M NaOH 调 pH 至 7.2～7.4,加水至总体积 1000mL,灭菌;

②LB 固体培养基:每升 LB 液体培养基中加入 15g 琼脂,121℃ 高压灭菌 20min。待培养基降温至 60℃,倾倒铺平板;

③0.05mol/L 的 $CaCl_2$:称取 0.28g $CaCl_2$(无水,分析纯),溶于 50mL 重蒸水中,定容至 100mL,高压灭菌;

④含 15% 甘油的 0.05mol/L 的 $CaCl_2$:称取 0.28 $CaCl_2$(无水,分析纯),溶于 50mL 重蒸水中,加入 15mL 甘油,定容至 100mL,高压灭菌;

⑤Kan 母液:配成 50mg/mL 水溶液,-20℃ 保存备用。

3)仪器

超净工作台、恒温培养箱、摇床、分光光度计、制冰机、冷冻离心机、移液枪、水浴锅、高压灭菌锅。

(3)实验步骤

1)受体菌培养

用接种环蘸取超低温保存的 E. coli DH5α 菌株,在 LB 平板上表面划线,37℃ 倒置培养 24 小时。挑取新活化的 E. coli DH5α 单菌落,接种于 3～5mL LB 液体培养基中,37℃ 振荡培养 12 小时左右至对数生长。菌液以 1∶50 比例接种于 100mL LB 液体培养基中,37℃振荡,180~200r/min,培养 3~4h,至 OD_{600}＝0.6 左右。

2)感受态细胞制备(CaCl₂ 法少量制备)

①将两根 2mL 离心管中分别加入 2mL 培养液,冰上放置 20 分钟后。

②取一根离心管 4℃下 3000g 离心 10 分钟,弃上清;吸取另一离心管中预冷好的菌液再次 3000g 离心 10 分钟,使两次离心下的菌体合并。用预冷的 1mL 0.05mol/L 的 CaCl₂ 溶液轻轻悬浮细胞(用枪头贴管壁吹出的气流吹打沉淀,使之均匀分布在 CaCl₂ 溶液中),冰上放置 30 分钟。

③4℃下 3000g 离心 10 分钟。弃上清,加入 400μL 预冷含 15％甘油的 0.05mol/L 的 CaCl₂ 溶液,轻轻悬浮细胞,冰上放置几分钟即可。此时的感受态细胞可进行下一步的转化,也可置－20℃超低温冰箱冻存备用。如感受态细胞不需存放备用,这一步仍可加 0.05mol/L 的 CaCl₂ 溶液。

注意:整个操作均需在冰上进行,不能离开冰浴,否则细胞转化率将会降低。

3)转化

①取感受态细胞 400μL,加入重组质粒,轻轻混匀,冰上放置 30 分钟。

②42℃水浴中热击 90 秒,迅速置于冰上冷却 3~5 分钟。

③向管中加入 2mL LB 液体培养基(不含 Kan 抗生素),混匀后 37℃振荡培养 1 小时,使细菌恢复正常生长状态,并表达质粒编码的 Kan 抗性基因。

4)重组体筛选

稍离心,弃上清 2mL,用枪吹打悬浮细菌后,各吸取约 200μL 菌液均匀涂布于 2 块的 LB 平板(含 Kan50μg/mL)上,正面向上放置半小时,待菌液完全被培养基吸收后倒置培养皿,37℃培养 12~16 小时。出现明显而又未相互重叠的单菌落时拿出平板,检查结果。

7. 重组子的鉴定

(1)实验原理

原理参考本书第二部分第四章。本实验对上一实验通过抗性筛选得到的白色菌落,用 LB 扩增后,先用菌落 PCR 法初步确定菌体中是否含有重组质粒,检测结果呈阳性的转化子再利用电泳法和 PCR 法鉴定重组质粒。电泳法鉴定即从转化子中利用碱裂解法提取质粒,通过琼脂糖凝胶电泳法测定它们的大小,并用 *Bam* HI 和 *Sac* I 双酶切后电泳进一步验证质粒的重组情况。PCR 鉴定是用碱裂解法提取的重组质粒为模板,利用原来设计的引物,进行 PCR 扩增,检测构建质粒是否是所期望的重组质粒。

(2)实验用品

1)材料

步骤(六)所得的白色菌落。

2)试剂

①LB 液体培养基:蛋白胨(tryptone)10g,酵母提取物(yeast extract)5g,NaCl 10g,溶于 800mL 去离子水,用 5M NaOH 调 pH 至 7.2~7.4,加水至总体积 1000mL,灭菌。

②天根生化科技有限公司的质粒提取试剂盒 DP103。

③TBE 缓冲液(Tris-硼酸-EDTA 缓冲液,pH8.3):称取 10.78g Tris,5.50g 硼酸,

0.93g EDTA-Na$_2$ 溶于去离子水,定容至 1000mL。

④6×上样缓冲液:0.25％溴酚蓝,40％(w/v)蔗糖水溶液。

⑤EB 溶液母液:将 EB 配制成 10mg/mL,用铝箔或黑纸包裹。

⑥琼脂糖。

⑦*Bam*HI 及酶切通用缓冲液。

⑧*Sac* I 及酶切通用缓冲液。

⑨TaKaRa 公司 PCR 反应试剂盒。

⑩上游引物、下游引物(设计后由公司合成)。

⑪石蜡油。

3)仪器

摇床、超净工作台、高压灭菌锅、pH 计、高速离心机、移液枪、水平电泳仪、电泳仪电源、凝胶成像系统、电炉、涡旋仪、恒温水浴锅、PCR 仪。

(3)实验步骤

1)菌体培养

挑选步骤(六)所得形态饱满、生长良好的白斑 3~5 个,分别接种于 5mL 卡那霉素 Kana(50μg/mL)的 LB 液体培养基中,37℃振荡培养过夜。

2)菌落 PCR

取菌液 1mL,5000rpm 离心 3 分钟后去上清,加 500μL 无菌水混匀后,100℃加热 5min 破菌后的菌液作为模板(含 DNA),进行 PCR 鉴定,以期找到能扩增出 MTLD 基因的菌株。

在 PCR 管中分别依次加入以下试剂:

试剂	体积/μL
ddH$_2$O	7
2× PCR 反应混合液	10
上游引物	1
下游引物	1
菌液模板	1
总体积	20

以上试剂加好后,离心 5 秒钟混匀,加 20μL 石蜡油覆盖于混合物上,防止 PCR 过程样品中水分的蒸发。

反应参数:　　　94℃　　　5min
94℃　　　1min
55℃　　　1min　　⎫
72℃　　　2min　　⎬35 个循环
72℃　　　10min　⎭

当所有的反应都完成以后,设置 PCR 仪的温度保持在 4℃。

反应完毕后各取 5μL 用 1％琼脂糖凝胶电泳检测,用标准 DNA marker 做对照,确定

PCR 产物是否存在以及大小。电泳完毕,在紫外灯下观察结果并拍照。

对于能扩增出约 1150bp 条带的菌液,再进行以下鉴定。

3)碱裂解法小量制备重组质粒

取 4mL 培养液提取质粒,其余部分于 4℃ 保存备用。质粒提取步骤见步骤(三),取 5μL 提取的质粒加 1μL6×上样缓冲液进行 1%琼脂糖电泳(原来提取的载体质粒 pET28a(+)作为对照),并用凝胶成像系统观察并拍照。

4)重组质粒的 PCR 鉴定

用重组质粒做模板,利用合成的引物对编码 MTLD 的 DNA 序列进行 PCR 反应扩增。

在 PCR 管中分别依次加入以下试剂:

试剂	体积/μL
ddH$_2$O	7
2× PCR 反应混合液	10
上游引物	1
下游引物	1
重组质粒模板	1
总体积	20

以上试剂加好后,离心 5 秒钟混匀,加 20μL 石蜡油覆盖于混合物上,防止 PCR 过程样品中水分的蒸发。

反应参数:

94℃	5min	
94℃	1min	
55℃	1min	35 个循环
72℃	2min	
72℃	10min	

当所有的反应都完成以后,设置 PCR 仪的温度保持在 4℃。

反应完毕后各取 5μL 用 1%琼脂糖凝胶电泳检测,用标准 DNA marker 做对照,确定 PCR 产物是否存在以及大小。电泳完毕,在紫外灯下观察结果并拍照。

5)重组质粒的双酶切鉴定

在 1.5mL EP 管中分别加入以下试剂,短暂离心混匀后 37℃ 水浴 3h。取 9μL 酶切后液体加 1μL 10×上样缓冲液,电泳鉴定重组质粒的双酶切结果。

试剂	体积/μL
ddH$_2$O	6
10×buffer	2
重组质粒	10

BamHI	1
SacI	1
总体积	20

6）DNA 测序

为了确保 DNA 片段被正确地插入载体中合适的酶切位点，并且没有突变的引入，挑选鉴定正确的单克隆菌株送测序公司进行 DNA 全序列测序分析。将测序结果与报道的 DNA 序列进行完全比对。如果比对正确，则重组质粒就构建成功了。

8. 阳性重组质粒转化表达菌株 *E. coli* BL21(DE3)

（1）实验原理

基因工程的研究要获得基因表达产物，就涉及目的基因的表达问题。基因表达的调控机制是相当复杂而严密的，从 DNA 转录成 RNA 前体、前体 RNA 加工成 mRNA，以及 mRNA 翻译成蛋白质的整个过程中每一步都有精密的调节。表达载体（expression vector）是指具有宿主细胞基因表达所需调控序列，能使克隆的基因在宿主细胞内转录与翻译的载体。也就是说，克隆载体只是携带外源基因，使其在宿主细胞内扩增；表达载体不仅使外源基因扩增，还使其表达。

常用的 pET 系列质粒在大肠杆菌中进行基因的表达受 T7 RNA 聚合酶的控制，在诱导条件下可以进行蛋白质的高水平的表达，具有合适的克隆位点。它的宿主细胞是大肠杆菌 BL21(DE3)细胞，BL21(DE3)是一株带有 LacUV5 启动子控制的 T7 噬菌体 RNA 聚合酶基因的溶源菌。pET/*E. coli* 表达系统被广泛应用于细菌体内表达。

在构建具有 MTLD 基因、Kan 抗性的重组质粒后，经鉴定质粒构建正确后，还需要提取重组质粒，转化表达菌株 *E. coli* BL21(DE3)，才能在该菌中表达甘露醇-1-磷酸脱氢酶基因，才能最终形成甘露醇-1-磷酸脱氢酶表达产物。而含有重组质粒的 *E. coli* DH5α 菌株不能进行外源基因的大量表达，只能用于基因的克隆。

（2）实验用品

1）材料

①步骤（七）提取的具有 MTLD 基因、Kana 抗性的重组质粒；

②*E. coli* BL21(DE3)甘油菌。

2）试剂

①LB 液体培养基：蛋白胨（tryptone）10g，酵母提取物（yeast extract）5g，NaCl 10g，溶于 800mL 去离子水，用 5M NaOH 调 pH 至 7.2～7.4，加水至总体积 1000mL，灭菌；

②LB 固体培养基：每升 LB 液体培养基中加入 15g 琼脂，121℃高压灭菌 20 分钟。待培养基降温至 60℃，倾倒铺平板；

③0.05mol/L 的 $CaCl_2$：称取 0.28g $CaCl_2$（无水，分析纯），溶于 50mL 重蒸水中，定容至 100mL，高压灭菌；

④含 15%甘油的 0.05mol/L 的 $CaCl_2$：称取 0.28 $CaCl_2$（无水，分析纯），溶于 50mL 重蒸水中，加入 15mL 甘油，定容至 100mL，高压灭菌；

⑤Kan 母液：配成 50mg/mL 水溶液，一20℃保存备用；

⑥30％的无菌甘油。

3)仪器

超净工作台、恒温培养箱、摇床、分光光度计、制冰机、冷冻离心机、移液枪、水浴锅、高压灭菌锅。

(3)实验步骤

将鉴定正确的重组细菌加入含有 50 μg/mL Kan 的 LB 液体培养基中过夜振荡培养,培养温度为 37℃。然后用碱裂解法抽提质粒,获得了具有 MTLD 基因、Kan 抗性的重组质粒。将获得的重组质粒通过热激法转入化学感受态细胞 *E. coli* BL21(DE3)中,反应过程与前面的描述完全相同。热刺激反应温度为 42℃,反应时间 90 s。将转化后的细胞均匀地涂布在两块包含有 50 μg/mL Kan 的 LB 固体培养平板上,放在 37℃的培养箱中,倒置培养过夜。

从培养的平板上,挑选单个的、较大的白色克隆接种到含 Kan 的 5mL LB 液体培养基中,然后在 37℃振荡培养过夜。取部分培养液加入 30％的无菌甘油保种,甘油的终浓度为15％,轻轻振荡混匀,然后保存在-70℃超低温冰箱中。

9. 甘露醇-1-磷酸脱氢酶的诱导表达和 SDS-PAGE 电泳鉴定

(1)实验原理

外源基因在原核生物中高效表达除了有合适的载体外,还必须有适合的宿主菌以及一定的诱导因素。通常表达质粒不应使外源基因始终处于转录和翻译之中,因为某些有价值的外源蛋白可能对宿主细胞是有毒的,外源蛋白的过量表达必将影响细菌的生长。为此,宿主细胞的生长和外源基因的表达是分成两个阶段进行的,第一阶段使含有外源基因的宿主细胞迅速生长,以获得足够量的细胞;第二阶段是启动调节开关,使所有细胞的外源基因同时高效表达,产生大量有价值的基因表达产物。

pET 由于带有来自大肠杆菌的乳糖操纵子,它由启动基因、分解产物基因活化蛋白(CAP)结合位点、操纵基因及部分半乳糖酶结构基因组成,受分解代谢系统的正调控和阻遏物的负调控。正调控是通过 CAP(catabolite gene activation protein)因子和 cAMP 来激活启动子,促使转录;负调控则是由调节基因(Lac I)产生 Lac 阻遏蛋白与操纵子结合,阻遏外源基因的转录和表达,此时细胞大量生长繁殖。乳糖的存在可解除这种阻遏,另外 IPTG 是 β-半乳糖苷酶底物类似物,具有很强的诱导能力,能与阻遏蛋白结合,使操纵子游离,诱导 LacZ 启动子转录,于是外源基因被诱导而高效转录和表达。所以可以通过在培养基中添加 IPTG 诱导基因的表达。pET-28a(+)的基因表达是受诱导剂 IPTG 的诱导。

(2)实验用品

1)材料

实验(八)所得的阳性克隆转化子。

2)试剂

①LB 液体培养基:蛋白胨(tryptone)10g,酵母提取物(yeast extract)5g,NaCL 10g,溶于 800ml 去离子水,用 5MNaOH 调 pH 至 7.2～7.4,加水至总体积 1000mL,灭菌;

②Kan 母液:配成 50mg/mL 水溶液,-20℃保存备用;

③100mmol/L IPTG;

④12％分离胶;

⑤5%浓缩胶;

⑥2×样品处理液:4% SDS,20%丙三醇,2%β-巯基乙醇,0.2%溴酚蓝,100mM Tris-HCl。

⑦5×电泳缓冲液:15.1g Tris,94.0g Glycine,5.0g SDS,加水定容至 1000 mL。4℃存放。

⑧SDS-PAGE 染色液:180mL 甲醇,36.8mL 冰醋酸,加入 1g 考马斯亮蓝 R250,定容至400mL,过滤备用,室温存放。

⑨SDS-PAGE 脱色液:50mL 无水乙醇,100mL 冰醋酸,850mL 水,混匀后室温存放。

3)仪器

超净工作台、移液枪、离心机、水浴锅、pH 计、垂直电泳仪、电泳仪电源、凝胶成像系统、脱色摇床。

(3)实验步骤

1)甘露醇-1-磷酸脱氢酶的诱导表达

将经过鉴定含有正确的重组质粒的菌液按照 1:20~1:100 的比例转接到 250mL 含有 50 μg/mL Kan 的 LB 培养基中进行放大培养。37℃振荡培养约 3 小时,当培养物的光密度(OD$_{600}$)达到 0.6~1.0 时,加入 IPTG 至其终浓度为 1mM,诱导甘露醇-1-磷酸脱氢酶蛋白表达,同时以不加 IPTG 的培养液作为对照,采用 25℃振荡培养 12 小时诱导目的蛋白的表达。

2)SDS-PAGE 检测甘露醇-1-磷酸脱氢酶表达

诱导表达的菌液,12000g 离心 10min,弃培养基。菌体用 PBS 重悬后加等体积的 2×样品处理液,混匀后沸水中煮 10min,12000g 离心 10min,用 SDS-PAGE 鉴定蛋白表达情况。同时以未加 IPTG 诱导表达的菌液按相同方法处理并上样作为对照。SDS-PAGE 电泳步骤如下:

①SDS-PAGE 电泳板的处理:用中性洗涤剂清洗后,再用双蒸水淋洗,然后用无水乙醇浸润的棉球擦拭,用吹风机吹干备用。

②12%分离胶的制备:充分混匀凝胶组分,立即灌胶,胶液缓慢倒入固定在垂直电泳槽中的两电泳板之间的狭槽中(注意不要产生气泡),即在分离胶上面轻轻覆盖一层 ddH$_2$O;室温静置,使胶完全聚合,除去上层水相,然后用滤纸吸干水分。

③5%浓缩胶的制备:充分混匀凝胶组分,立即灌胶,将胶液缓慢倒入分离胶上的狭槽中(不要产生气泡),插入样品梳;室温静置聚合,待聚合完全后拔去梳子。

④用移液枪移取 20μL 准备好的样品液上样。

⑤电泳:在电泳槽中加满 1×电泳缓冲液。用移液枪上样。开始电压先选择 60V,等溴酚蓝进入分离胶后电压再选择 120V,至溴酚蓝迁移至胶下缘结束电泳。

⑥染色:电泳完毕,小心取出凝胶,置于有盖的大培养皿中,倒入染色液至浸没凝胶,于水平摇床上染色 30min。

⑦脱色:倒去染色液,用少量水淋洗凝胶,倒入脱色液至浸没凝胶,于水平摇床上脱色至蓝色背景消失。

⑧凝胶成像系统拍照记录结果。

五、部分结果展示

1. 大肠杆菌基因组 DNA 的提取结果

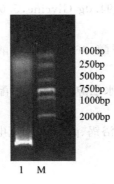

图 4-2-1 大肠杆菌 JM109 菌株基因组 DNA
注:1:大肠杆菌 JM109 基因组 DNA;M:DL2000 DNA Marker

从以上电泳图的结果可以看出,大肠杆菌 JM109 菌株基因组 DNA 总长度大于 2000bp,证明基因组 DNA 提取成功。

2. 甘露醇-1-磷酸脱氢酶 MTLD 编码序列的 PCR 结果

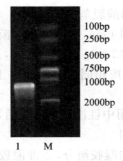

图 4-2-2 大肠杆菌 JM109 菌株 MTLD 基因的 PCR 扩增
注:1:大肠杆菌 JM109 基因组 DNA MTLD 基因 PCR 产物;M:DL2000 DNA Marker

从以上电泳图的结果可以看出,提取的 JM109 基因组 DNA 进行甘露醇-1-磷酸脱氢酶基因的 PCR,扩增后条带清晰明显,且碱基数在 Mark 上显示的范围也在 1150bp 左右,证明 DNA 提取和 PCR 扩增成功。

3. 表达载体 pET-28a 质粒提取结果

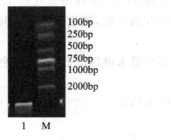

图 4-2-3 pET-28a 质粒提取
注:1:pET-28a 质粒;M:DL2000 DNA Marker

pET-28a 质粒大小为 5369bp，大于 2Kb 提取结果与预期相符。

4. 甘露醇-1-磷酸脱氢酶基因克隆重组体的检测结果

经抗性筛选的白色菌落经过 LB 液体培养扩增后，提取重组质粒作为模板，用原来设计的 MTLD 基因引物进行 PCR，再用琼脂糖凝胶电泳进行鉴定。

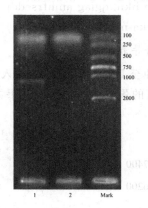

图 4-2-4　重组质粒 PCR 电泳图

注:1:重组质粒 pET-28a（＋）/MTLD PCR 产物；2:质粒 pET-28a（＋）PCR 产物；Mark:DL2000 DNA Marker

由图 4-2-4 可见，PCR 产物的大小约为 1150bp，说明目的基因大小正确，并且被正确地插入 pET-28a（＋）表达载体中。

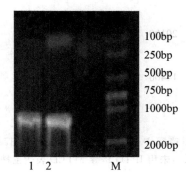

图 4-2-5　重组质粒转化后的菌落 PCR 电泳图

注:M:DL2000 DNA Marker；1－2:菌落 PCR 条带

实验结果说明通过 PCR 方法从大肠杆菌 E. coli JM109 菌株基因组中扩增得到了大小约为 1150bp 的基因片段，连接至表达载体 pET-28a，成功转化至受体菌大肠杆菌 BL21（DE3）中，经 PCR 鉴定和电泳分析与 NCBI 上查到的 MTLD 基因大小一致。

5. 甘露醇-1-磷酸脱氢酶氨基酸序列分析

从 NCBI 上获得编码甘露醇-1-磷酸脱氢酶的基因序列，用生物信息学软件进行分析，预测其分子量分别为 41kD。甘露醇-1-磷酸脱氢酶共有 382 个氨基酸组成，其氨基酸序列如下所示：

1 mkalhfgagn igrgfigkll adagiqltfa dvnqvvldal narhsyqvhv vgeteqvdtv

61 sgvdavssig ddvvdliaqv dlvttavgpv vleriapaia kglvkrkeqg nesplniiac
121 enmvrgttql kghvmnalpe dakawveehv gfvdsavdri vppsasatnd plevtvetfs
181 ewivdktqfk galpnipgme ltdnlmafve rklftlntgh aitaylgkla ghqtirdail
241 dekiravvkg ameesgavli krygfdadkh aayiqkilgr fenpylkddv ervgrqplrk
301 lsagdrlikp llgtleyslp hknliqgiag amhfrseddp qaqelaalia dkgpqaalaq
361 isdldansev vseavtayka mq

6. 甘露醇-1-磷酸脱氢酶的诱导表达

通过鉴定的重组体克隆,接种至 LB 液体培养基,加入终浓度 1mmol/L IPTG 25℃诱导12h,菌液离心后进行 SDS 检测目的蛋白表达情况。结果如下:

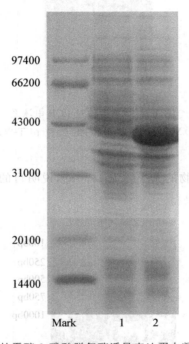

图 4-2-6　甘露醇-1-磷酸脱氢酶诱导表达蛋白凝胶电泳图
注:Marker:蛋白质分子量 Marker;1:未用 IPTG 诱导 MTLD 表达菌株;2:IPTG 诱导 MTLD 表达菌株。

由 12% 的 SDS-PAGE 分析图可以看出,通过与蛋白质分子量 Marker 的比较可看出IPTG 诱导后表达的甘露醇-1-磷酸脱氢酶分子量大约为 41kD,这与根据生物信息学预测到的分子量基本一致,说明大肠杆菌甘露醇-1-磷酸脱氢酶基因的克隆和表达取得成功。

六、合作研讨题

1. 如何利用网络资源和分子生物学软件进行某种原核生物特定基因克隆、表达的引物设计? 以大肠杆菌甘露醇-1-磷酸脱氢酶基因的克隆表达为例说明具体步骤。
2. 简述本次大肠杆菌甘露醇-1-磷酸脱氢酶基因克隆表达实验的流程。
3. 结合本次实验设计和操作过程,谈谈你对成功进行克隆表达实验的体会。
4. 有哪些方法可以鉴定你所克隆表达的蛋白产物就是目标蛋白质?
5. 目标蛋白克隆表达后如何进行分离纯化? 写出总体的流程。

七、实验设计及学习参考资料

[1] 魏群.生物化学与分子生物学综合大实验.北京:化学工业出版社,2007.

[2] 朱旭芬.基因工程实验指导.北京:高等教育出版社,2006.

[3] 刘进元等.分子生物学实验指导.北京:清华大学出版社,2002.

[4] 郭勇.现代生化技术.北京:科学出版社,2005.

[5] Novagen pET-28a-c(+) Vectors 说明书.

[6] 谢启鑫等.大肠杆菌甘露醇-1-磷酸脱氢酶基因的克隆与表达[J].江西农业学报,2007,19(10):5—8.

[7] 王慧中等.1-磷酸甘露醇脱氢酶基因转化水稻的研究[J].中国水稻科学,2003,17(1):6—10.

[8] 刘广发等.假单胞菌(Pseudomonas sp. cn 4902)甘露醇-1-磷酸脱氢酶基因克隆及表达[J].海洋与湖沼,2004,35(2):183—187.

项目三 弧菌外膜蛋白的基因克隆、蛋白表达与纯化

一、实验目的

1. 了解原核基因克隆与筛选的全过程与实验设计策略、载体的基本结构、基因工程酶（限制性内切酶、连接酶、Taq 酶）的各种特性、DNA 重组以及重组子筛选与鉴定的相关技术；

2. 理解基因克隆与筛选的策略及其相关实验原理、碱裂解法质粒提取过程中各种纯化步骤的设计思想、PCR 引物设计以及 PCR 体系设计的原则与注意事项、DNA 重组时设计酶切与连接方案的一般规律、重组 DNA 导入受体细胞方法以及目的重组子的筛选与鉴定方法、影响 DNA 重组效率的因素；

3. 掌握质粒 DNA 的提取与定性定量分析、琼脂糖凝胶电泳、PCR 基因扩增及扩增产物回收、核酸的限制性酶切与连接、大肠杆菌感受态细胞的制备及转化、目的重组子筛选与鉴定等各项基本实验技术方法的基本原理与操作技能。

二、实验背景

弧菌（*Vibrio spp.*）为革兰氏阴性杆菌或弯曲杆菌，广泛分布于海洋、河口等各种盐度的水生环境，也可见于人或鱼肠道中。弧菌是最主要的海水养殖动物的病原菌，由病原弧菌引起的感染性疾病在世界各地普遍流行。弧菌属种类繁多，被列为海水鱼类病原弧菌的种类有鳗弧菌（*V. anguillarum*）、溶藻弧菌（*V. alginolyticus*）、副溶血弧菌（*V. parahaemolyticus*）、副溶血弧菌（*V. parahaemolyticus*）、创伤弧菌（*V. vulnificus*）和拟态弧菌（*V. mimicus*）等。我国重要的海水养殖品种中，大黄鱼、鲈鱼、石斑鱼、牙鲆、大菱鲆、鲈鱼、欧洲鳗等主要经济鱼类都易受弧菌的感染。海水鱼类弧菌病常呈暴发性流行，在短时间内引起大规模死亡，造成巨大经济损失。

在革兰氏阴性菌中，鞭毛、脂多糖、荚膜多糖、外膜蛋白和菌毛等组成了主要的细胞表面抗原。抗表面抗原的抗体可以通过凝集作用、吞噬细胞对细菌的调理作用、补体系统的激活或阻断细菌在细胞表面的吸附来达到保护作用。表面抗原中，鞭毛、荚膜多糖和菌毛抗原特异性较强，主要应用于病原菌的免疫诊断。在细菌外膜内，脂多糖与外膜蛋白分子呈牢固的共价结合，发生强烈的相互作用。脂多糖是菌体的主要抗原，大量研究证实了其能够激发保护性免疫；而外膜蛋白对细菌本身和宿主都具有重要的作用；部分外膜蛋白具有免疫原性，能够刺激机体产生保护性应答，也是重要的保护性抗原。

副溶血弧菌（*Vibrio parahaemolyticus*）不仅是人类的肠道病原，同时也是海水养殖动

物的重要病原,针对该菌的保护性抗原研究已全面展开。副溶血弧菌的多种外膜蛋白具有优良的免疫原性,其中外膜蛋白 ompW 在溶藻弧菌、副溶血弧菌等病原弧菌中也存在,其对海水鱼类的免疫保护性已获得部分验证,该蛋白极有可能开发为亚单位疫苗预防多种弧菌病。本实验项目根据副溶血弧菌 ompW 基因序列设计一对引物,应用聚合酶链式反应(PCR)方法,从副溶血弧菌 zj2003 菌株的基因组中扩增获得 ompW 序列。PCR 产物经定向克隆连接到原核表达载体 pET-30a(+),构建重组表达质粒 pET-30a-ompW,并转化大肠杆菌 E. coli BL21(DE3)感受态细胞,以期获得能大量表达生产 ompW 的重组体克隆。

pET-30a(+)系统是在大肠杆菌中克隆表达重组蛋白功能强大的系统之一。目的基因被克隆到 pET 质粒载体上,受噬菌体 T7 强转录和翻译(可选择)信号控制,表达由宿主细胞提供的 T7 RNA 聚合酶诱导。T7 RNA 聚合酶机制十分有效并具有选择性,充分诱导时,几乎所有的细胞资源都用于表达目的蛋白,诱导表达后仅几小时,目的蛋白通常可以占到细胞总蛋白的 50% 以上。非诱导的条件下,可以使目的蛋白完全处于沉默状态而不转录。

本项目的研究将为进一步进行重组 ompW 蛋白特性、免疫原性和疫苗研制打下基础。

三、实验设计要求

1. 提交一个具体的实验设计方案,进行副溶血弧菌 ompW 基因的克隆与表达。

2. 具体内容包括:在 NCBI 网站上找到副溶血弧菌 ompW 基因的全序列,利用分子生物学软件进行目的基因内部限制性内切酶的酶切分析及 5′ 和 3′ 末端引物的设计;提交具体的实验步骤,从副溶血弧菌中提取基因组 DNA、扩增 ompW 目的基因、PCR 产物和载体质粒的酶切和连接、转化受体细胞、重组体的鉴定、重组蛋白的表达和鉴定、重组蛋白的分离纯化。

3. 本实验设计方案包括两部分:第一部分,实验总体流程,用图表述实验设计的总体流程和路线;第二部分,实验具体步骤,要求包括每个步骤涉及的简单原理、实验用品和操作方法。

4. 限定材料:

基因来源	*Vibrio parahaemolytics* zj2003 菌株
表达载体	pET-30a(+)
限制性核酸内切酶	*Bam*H I、*Hind* III
基因克隆受体菌	*E. coli* DH5α 菌株
基因表达受体菌	*E. coli* BL21(DE3)菌株

5. 推荐使用的软件和网络资源:

Gene 全序列检索	http://www.ncbi.nlm.nih.gov/
序列编辑	DNA star：Editseq 功能
搜索 gene 序列中已有的酶切位点	www.bio-soft.net SMS 中文版
引物设计	Primer premier 5.0

四、实验设计示例

第一部分　实验总体流程

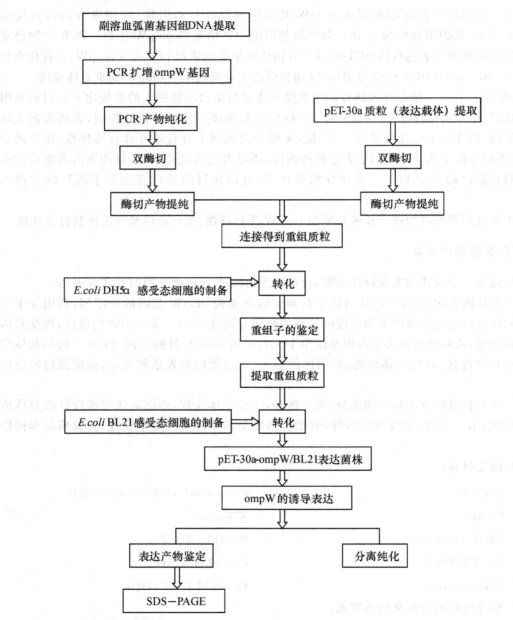

第二部分　实验具体步骤

1. 副溶血弧菌基因组 DNA 的提取及电泳鉴定

（1）原理

本实验中细菌基因组的提取采用快速微量提取法。通过 SDS 裂解液裂解细菌之后，将胞内的核酸和蛋白质全释放出来。DNA 溶于 1mol/L 的 NaCl 中，不溶于 0.14mol/L 的

NaCl,而 RNA 溶于 0.14mol/L 的 NaCl 不溶于 1mol/L 的 NaCl 中,通过溶液中盐浓度的变化可以将 DNA 和 RNA 分开。苯酚、氯仿抽提法除去蛋白,再用 2 倍体积乙醇将 DNA 沉淀出来。

基因组 DNA 的提取用琼脂糖凝胶电泳进行鉴定,电泳分离后的 DNA 用溴化乙啶染色,用 254nm 波长紫外光检测 DNA 的提取情况。

（2）实验用品

1）材料

本实验所用的副溶血弧菌为 Vibrio parahaemolyticus zj2003 菌株,以甘油菌形式－80℃冰箱保存。

2）试剂

①副溶血弧菌液体培养基（Zobell 2216E）:蛋白胨 5g,酵母提取物 1g,FePO₄ 0.01g,陈海水 1000mL,调 pH=7.6～7.8,121℃灭菌 20min。

②副溶血弧菌裂解液:40mmol/L Tris-HAc,20mmol/L NaAc,1mmol/L EDTA,1% SDS,pH7.8。

③5mol/L NaCl。

④TE 缓冲液:10mmol/L Tris-HCl,1mmol/L EDTA,pH8.0,灭菌。

⑤10×TBE 电泳缓冲液:称取 Tris 54g,硼酸 27.5g,并加入 0.5mol/L EDTA（pH8.0） 20mL,定容至 1000mL。

⑥6×上样缓冲液:0.25%溴酚蓝,40%（w/v）蔗糖水溶液。

⑦EB 溶液母液:将 EB 配制成 10mg/mL,用铝箔或黑纸包裹。

⑧DL2,000TM DNA Marker。

3）仪器

超净工作台、恒温振荡仪、高压灭菌锅、pH 计、高速离心机、移液枪、水平电泳槽、电泳仪电源、凝胶成像系统、电炉。

（3）实验步骤

1）副溶血弧菌活化和培养

取 4μL 副溶血弧菌甘油菌接入 4mL 副溶血弧菌液体培养基中,28℃培养过夜进行活化。将活化好的菌按照 1:100 接入锥形瓶中,28℃培养 5～6 小时使之进入对数生长期。

2）基因组 DNA 的提取

①1.5mL 细菌培养物 5000rpm 离心 3min,去上清,沉淀用 200μL 裂解液悬浮,剧裂振荡破碎细胞。

②加 200μL 5mol/L NaCl 混和均匀,12000rpm 离心 10min;将上清转移至另一无菌 EP 管中,加入等体积氯仿,轻柔颠倒混和,直至形成奶状悬浊液。

③12000rpm 离心 3min,将上层水相移至另一 eppendorf 管中,用二倍体积无水乙醇沉淀 15min;离心,去上清。

④用 70%乙醇洗涤沉淀。再离心,去上清,真空干燥沉淀,然后溶于 50μL TE 中。

3）DNA 的琼脂糖凝胶电泳

用 1%琼脂糖凝胶电泳检查 DNA 的提取情况。

2. PCR 法扩增副溶血弧菌 ompW 基因及 PCR 产物的纯化

（1）原理

本实验以提取的副溶血弧菌 zj2003 株基因组 DNA 作为反应模板，利用合成的引物对编码 ompW 的 DNA 序列进行 PCR 反应扩增，以获得目的基因。扩增产物用琼脂糖凝胶电泳进行鉴定，并用 DNA 纯化试剂盒进行纯化回收。

（2）实验用品

1）材料

步骤（一）所制备的副溶血弧菌 zj2003 株基因组 DNA 溶液。

2）试剂

①2×Taq 酶 PCR 反应混合液（含 Taq DNA 聚合酶、PCR 反应缓冲液、$MgCl_2$、4 种 dNTP）；

②上游引物、下游引物（设计后由公司合成）；

③石蜡油；

④琼脂糖；

⑤10×TBE 电泳缓冲液：称取 Tris 54g，硼酸 27.5g，并加入 0.5mol/L EDTA（pH8.0）20mL，定容至 1000mL；

⑥6×上样缓冲液：0.25％溴酚蓝，40％（w/v）蔗糖水溶液；

⑦EB 溶液母液：将 EB 配制成 10mg/mL，用铝箔或黑纸包裹；

⑧DNA 纯化试剂盒购自上海生工生物工程有限公司（中国，上海）；

⑨DL2,000TM DNA Marker。

3）仪器

超净工作台、高压灭菌锅、高速离心机、移液枪、PCR 扩增仪、水平电泳仪、电泳仪电源、紫外透射仪、电炉。

（3）实验步骤

1）引物设计

在 NCBI 上查询 *Vibrio parahaemolyticus* ompW 的基因序列，以 *V. parahaemolyticus* RIMD2210633 的 ompW 基因序列（GenBank 登录号：BA000032）作为模板设计引物。其全基因序列如下，长度为 645bp：

ATGAAAAAAACAATCTGCAGTCTAGCAGTGGTTGCTGCACTCGTGTCACC
AAGTGTTTTCGCTCATAAACAAGGTGACTTCGTTCTTCGTGTTGGTGCGGCG
TCTGTCGTTCCAAATGACAGCAGCGATAAGATTCTTGGTTCTCAAGAAGAATT
GAAAGTGGATTCAAATACGCAGCTTGGTTTGACGTTTGGCTACATGTTCACAG
ACAACATCAGCCTAGAGCTTCTAGCAGCAACACCATTCAGCCATGATATTTCA
ACAGACTTGTTAGGTCTTGGTGATATCGCGGACACCAAACACCTTCCACCAAC
GCTTATGGTTCAGTACTACTTTGGCGAGCCACAAAGTAAGTTCCGTCCATACGT
TGGTGCAGGTCTCAACTACACCATCTTTTTTGATGAAGGCTTTAACAACAAAG
CGAAAAACGTGGGCTTAACTGATCTTAAGCTAGACGATTCATTTGGTTTAGC
AGACGTAGGCGTGGACTACATGATCAACGATCAATGGTTCCTTAACGCATCT
GCGTCGTGGTATGCAAACATTGAAACAGAAGCAACATACAAATTTGGTGGAG

CGAAGCAAAAAACCGACGTCAAAATTAACCCTTGGGTATTTATGATCAGCGG
CGGTTACAAGTTCTAA

　　根据以上 DNA 序列对应的氨基酸序列,以 SingalP 软件预测信号肽序列为前面 63bp
所编码,以后 582bp 为成熟肽编码序列。本实验中以成熟肽编码基因序列为模板,用 Primer Premier 5.0 软件分别设计上下游引物,同时考虑所采用的表达质粒载体 pET-30a-c(＋)
的多克隆序列中的酶切位点(图 4-3-1),在上游引物和下游引物上分别引入 *Bam*HI 和
*Hind*Ⅲ的酶切位点,这两个不同的限制性内切酶识别位点分别在引物中以下划线的方式标
记出来。引物序列如下:

　　上游引物 5′-CG<u>GGATCC</u>CATAAACAAGGTGACTTCGT-3′(*BamH* Ⅰ)

　　下游引物 5′-CCC<u>AAGCTT</u>TTAGAACTTGTAACCGCCGC-3′(*Hind* Ⅲ)

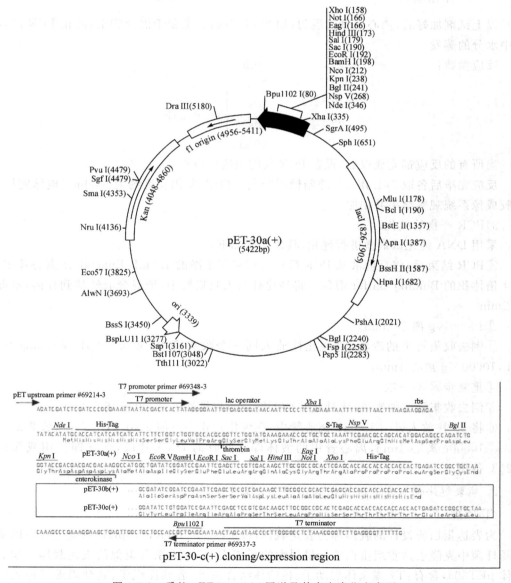

图 4-3-1　质粒 pET30a-c(＋)图谱及其多克隆位点序列

2）基因扩增

以提取的基因组 DNA 作为反应模板，利用合成的引物对编码 ompW 的 DNA 序列进行 PCR 反应扩增。

在 PCR 管中分别加入

ddH$_2$O	19μL
2×Taq 酶 PCR 反应混合液	25μL
细菌总 DNA	2μL
上游引物	2μL
下游引物	2μL

以上试剂加好后，离心 5 秒钟混匀，加 20μL 石蜡油覆盖于混合物上，防止 PCR 过程样品中水分的蒸发。

反应参数：

94℃	5min	
94℃	30s	
55℃	30s	30 个循环
72℃	60s	
72℃	10min	

当所有的反应都完成以后，设置 PCR 仪的温度保持在 4℃。

反应完毕后各取 5μL 用 1% 琼脂糖凝胶电泳检测，基因长度约为 600bp。电泳完毕，用凝胶成像系统观察结果并拍照。

3）PCR 产物的纯化

采用 DNA 纯化试剂盒进行纯化，具体步骤如下：

①PCR 结束后，将反应液从 PCR 反应管中移至干净的 1.5mL Eppendorf 离心管中，加入 4 倍体积的 Binding Buffer 混匀。将纯化柱放入收集管中，把混合液转移到柱内，室温放置 2min。

②10000×g 离心 1min。

③倒去收集管中的废液，将纯化柱放入同一个收集管中，加入 600μL Washing Solution，10000×g 离心 1min。

④重复步骤 3）一次。

⑤倒去收集管中的废液，将纯化柱放入同一个收集管中，10000g 离心 2min。

⑥将 3S 柱放入另一 1.5mL 离心管中，在纯化柱膜中央加 30μLTE，37℃放置 2 min。

⑦10000g 离心 1min，离心管中的液体即为回收的 DNA 片段，可立即使用或保存于 −20℃备用。

3. 碱裂解法提取表达质粒载体 pET-30a 及电泳鉴定

（1）原理

为表达蛋白质设计的载体称为表达载体（expression vector）。pET 系统是有史以来在大肠杆菌中克隆表达重组蛋白功能最强大的系统之一，有一系列类似的表达载体。如表达载体 pET30a，含有：T7 噬菌体启动子、核糖体结合位点、乳糖操纵子、乳糖阻遏子序列（LacI)、His6 标签序列、凝血酶切割位点、多克隆位点、T7 噬菌体终止子及 pBR322 复制子、f1 噬菌体复制子、卡那霉素筛选标记序列等。pET 表达系统中的受体菌为能够产生 T7 RNA 聚合酶的大肠杆菌菌株,如 BL21(DE3)。

pET 载体含有一个编码 T7 基因 10 氨基端前 11 个氨基酸的区域,其后是外源片段的插入位点,起始 ATG 由 T7 基因 10 氨基端提供。当宿主菌中的 T7 RNA 聚合酶基因被诱导表达后,外源片段以 T7 基因 10 氨基端融合蛋白的形式在大肠杆菌中表达。

碱变性法抽提质粒 DNA 主要包括培养收集细菌菌体、裂解细胞、将质粒 DNA 与染色体 DNA 分开及除去蛋白质和 RNA 以纯化质粒 DNA。

（2）实验用品

1）材料

含质粒载体 pET-30a(＋)的大肠杆菌(Novagen,Germany),以甘油菌形式－80℃冰箱保存。

2）试剂

①LB 液体培养基:蛋白胨(tryptone)10g,酵母提取物(yeast extract)5g,NaCl 10g,溶于 800mL 去离子水,用 5M NaOH 调 pH 至 7.2～7.4,加水至总体积 1000mL,灭菌;

②溶液Ⅰ:50mmol/L 葡萄糖,25mmol/L Tris-HCl,10mmol/L EDTA,调 pH 至 8.0;

③溶液Ⅱ:0.2mol/L NaOH,1％SDS(需新鲜配制);

④溶液Ⅲ:5mol/L 醋酸钾 60mL,冰醋酸 11.5mL,ddH_2O 28.5mL(pH4.8);

⑤苯酚/氯仿/异戊醇(25∶24∶1);

⑥无水乙醇;

⑦TE 缓冲液:10mmol/L Tris-HCl,1mmol/L EDTA,pH8.0,灭菌;

⑧RNA 酶;

⑨10×TBE 电泳缓冲液:称取 Tris54g,硼酸 27.5g,并加入 0.5mol/LEDTA(pH8.0) 20mL,定容至 1000mL;

⑩6×上样缓冲液:0.25％溴酚蓝,40％(w/v)蔗糖水溶液;

⑪EB 溶液母液:将 EB 配制成 10mg/mL,用铝箔或黑纸包裹;

⑫琼脂糖;

⑬DL2,000TM DNA Marker。

3）仪器

超净工作台、恒温振荡仪、高压灭菌锅、pH 计、高速离心机、移液枪、水平电泳槽、电泳仪电源、凝胶成像系统、电炉、涡旋仪。

（3）实验步骤

1）大肠杆菌培养

用接种环蘸取超低温保存的质粒载体 pET-30a(＋)的大肠杆菌甘油菌,在 LB 平板(含 50μg/mL 卡那霉素 Kan)上表面划线,37℃倒置培养 24 小时。挑取新活化的单菌落,接种于 5ml LB(含 50μg/mL Kan)液体培养基中,37℃振荡培养 12 小时左右至对数生长。菌液以 1∶50 比例接种于 100ml LB(含 50μg/mL Kan)液体培养基中,37℃振荡,180～200 r/min,培养 3～4h 使之进入对数生长期,至 OD_{600}＝0.6 左右。

2)质粒 DNA 的提取

①取 1.5～3mL 培养的菌液,室温,6000rpm 离心 5min,弃去上清,倒置于吸水纸上,使培养液流尽;

②加入 100μL 冰预冷的溶液 I,在涡旋仪上振荡混匀,使菌体充分悬浮,室温下静置 5min;

③加入 200μL 新配制的溶液 II,温和颠倒数次,混匀,冰浴下静置 5min;

④加 150μL 溶液Ⅲ,上下颠倒混匀,冰浴下静置 5 min;

⑤12000rpm,4℃ 离心 10 min,将上层水相转至干净的 1.5mL Eppendorf 管;

⑥加入等体积苯酚/氯仿/异戊醇(25：24：1),上下颠倒混匀,12000rpm,离心 5 min;

⑦将上清移至另一 1.5mL Eppendorf 管中,加入 1/10 体积量 3mol/L NaAc(pH5.2),加入 2.5 倍体积乙醇(−20℃预冷),混匀,室温放置 5min 后,12000rpm,4℃ 离心 10 min;

⑧弃去上清液,沉淀加 1mL 70%乙醇漂洗,上下颠倒混匀数次(动作要轻),12000rpm,4℃,离心 5 min,以除去盐离子;

⑨弃上清,沉淀于室温干燥 20～30min,加 35μL TE 缓冲液溶解沉淀;

⑩加入 2μL RNA 酶(2mg/mL),用加样器上下吹打混匀,37℃作用 30min。

3)质粒 DNA 的琼脂糖凝胶电泳分析

取 5μL 加 1μL 6×上样缓冲液进行 1%琼脂糖电泳,用凝胶成像系统观察和拍照。

4. 载体质粒、PCR 产物的双酶切及酶切产物纯化

(1)原理

限制性核酸内切酶能特异地结合于一段被称为限制性酶识别序列的 DNA 序列之内或其附近的特异位点上,并切割双链 DNA。本实验是用 *Bam*HI、*Hind* Ⅲ 分别对载体质粒、PCR 产物进行双酶切,使两者形成两个相同的黏性末端,以便进行外源基因和载体质粒的连接和重组。

在细菌细胞内,共价闭环质粒以超螺旋(ccc)形式存在。在提取质粒过程中,除了超螺旋 DNA 外,还会产生其他形式的质粒 DNA。如果质粒 DNA 两条链中有一条链发生一处或多处断裂,分子就能旋转而消除链的张力,形成松弛型的环状分子,称为开环 DNA(OC);如果质粒 DNA 的两条链在同一处断裂,则形成线状 DNA(L)。当提取的质粒 DNA 电泳时,同一质粒 DNA 其超螺旋形式的泳动速度要比开环和线状分子的泳动速度快。当用限制酶切开质粒载体后质粒的电泳速度比原来慢。

(2)实验用品

1)材料

步骤(二)所得的 PCR 产物;步骤(三)所提取的质粒载体。

2)试剂

①*Bam*HI 及酶切通用缓冲液;

②*Hind*Ⅲ 及酶切通用缓冲液;

③氯仿;

④无水乙醇;

⑤苯酚/氯仿/异戊醇(25：24：1);

⑥TE 缓冲液:10mmol/L Tris-HCl,1mmol/L EDTA,pH8.0,灭菌;

⑦琼脂糖;

⑧10×TBE 电泳缓冲液:称取 Tris54g,硼酸 27.5g,并加入 0.5mol/LEDTA(pH8.0)20mL,定容至 1000mL;

⑨6×上样缓冲液:0.25%溴酚蓝,40%(w/v)蔗糖水溶液;

⑩EB 溶液母液:将 EB 配制成 10mg/mL,用铝箔或黑纸包裹;

⑪DL2,000TM DNA Marker。

3)仪器

恒温水浴锅、移液器。

(3)实验步骤

1)酶切

①在两个经灭菌编好号的 1.5mL 的离心管中分别依次加入下列试剂,注意防止错加、漏加:

a. 质粒 DNA pET-30a(+)

ddH$_2$O	2μL
10×buffer	4μL
BamH I	2μL
Hind Ⅲ	2μL
pET-30a(+)	30μL

b. PCR 产物

ddH$_2$O	2μL
10×buffer	4μL
EcoR I	2μL
Hind Ⅲ	2μL
PCR 产物	30μL

240μL 体系加好后 5 秒离心混匀,使溶液集中在管底。

3 将 Eppendorf 管置于适当的支持物上,37℃水浴酶切 3 小时。

2)酶切产物的电泳鉴定

分别取 5μL 酶切产物与 1μL 6×上样缓冲液混合,进行 DNA 琼脂糖凝胶电泳鉴定。

3)酶切产物纯化

取剩余反应产物 30μL 加 100μLTE 缓冲液,加等体积氯仿混匀,10000rpm 离心 15 秒。用移液枪将上层水相吸至新的小管中,再用等体积苯酚/氯仿/异戊醇(25:24:1)抽提,10000rpm 离心 15sec,回收上层液相。加 3 倍体积预冷的无水乙醇,置—20℃下 30min 沉淀。12000rpm 离心 10min,吸净上清液。加入 0.5mL 70%乙醇,稍离心后,吸净上清液,将沉淀溶于 8μL ddH$_2$O 中。

5. 载体片段与 PCR 产物的连接

（1）原理

DNA 重组，就是指把外源目的基因"装进"载体这一过程，即 DNA 的重新组合。这种重新组合的 DNA 是由两种不同来源的 DNA 组合而成，所以称作重组体或嵌合 DNA。DNA 连接酶（ligase）催化双链 DNA 中相邻碱基的 5′磷酸和 3′羟基间磷酸二酯键的形成，利用 DNA 连接酶可以将适当切割的载体 DNA 与目的基因 DNA 进行共价连接。

在本次实验中，我们用两种不同的限制酶 BamHI、Hind Ⅲ 分别对载体质粒、PCR 产物进行双酶切，分别产生具有两种不同的黏性末端。用同一对核酸限制内切酶消化外源靶基因 DNA 片段与载体 DNA，然后进行连接，就可以使靶基因定向插入载体分子。即经两种非同尾酶处理的外源 DNA 片段只有一种方向与载体 DNA 重组。并且，上述重组分子可用相应的限制性核酸酶重新切出外源 DNA 片段和载体 DNA，克隆的外源 DNA 片段可以原样回收。

（2）实验用品

1）材料

步骤（四）酶切并纯化后的 ompW 目的基因和质粒载体。

2）试剂

T4-DNA 连接酶及 10×buffer。

3）仪器

恒温水浴锅、移液器、离心机、低温循环槽、制冰机。

（3）实验步骤

将步骤（四）纯化后的 ompW 目的基因和 pET-30a（＋）质粒酶切产物混合，总体积为 $8\mu L$，45℃保温 5 分钟，冷却至 0℃。加 10×连接酶缓冲液 $1\mu L$，连接酶 $0.5\mu L$，离心混匀。16℃保温 12～16 小时。

6. E. coli DH5α 菌株感受态细胞的制备和重组质粒的转化

（1）实验原理

DNA 重组分子体外构建完成后，必须导入特定的宿主（受体）细胞，使之无性繁殖并高效表达外源基因或直接改变其遗传性状，这个导入过程及操作称为重组 DNA 分子的转化（transformation）。本实验以 E. coli DH5α 菌株为受体细胞，用 $CaCl_2$ 处理受体菌使其处于感受态，然后与 pET-30a（＋）重组质粒共保温实现转化。转化后需要筛选出含有重组质粒的单菌落，本实验中采用 Kana 抗性筛选进行鉴定，进一步的鉴定见基础实验七。pET-30a（＋）上带有 KanaR 基因而 ompW 基因片段和 E. coli DH5α 菌株没有，故转化受体菌后只有带有 pET-30a（＋）质粒的转化子才能在含有 Kana 的培养基上存活，而不带 pET-30a（＋）的转化子或没有转化的细菌不能存活。

（2）实验用品

1）材料

步骤（五）所得重组质粒；E. coli DH5α 甘油菌。

2）试剂

①LB 液体培养基：蛋白胨（tryptone）10g，酵母提取物（yeast extract）5g，NaCl 10g，溶

于 800mL 去离子水,用 5M NaOH 调 pH 至 7.2～7.4,加水至总体积 1000mL,灭菌;

②LB 固体培养基:每升 LB 液体培养基中加入 15g 琼脂,121℃高压灭菌 20min。待培养基降温至 60℃,倒平板;

③0.05mol/L 的 $CaCl_2$:称取 0.28g $CaCl_2$(无水,分析纯),溶于 50mL 重蒸水中,定容至 100mL,高压灭菌;

④含 15％甘油的 0.05mol/L 的 $CaCl_2$:称取 0.28 $CaCl_2$(无水,分析纯),溶于 50mL 重蒸水中,加入 15mL 甘油,定容至 100mL,高压灭菌;

⑤Kan 母液:配成 50mg/mL 水溶液,-20℃保存备用。

3)仪器

超净工作台、恒温培养箱、摇床、分光光度计、制冰机、冷冻离心机、移液枪、水浴锅、高压灭菌锅。

(3)实验步骤

1)受体菌培养

用接种环蘸取超低温保存的 *E. coli* DH5α 菌株,在 LB 平板上表面划线,37℃倒置培养 24 小时。挑取新活化的 *E. coli* DH5α 单菌落,接种于 3～5mL LB 液体培养基中,37℃振荡培养 12 小时左右至对数生长。菌液以 1:50 比例接种于 100ml LB 液体培养基中,37℃振荡,180～200r/min,培养 3～4h,至 OD_{600}=0.6 左右。

2)感受态细胞制备($CaCl_2$ 法)

将 1.5～3mL 培养液转入离心管中,冰上放置 10 分钟,4℃下 3000g 离心 10 分钟。弃上清,用预冷的 1mL 0.05mol/L 的 $CaCl_2$ 溶液轻轻悬浮细胞,冰上放置 15～30 分钟,4℃下 3000g 离心 10 分钟。弃上清,加入 0.2mL 预冷含 15％甘油的 0.05mol/L 的 $CaCl_2$ 溶液,轻轻悬浮细胞,冰上放置几分钟即可。此时的细胞为感受态细胞,置 4℃备用,或-20℃冻存备用。

3)转化

取感受态细胞 200μL,加入重组质粒,轻轻混匀,冰上放置 30 分钟。42℃水浴中热击 90 秒或 37℃水浴 5 分钟,迅速置于冰上冷却 3～5 分钟。向管中加入 1mL LB 液体培养基(不含 Kan),混匀后 37℃振荡培养 1 小时,使细菌恢复正常生长状态,并表达质粒编码的抗生素抗性基因(Kan^r)。

4)重组体筛选

稍离心,弃上清 800μL,用枪吹打悬浮细菌后,均匀涂布于 2 块的 LB 平板(含卡那霉素 50μg/mL)上,正面向上放置半小时,待菌液完全被培养基吸收后倒置培养皿,37℃培养 12～16 小时。出现明显而又未相互重叠的单菌落时拿出平板,检查结果。

7. 重组子的鉴定

(1)原理

重组质粒转化宿主细胞后,还需对转化菌落进行筛选鉴定,从而将含正确重组的阳性质粒菌落从空菌落、仅含质粒本身的菌落等混合体系中分选出来。

由于我们所用的载体 pET-30a(＋)上不含有 β-半乳糖苷酶基因(LacZ),所以转化 *E. coli* DH5α 菌株后不能用蓝白斑法进行筛选,只能使用 Kan 抗性筛选。

本实验对上一实验通过抗性筛选得到的白色菌落,用 LB 扩增后,先用菌落 PCR 法初步确定菌体中是否含有重组质粒,检测结果呈阳性的转化子再利用电泳法和PCR法鉴定重组质粒。电泳法鉴定即从转化子中利用碱裂解法提取质粒,通过琼脂糖凝胶电泳法测定它们的大小,并用 *Bam*HI 和 *Hind* Ⅲ 双酶切后电泳进一步验证质粒的重组情况。PCR 鉴定是用碱裂解法提取的重组质粒为模板,利用原来设计的引物,进行 PCR 扩增,检测构建质粒是否是所期望的重组质粒。

（2）实验用品

1）材料

步骤(六)所得的白色菌落。

2）试剂

①LB 液体培养基:蛋白胨(tryptone)10g,酵母提取物(yeast extract)5g,NaCl 10g,溶于 800mL 去离子水,用 5M NaOH 调 pH 至 7.2～7.4,加水至总体积 1000mL,灭菌;

②溶液 Ⅰ:50mmol/L 葡萄糖,25mmol/L Tris-HCl,10mmol/L EDTA,调 pH 至 8.0;

③溶液 Ⅱ:0.2mol/L NaOH,1％SDS(需新鲜配制);

④溶液 Ⅲ:5mol/L 醋酸钾 60mL,冰醋酸 11.5mL,ddH_2O 28.5mL(pH4.8);

⑤苯酚/氯仿/异戊醇(25∶24∶1);

⑥无水乙醇;

⑦TE 缓冲液:10mmol/L Tris-HCl,1mmol/L EDTA,pH8.0,灭菌;

⑧RNA 酶;

⑨10×TBE 电泳缓冲液:称取 Tris 54g,硼酸 27.5g,并加入 0.5mol/L EDTA(pH8.0) 20mL,定容至 1000mL;

⑩6×上样缓冲液:0.25％溴酚蓝,40％(w/v)蔗糖水溶液;

⑪EB 溶液母液:将 EB 配制成 10mg/mL,用铝箔或黑纸包裹;

⑫琼脂糖;

⑬*Bam*HI 及酶切通用缓冲液;

⑭*Hind* Ⅲ 及酶切通用缓冲液;

⑮2×Taq 酶 PCR 反应混合液(含 Taq DNA 聚合酶、PCR 反应缓冲液、MgCl_2、4 种 dNTP);

⑯上游引物、下游引物(设计后由公司合成);

⑰石蜡油;

⑱DL2,000TM DNA Marker。

3）仪器

摇床、超净工作台、高压灭菌锅、pH 计、高速离心机、移液枪、水平电泳槽、电泳仪电源、凝胶成像系统、电炉、涡旋仪、恒温水浴锅、PCR 仪。

（3）实验步骤

1）菌体培养

挑选步骤(六)所得形态饱满、生长良好的白斑 3～5 个,分别接种于 5mL 卡那霉素 Kana(50μg/mL)的 LB 液体培养基中,37℃振荡培养过夜。

2）菌落 PCR

取菌液 100μL,以 100℃加热 5min 破菌后的菌液作为模板(含 DNA),进行 PCR 鉴定,以期找到能扩增出 ompW 基因的菌株。

在 PCR 管中分别加入

ddH₂O	9.5μL
2×Taq 酶 PCR 反应混合液	12.5μL
菌液	1μL
上游引物	1μL
下游引物	1μL

以上试剂加好后，离心 5 秒钟混匀，加 20μL 石蜡油覆盖于混合物上，防止 PCR 过程样品中水分的蒸发。

反应参数：

94℃	5min	
94℃	30s	
55℃	30s	30 个循环
72℃	60s	
72℃	10min	

当所有的反应都完成以后，设置 PCR 仪的温度保持在 4℃。

反应完毕后各取 5μL 用 1％琼脂糖凝胶电泳检测，用标准 DNA marker 做对照，确定 PCR 产物是否存在以及大小。电泳完毕，用凝胶成像系统观察结果并拍照。

对于能扩增出约 600bp 条带的菌液，再进行以下鉴定。

3）碱裂解法小量制备重组质粒

取 4mL 培养液提取质粒，其余部分于 4℃ 保存备用。质粒提取步骤见实验三，取 5μL 提取的质粒加 1μL 6×上样缓冲液进行 1％琼脂糖电泳（原来提取的载体质粒 pET-30a（＋）作为对照），并用凝胶成像系统观察并拍照。

4）重组质粒的双酶切鉴定

①双酶切：与空载体比较，选取琼脂糖电泳速度较慢者进行酶切鉴定。用 20μL 反应体系，37℃ 酶切 3hr：

10×buffer	2μL
ddH₂O	7μL
BamH Ⅰ	1μL
Hind Ⅲ	1μL
重组质粒	9μL

②酶切产物取 5μL 加 1μL 6×上样缓冲液进行 1％琼脂糖电泳鉴定，利用空载体片段与目标基因片段作为对照，从酶切后的片段的数目及大小上进行确认，并用凝胶成像系统观察并拍照。

5）重组质粒的 PCR 鉴定

用重组质粒做模板，利用合成的引物对编码 ompW 的 DNA 序列进行 PCR 反应扩增。

在 PCR 管中分别加入

ddH$_2$O	9.5μL
2×Taq 酶 PCR 反应混合液	12.5μL
重组质粒	1μL
上游引物	1μL
下游引物	1μL

以上试剂加好后,离心 5 秒钟混匀,加 20μL 石蜡油覆盖于混合物上,防止 PCR 过程样品中水分的蒸发。

反应参数:　　　　94℃　　　　5min
　　　　　　　　　94℃　　　　30s ⎫
　　　　　　　　　55℃　　　　30s ⎬ 30 个循环
　　　　　　　　　72℃　　　　60s ⎪
　　　　　　　　　72℃　　　　10min ⎭

当所有的反应都完成以后,设置 PCR 仪的温度保持在 4℃。

反应完毕后各取 5μL 用 1％琼脂糖凝胶电泳检测,用标准 DNA marker 做对照,确定 PCR 产物是否存在以及大小。电泳完毕,在紫外灯下观察结果并拍照。

6)DNA 测序

为了确保 DNA 片段被正确地插入到载体中合适的酶切位点,并且没有突变的引入,挑选鉴定正确的单克隆菌株送测序公司进行 DNA 全序列测序分析。将测序结果与报道的 DNA 序列进行完全比对。如果比对正确,则重组质粒就构建成功了。

8. 阳性重组质粒转化表达菌株 E. coli BL21(DE3)

(1)原理

在构建具有 ompW 基因、Kana 抗性的重组质粒后,经鉴定质粒构建正确后,还需要提取重组质粒,转化表达菌株 E. coli BL21(DE3),在该菌中表达 ompW 基因,才能最终形成 ompW 表达产物。而含有重组质粒的 E. coli DH5α 菌株不能进行外源基因的大量表达。基因工程的研究要获得基因表达产物,就涉及目的基因的表达问题。基因表达的调控机制是相当复杂而严密的,从 DNA 转录成 RNA 前体、前体 RNA 加工成 mRNA,以及 mRNA 翻译成蛋白质的整个过程中每一步都有精密的调节。表达载体(expression vector)是指具有宿主细胞基因表达所需调控序列,能使克隆的基因在宿主细胞内转录与翻译的载体。也就是说,克隆载体只是携带外源基因,使其在宿主细胞内扩增;表达载体不仅使外源基因扩增,还使其表达。

常用的 pET 系列质粒在大肠杆菌中进行基因的表达受 T7 RNA 聚合酶的控制,在诱导条件下可以进行蛋白质的高水平表达,具有合适的克隆位点。它的宿主细胞是大肠杆菌 BL21(DE3)细胞,BL21(DE3)是一株带有 LacUV5 启动子控制的 T7 噬菌体 RNA 聚合酶基因的溶源菌。pET/E. coli 表达系统被广泛应用于细菌体内表达。

(2)实验用品

1)材料

①步骤(七)提取的具有 ompW 基因、Kana 抗性的重组质粒;

②E. coli BL21（DE3）甘油菌。

2）试剂

①LB 液体培养基：蛋白胨（tryptone）10g，酵母提取物（yeast extract）5g，NaCl 10g，溶于 800mL 去离子水，用 5M NaOH 调 pH 至 7.2～7.4，加水至总体积 1000mL，灭菌；

②LB 固体培养基：每升 LB 液体培养基中加入 15g 琼脂，121℃ 高压灭菌 20min。待培养基降温至 60℃，倾倒铺平板；

③0.05mol/L 的 $CaCl_2$：称取 0.28g $CaCl_2$（无水，分析纯），溶于 50mL 重蒸水中，定容至 100mL，高压灭菌；

④含 15％甘油的 0.05mol/L 的 $CaCl_2$：称取 0.28 $CaCl_2$（无水，分析纯），溶于 50mL 重蒸水中，加入 15mL 甘油，定容至 100mL，高压灭菌；

⑤Kan 母液：配成 50mg/mL 水溶液，－20℃ 保存备用；

⑥30％的无菌甘油。

3）仪器

超净工作台、恒温培养箱、摇床、分光光度计、制冰机、冷冻离心机、移液枪、水浴锅、高压灭菌锅。

（3）实验步骤

将鉴定正确的重组细菌加入到含有 50 μg/mL Kana 的 LB 液体培养基中过夜振荡培养，培养温度为 37℃。然后用碱裂解法抽提质粒，获得了具有 ompW 基因、Kana 抗性的重组质粒。将获得的重组质粒通过热激法转入化学感受态细胞 E. coli BL21（DE3）中，反应过程与前面的描述完全相同。热刺激反应温度为 42℃，反应时间 90 秒。将转化后的细胞均匀地涂布在两块包含有 50 μg/mL Kana 的 LB 固体培养平板上，放在 37℃ 的培养箱中，倒置培养过夜。

从培养的平板上，挑选单个的、较大的白色克隆接种到含 Kana 的 5mL LB 液体培养基中，然后 37℃ 振荡培养过夜。取部分培养液加入 30％的无菌甘油保种，甘油的终浓度为 15％，轻轻振荡混匀，然后保存在－80℃ 超低温冰箱中。

9. OmpW 的诱导表达和 SDS-PAGE 电泳鉴定

（1）原理

外源基因在原核生物中高效表达除了有合适的载体外，还必须有适合的宿主菌以及一定的诱导因素。通常表达质粒不应使外源基因始终处于转录和翻译之中，因为某些有价值的外源蛋白可能对宿主细胞是有毒的，外源蛋白的过量表达必将影响细菌的生长。为此，宿主细胞的生长和外源基因的表达是分成两个阶段进行的，第一阶段使含有外源基因的宿主细胞迅速生长，以获得足够量的细胞；第二阶段是启动调节开关，使所有细胞的外源基因同时高效表达，产生大量有价值的基因表达产物。

pET 由于带有来自大肠杆菌的乳糖操纵子，它由启动基因、分解产物基因活化蛋白（CAP）结合位点、操纵基因及部分半乳糖酶结构基因组成，受分解代谢系统的正调控和阻遏物的负调控。正调控是通过 CAP（catabolite gene activation protein）因子和 cAMP 来激活启动子，促使转录；负调控则是由调节基因（Lac I）产生 Lac 阻遏蛋白与操纵子结合，阻遏外源基因的转录和表达，此时细胞大量生长繁殖。乳糖的存在可解除这种阻遏，另外 IPTG 是 β-半乳糖苷酶底物类似物，具有很强的诱导能力，能与阻遏蛋白结合，使操纵子游离，诱导

LacZ 启动子转录，于是外源基因被诱导而高效转录和表达。所以可以通过在培养基中添加 IPTG 诱导基因的表达。pET-30a(+)的基因表达是受诱导剂 IPTG 的诱导。

（2）实验用品

1）材料

步骤（八）所得的阳性克隆转化子。

2）试剂

①LB 液体培养基：蛋白胨（tryptone）10g，酵母提取物（yeast extract）5g，NaCl 10g，溶于 800mL 去离子水，用 5M NaOH 调 pH 至 7.2～7.4，加水至总体积 1000mL，灭菌；

②Kan 母液：配成 50mg/mL 水溶液，−20℃保存备用；

③100mmol/L IPTG；

④12％分离胶；

⑤5％浓缩胶；

⑥2×样品处理液：4％ SDS，20％丙三醇，2％β-巯基乙醇，0.2％溴酚蓝，100mM Tris-HCl；

⑦5×电泳缓冲液：15.1g Tris，94.0g Glycine，5.0g SDS，加水定容至 1000mL。4℃ 存放。

⑧SDS-PAGE 染色液：180mL 甲醇，36.8mL 冰醋酸，加入 1g 考马斯亮蓝 R250，定容至 400mL，过滤备用，室温存放。

⑨SDS-PAGE 脱色液：50 mL 无水乙醇，100mL 冰醋酸，850mL 水，混匀后室温存放。

⑩低分子量蛋白质 Marker：条带大小分别为 14400、20100、31000、43000、66200、97400 道尔顿。

3）仪器

摇床、超净工作台、移液枪、离心机、水浴锅、pH 计、垂直电泳槽、电泳仪电源、凝胶成像系统、脱色摇床。

（3）实验步骤

1）OmpW 的诱导表达

将经过鉴定含有正确的重组质粒的菌液按照 1∶20～1∶100 的比例转接到 250mL 含有 50 μg/mL Kana 的 LB 培养基中进行放大培养。37℃振荡培养约 3h，当培养物的光密度（OD$_{600}$）达到 0.6～1.0 时，加入 IPTG 至其终浓度为 1mM，诱导 ompW 蛋白表达，同时以不加 IPTG 的培养液作为对照，采用 37℃振荡培养 4h 诱导目的蛋白的表达。

2）SDS-PAGE 检测 ompW 表达

诱导表达的菌液，12000g 离心 10min，弃培养基。菌体用 PBS 重悬后加等体积的 2×样品处理液，混匀后沸水中煮 10min，12000g 离心 10min，用 SDS-PAGE 鉴定蛋白表达情况。

10. OmpW 的分离纯化

（1）原理

细胞内蛋白质分离的基本步骤是：清洗细胞（通常用缓冲液悬浮培养细胞或菌体后离心，除去残留培养基，然后用合适的缓冲液悬浮菌体）、裂解细胞、离心去除膜组分等获得可溶性蛋白质（如果目的蛋白是膜蛋白则用去垢剂处理），然后通过离心、盐析沉淀、层析等方法进行分离纯化，以获得蛋白产物。分离纯化的情况可用 SDS-PAGE 电泳检测。

重组蛋白在大肠杆菌中表达时,由于表达量高,通常重组蛋白会以包涵体形式存在。即这些蛋白质在细胞内聚集成没有生物活性的直径为 $0.1\sim3.0\mu m$ 的固体颗粒。如果目标产物表达后形成包涵体,包涵体蛋白的分离需经过细胞破碎、收集包涵体、包涵体的洗涤(去除吸附在包涵体表面的不溶性杂蛋白和其他杂质)、包涵体的溶解(可溶性变性、还原蛋白质)和变性蛋白质的复性、重新氧化等步骤,再进行与一般蛋白质相同的分离纯化。

用 pET-30a 质粒载体构建的蛋白表达产物中,目标蛋白与载体上设计的组氨酸标签融合表达,可以用镍柱进行金属离子亲和纯化。

(2)实验用品

1)材料

OmpW/pET-30a/BL21 甘油菌。

2)试剂

①LB 液体培养基:蛋白胨(tryptone)10g,酵母提取物(yeast extract)5g,NaCl 10g,溶于 800mL 去离子水,用 5M NaOH 调 pH 至 $7.2\sim7.4$,加水至总体积 1000mL,灭菌;

②Kan 母液:配成 50mg/mL 水溶液,-20℃ 保存备用;

③100mmol/L IPTG;

④菌体重悬液 BufferI(50mmol/L Tris-HCl,1mmol/L EDTA,pH7.5);

⑤包涵体洗涤液 BufferII(50mmol/L Tris-HCl,1mmol/L EDTA,50mmol/L NaCl,0.3% Triton X-100,pH7.5);

⑥尿素变性液(50mMTris-HCl,8M 尿素,pH 8.0);

⑦500mM 咪唑母液;

⑧镍柱;

⑨SDS-PAGE 电泳所涉及的试剂。

3)仪器

超净工作台、摇床、超净工作台、移液枪、离心机、水浴锅、pH 计、垂直电泳槽、电泳仪电源、凝胶成像系统、脱色摇床、超声波破碎仪、蛋白层析系统。

(3)实验步骤

1)OmpW 蛋白质诱导表达

取 $4\mu L$ ompW/pET-30a/BL21 甘油菌接入 4mL LB 液体培养基中,Kana 终浓度为 $50\mu g/mL$,37℃培养 6 小时进行活化。将活化好的菌按照 1:100 接入含 250mL LB 培养基的锥形瓶中,Kana 终浓度为 $50\mu g/mL$,37℃培养 4 小时。加入 IPTG(终浓度 1mmol/L),37℃诱导 4 小时,转数 200r/min。

2)细胞超声裂解

6000rpm,离心 15 分钟,收集菌体细胞。沉淀用蒸馏水清洗 3 次,最后收集的沉淀用菌体重悬液 BufferI(50mmol/L Tris-HCl,1mmol/L EDTA,pH7.5)按 1:15 的质量体积比悬浮。超声破菌 40 分钟(超声 2 秒,间隔 2 秒)。9000rpm,4℃,离心 10 分钟,收集沉淀①和上清①。

3)SDS-PAGE 电泳鉴定产物位置

取少量沉淀①和上清①进行 SDS-PAGE 电泳,以确定目标蛋白 ompW 是可溶性表达还是形成了包涵体。如果目标产物可溶性表达,即 ompW 在上清①中,按以下步骤(4)进行分离纯化。如果目标产物形成包涵体,即 ompW 在沉淀①中,则按以下步骤(5)进行分离纯化。

4)可溶性蛋白的分离纯化

直接用镍柱纯化目标蛋白。镍柱(2mL)上样前先用平衡缓冲液(50mM Tris-HCl,20mM 咪唑,pH 8.0)平衡,约 3 倍柱体积(6mL)。上样,用离心管收集流出物。流出物重新再上 2 次样。

依次用下列 2 种含不同浓度咪唑溶液 10mL 进行洗脱,分别收集洗脱液进行 SDS-PAGE 电泳:

①50mM Tris-HCl,30mM 咪唑,pH 8.0(杂质清洗)

②50mM Tris-HCl,300mM 咪唑,pH 8.0(洗脱目标产物)

5)包涵体蛋白的分离纯化

①包涵体清洗

沉淀①用 BufferI 清洗 1 遍,留沉淀。加入包涵体洗涤液 BufferII(50mmol/L Tris-HCl,1mmol/L EDTA,50mmol/L NaCl,0.3% Triton X-100,pH7.5),37℃ 振荡 0.5hr。9000rpm,4℃,离心 10 分钟,收集沉淀。沉淀再用 BufferII 清洗一次。最后沉淀用蒸馏水洗 2 次。

②包涵体的变性溶解

清洗后的包涵体沉淀用 10mL 尿素变性液(50mM Tris-HCl,8M 尿素,pH 8.0)悬浮,可用枪把包涵体沉淀吹起来,放在振荡器振荡 30 分钟,如果还有未溶的,可以少加些变性液再振会儿。等完全溶解后,12000rpm 离心 20 分钟,留上清,上清直接上镍柱。

③镍柱纯化 ompW

镍柱(2mL)上样前先用平衡缓冲液(50mM Tris-HCl,8M 尿素,20mM 咪唑,pH 8.0)平衡,约 3 倍柱体积(6mL)。上样,用离心管收集流出物。流出物重新再上 2 次样。

依次用下列不同浓度咪唑溶液 10mL 进行洗脱,分别收集洗脱液进行 SDS-PAGE 电泳:50mM Tris-HCl 洗脱液、10mM 咪唑洗脱液、20mM 咪唑洗脱液、50mM 咪唑洗脱液、100 mM 咪唑洗脱液、200 mM 咪唑洗脱液、300 mM 咪唑洗脱液、400 mM 咪唑洗脱液。

镍柱再生:500mM 咪唑洗 10mL,再用蒸馏水洗去残余物质。

五、结果展示

1. 副溶血弧菌 zj2003 株基因组 DNA 的提取结果

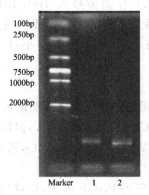

图 4-3-2 副溶血弧菌 zj2003 菌株基因组 DNA
注:M 为 DL2000 DNA Marker;1—2 为副溶血弧菌 zj2003 株基因组 DNA。

2.ompW 编码序列的 PCR 结果

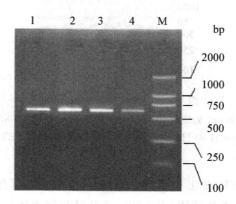

图 4-3-3　副溶血弧菌 zj2003 菌株 ompW 基因的 PCR 扩增

注:M 为 DL2000 DNA Marker;1—4 为副溶血弧菌 zj2003 株。

　　从以上电泳图的结果可以看出,提取的副溶血弧菌 ompW 基因进行 PCR 扩增后条带清晰明显,且碱基数在 Mark 上显示的范围也在 600bp 左右,证明 DNA 提取和 PCR 扩增成功。

3. 表达载体 pET-30a 质粒提取结果

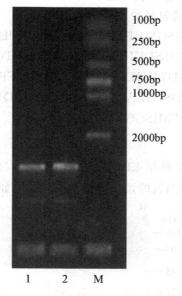

图 4-3-4　pET-30a 质粒提取

注:1—2 为 pET-30a 质粒;3 为 DL2000 DNA Marker

4.ompW 基因克隆重组体的检测结果

　　经抗性筛选的白色菌落经过 LB 液体培养扩增后,提取质粒,经 BamHI 和 Hind Ⅲ 双酶切后用琼脂糖凝胶电泳进行鉴定。重组质粒进行 PCR 扩增,再用琼脂糖凝胶电泳进行鉴定。

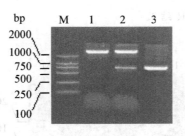

图 4-3-5   重组质粒酶切电泳图

注：M 为 DL2000 DNA Marker；1 为质粒 pET-30a（＋）经 *Bam*HI 和 *Hind* Ⅲ 双酶切后；2 为重组质粒 pET-30a（＋）/ompW 经 *Bam*HI 和 *Hind* Ⅲ 双酶切后；3 为重组质粒 pET-30a（＋）/ompW 经 ompW 引物进行 PCR 的产物。

实验结果说明通过 PCR 方法从副溶血弧菌 zj2003 株基因组中扩增得到了大小约为 600bp 的基因片段，连接至表达载体 pET-30a，成功转化至受体菌大肠杆菌 BL21（DE3）中，经酶切鉴定和电泳分析与 NCBI 上查到的 ompW 基因大小基本一致。

5. ompW 氨基酸序列分析

重组质粒经测序后获得 ompW 成熟肽的基因序列，长 582bp，与预期相符；与 pET-30a 载体中的 His Tag 及其他标签序列（150bp）组成一个完整的编码框（Open Reading Frame，ORF），共长 732bp。用生物信息学软件进行分析，预测重组 ompW 分子量分别为 27.68 kDa，共有 243 个氨基酸组成，其氨基酸序列如下所示：

MHHHHHHSSGLVPRGSGMKETAAAKFERQHMDSPDLGTDDDDKAMADIGS
HKQGDFVLRVGAASVVPNDSSDKILGSQEELKVDSNTQLGLTFGYMFTDNISLELL
AATPFSHDISTDLLGLGDIADTKHLPPTLMVQYYFGEPQSKFRPYVGAGLNYTIFFD
EGFNNKAKNVGLTDLKLDDSFGLAANVGVDYMINDQWFLNASAWYANIETEAT
YKFGGAKQKTDVKINPWVFMISGGYKF

6. ompW 的诱导表达

通过鉴定的重组体克隆，接种至 LB 液体培养基，加入终浓度 1mmol/L IPTG，37℃诱导 4h，菌液离心后进行 SDS 检测目的蛋白表达情况。结果如下：

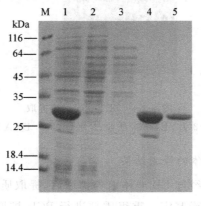

图 4-3-6   ompW 诱导表达蛋白凝胶电泳图

注：M 为中等分子量蛋白质 Marker；1 为 BL21（DE3）-pET30a-ompW；2 为 BL21（DE3）；3 为上清；4 为包涵体沉淀；5 为纯化的 OmpW。

　　由 12％的 SDS-PAGE 分析图可以看出,通过与蛋白质分子量 Mark 的比较可看出 IPTG 诱导后表达的重组 ompW 分子量大约为 27kDa,这与根据生物信息学预测到的分子量(26.8kDa)基本一致,说明副溶血弧菌 ompW 基因的克隆和表达取得成功。重组蛋白存在于培养物沉淀中,以包涵体的形式表达。

　　7. 重组蛋白 ompW 的纯化

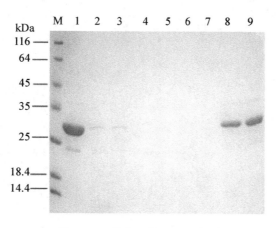

图 4-3-7　镍柱纯化重组 ompW

注:M 为中等分子量蛋白质 Marker;1 为 ompW 包涵体;2 为 Tris-HCl 洗脱液;3 为 10mM 咪唑洗脱液;4 为 20mM 咪唑洗脱液;5 为 50mM 咪唑洗脱液;6 为 100 mM 咪唑洗脱液;7 为 200 mM 咪唑洗脱液;8 为 300 mM 咪唑洗脱液;9 为 400 mM 咪唑洗脱液。

　　由图 4-3-7 可以看出,包涵体蛋白上样到镍柱后,挂柱率较高,Tris-HCl 和低浓度的咪唑洗脱液中仅有少量目的蛋白洗出;经系列浓度的咪唑缓冲液洗涤后,在咪唑浓度 300mmol/L 以上时从柱上洗脱下来。浓缩后得到单一的蛋白,纯化率在 95％以上。

六、合作研讨题

　　1. 如何利用网络资源和分子生物学软件进行某种原核生物特定基因克隆、表达的引物设计? 以副溶血弧菌 ompW 基因的克隆表达为例说明具体步骤。
　　2. 简述本次副溶血弧菌 ompW 基因克隆表达实验的流程。
　　3. 结合本次实验设计和操作过程,谈谈你对成功进行克隆表达实验的体会。
　　4. 有哪些方法可以鉴定你所克隆表达的蛋白产物就是目标蛋白质?
　　5. 目标蛋白克隆表达后如何进行分离纯化? 写出总体的流程。

七、实验设计及学习参考资料

[1] 魏群. 生物化学与分子生物学综合大实验. 北京:化学工业出版社,2007.
[2] 朱旭芬. 基因工程实验指导. 北京:高等教育出版社,2006.
[3] 刘进元等. 分子生物学实验指导. 北京:清华大学出版社,2002.
[4] 郭勇. 现代生化技术. 北京:科学出版社,2005.
[5] Novagen pET-30a-c(＋) Vectors 说明书.
[6] 张崇文,于涟,毛芝娟等. 哈维氏弧菌外膜蛋白 OmpK 基因的克隆及原核表达[J].

水产学报,2006,30(1):9—14.

　　[7] 黄辉,毛芝娟,陈吉刚.哈维氏弧菌外膜蛋白 OmpU 的克隆、表达与免疫原性研究[J].华中农业大学学报,2010,29(3):346—350.

　　[8] 杨慧,陈吉祥,公衍军等.致病性鳗弧菌 W21 外膜蛋白 ompU 基因克隆及在大肠杆菌中的表达[J].中国海洋大学学报,2006,36(sup):105—108.

项目四　泥蚶谷氨酰胺合成酶基因的克隆和表达分析

一、实验目的

1.了解泥蚶解剖和采集,RNA 的提取,RNA 反转录的实验方法和步骤;

2.基因克隆与筛选的全过程与实验设计策略,引物设计,用末端快速扩增法(RACE)的方法扩增目的基因;

3.理解基因克隆与筛选的策略及其相关实验原理、RACE 方法克隆基因步骤的设计思想,PCR 引物设计以及 PCR 体系设计的原则与注意事项;

4.掌握贝类 RNA 的提取与定性定量分析、琼脂糖凝胶电泳、PCR 基因扩增及扩增产物回收、RT-PCR 等各项基本实验技术方法的基本原理与操作技能;

5.掌握基因分析的基本方法,各种生物学软件的使用方法,NCBI 网站基本功能的使用。

二、实验背景

泥蚶(Tegillarca granosa),俗称花蚶、血蚶、蚶子等,隶属于软体动物门(Mollusca)、瓣鳃纲(Lamellibranchia)、列齿目(Taxodonta)、蚶科(Arcidae)、泥蚶属(Tegillarca),主要分布于西太平洋、印度洋和大西洋海域,是一种栖息于沿海滩涂的广温广盐性双壳贝类,在我国主要分布于山东半岛以南沿海,是山东、浙江、福建和广东等省重要的沿海滩涂养殖经济贝类。泥蚶肉味鲜美,营养价值高,含特有的血红蛋白和维生素 B12,有补血、温中、健胃的功效,还具有一定的药用价值。蚶壳可做药,有消血块、化痰之功效。根据《本草经疏》记载:蚶味甘,性温,无毒;有补血、健胃功效;主治血虚痿痹,胃痛,消化不良,下痢脓血等,亦用于滋补强壮,病后体虚。另外,泥蚶还含有多种无机元素,营养丰富,具有保健功能。近年来养殖泥蚶病害死亡频发的现象日益严重。因此,探索泥蚶的免疫发生机制和调控机理,研究培育泥蚶抗病新品种显得十分迫切重要。

谷氨酰胺合成酶(glutamine synthelase,GS)是一种普遍存在的参与细胞多种活动的酶,在氮原代谢,神经递质谷氨酸的循环,用于合成氨基酸、糖类、葡萄糖胺-6-磷酸的谷氨酰胺的合成及 pH 平衡和细胞信号以及免疫和解毒等方面发挥重要作用。其中和本实验密切相关的两个方面是免疫和解毒。在免疫系统里细胞中谷氨酸胺合成酶的表达可能与免疫系统细胞的增殖、吞噬和细胞因子释放过程中谷氨酰胺的利用有关。而对于解毒作用,谷氨酰胺合成酶则是将过多的谷氨酸和氨转换成谷氨酰胺,谷氨酰胺是无毒的并且能够储存在组织或在全身循环而不导致任何伤害。GS 在寡毛纲环节动物原肾管和胆管细胞中的表达与氮废物的排泄有关。

本项目筛选和克隆泥蚶谷氨酰胺合成酶基因,获得泥蚶谷氨酰胺合成酶基因的全长序列并对其进行生物信息学分析和研究,进一步验证泥蚶谷氨酰胺合成酶基因的功能,研究基因表达机理和调控机制,对丰富和发展泥蚶分子免疫学的研究内容,进而指导抗病良种的培育都具有重要的理论指导意义。

三、实验设计要求

1. 提交一个具体的实验设计方案,进行泥蚶谷氨酰胺合成酶基因克隆与 mRNA 表达分析。

2. 具体内容包括:在 NCBI 网站上找到泥蚶谷氨酰胺合成酶基因克隆基因的全序列,用 Primer Premier 5 软件设计 5′和 3′末端引物;提交具体的实验步骤,从泥蚶中提取血液 RNA、扩增谷氨酰胺合成酶基因目的基因、电泳、割胶回收、转化、连接、用大肠杆菌克隆、测序,用生物信息学软件分析序列;提取泥蚶各个组织的 RNA,利用 RT-PCR,分析泥蚶谷氨酰胺合成酶基因组织表达情况。

3. 本实验设计方案包括两部分:第一部分,实验总体流程,用图表述实验设计的总体流程和路线;第二部分,实验具体步骤,要求包括每个步骤涉及的简单原理、实验用品和操作方法。

4. 限定材料:

基因来源	泥蚶
RACE 试剂	末端加尾酶(Tdt,TaKaRa)
RNA 提取试剂盒	生工 RNA 提取试剂盒
反转录试剂盒	TaKaRa M-MLV 反转试剂盒
基因克隆载体	*E. coli* DH5α 菌株

5. 推荐使用的软件和网络资源:

Gene 全序列检索	http://www.ncbi.nlm.nih.gov/
序列编辑	DNA star,DNAMAN 功能
进化树构建	Mega 4.1
引物设计	Primer premier 5.0
基因分析网站	http://us.expasy.org/tools/#align

四、实验设计示例

第一部分　实验总体流程

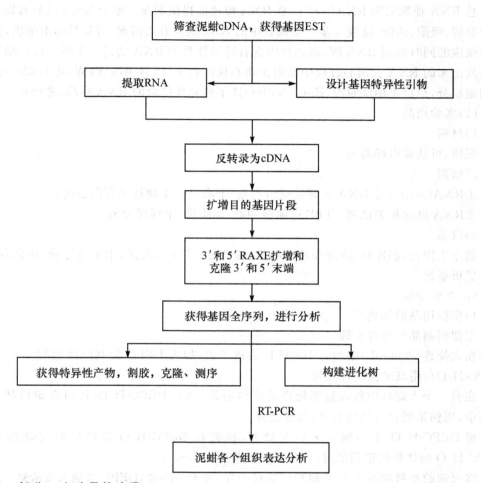

第二部分　实验具体步骤

1. 泥蚶血液总 RNA 的提取

(1)实验原理

生物体内一般含有核糖体 RNA(rRNA)、信使 RNA(mRNA)、转运 RNA(tRNA)三种主要的 RNA,其中 rRNA 含量最多,提取组织总 RNA 所得最多的就是 rRNA。真核生物中含有 5S、5.8S、18S、28S,原核生物中有 5S、16S、23S;而植物组织中一般较多的为 5S、18S、28S。S 代表沉降系数,当用超速离心测定一个粒子的沉降速度时,此速度与粒子的大小直接成比例。

真核生物 5S、5.8S、18S、28S rRNA 的核苷酸数量分别为 120、160、1900、4700 个。

RNase 是一种蛋白酶,能够降解 RNA。RNA 提取和操作过程必须创造无 Rnase 的环境,防止 RNA 的降解,所以操作过程尽可能在超净工作台进行。凡是不能用高温烘烤的材料如塑料制品等都要用 0.1% 的焦碳酸二乙酯(DEPC)水溶液处理,再用蒸馏水冲洗干净。

DEPC 是 RNA 酶的化学修饰剂,可以和 RNA 酶的活性基团组氨酸的咪唑环反应而抑制酶活性。DEPC 与氨水溶液混合会产生致癌物质,使用时需小心。实验所用的试剂也可用 DEPC 处理。

总 RNA 提取采用 RNAfast200 总 RNA 极速抽提试剂盒。整个 RNA 试剂盒提取过程分为裂解、吸附、清洗、洗脱 4 步。试剂盒中的 RA2 液含有去污剂,可裂解标本细胞,在迅速破碎细胞的同时抑制 RNA 酶,离心柱内含有特异性吸附 RNA 的高分子膜。这样细胞裂解后释放出来的 RNA 在离心过程中吸附在离心柱的膜上,然后用洗液(Wash Buffer)洗去其他细胞组分,最后再用洗脱液(Elute Buffer)洗下特异性结合的 RNA 样品,进行收集。

(2)实验用品

1)材料

泥蚶,可从菜市场购买。

2)试剂

①RNAfast200 总 RNA 极速抽提试剂盒,上海飞捷生物技术有限公司;

②RNA 电泳相关试剂:TBE 电泳缓冲液、琼脂糖、上样缓冲液。

3)仪器

超净工作台、制冰机、冷冻高速离心机、移液枪、高压灭菌锅、水平电泳槽、电泳仪电源、凝胶层析系统。

(3)实验步骤

1)实验用品的预处理

①塑料制品的处理步骤

在大烧杯(2000mL)中加入 1000mL 去离子水,加入 DEPC 使其浓度达到 0.1%(记作 DEPC-H$_2$O),用玻璃棒轻轻混匀。

在另一个大烧杯中放入需要处理的塑料制品,倒入 DEPC-H$_2$O,使所有塑料制品都浸泡其中,用锡箔纸将烧杯口封严,处理过夜。

将 DEPC-H$_2$O 小心倒入另一个烧杯,将装有 DEPC-H$_2$O 处理品的大烧杯及装有 DEPC-H$_2$O 的烧杯用铝箔纸封口,再高温灭菌至少 30min。

将灭菌的塑料制品于 70℃ 烘箱中烘烤干燥,置于洁净处,DEPC 水倒入废液缸。

②玻璃器皿的处理步骤

将玻璃器皿在洗液中浸泡过夜。从洗液中取出后用去离子水清洗干净并用铝箔纸包裹。180℃ 烘箱中烘烤 6 小时以上。

③DEPC 水的制备步骤

在广口瓶中加入 1000mL 去离子水后加入 1mL DEPC,摇匀。在通风橱中室温处理过夜。高压蒸汽灭菌 20min。

2)泥蚶血液总 RNA 的提取

用注射器吸取泥蚶血液,按 RNAfast200 总 RNA 极速抽提试剂盒说明书中所述方法提取总 RNA。方法如下:

①用注射器吸取泥蚶血液 1~1.5mL 于 EP 管中。

②将血液于冷冻高速离心机中 4000r/min,离心 2min,弃去上清,加入超纯水 100μL,充分振荡形成细胞悬液,直至没有细胞团块。

③裂解：加入 RA2 液 500μL，充分颠倒混匀 1min。

④吸附：将样本裂解液吸入内套管中，在冷冻高速离心机中 13000r/min 离心 2min。

⑤清洗：弃去外套管中的液体，向内套管中加入 500μL 洗液（Wash Buffer），在冷冻高速离心机中 13000 r/min 离心 2min，重复此过程 1 次。

⑥取出内套管，弃去外套管中液体，套回内套管，不加洗液，在冷冻高速离心机中 13000 r/min 离心 2min。

⑦将内套管移入新的 EP 管中，在膜中央滴加 30μL 洗脱液（Elute Buffer），室温静置 2min，然后在冷冻高速离心机中 13000r/min 离心 2min，获得总 RNA。采用琼脂糖凝胶电泳检查 RNA 完整性。

3）泥蚶组织总 RNA 的提取

①用解剖刀和手术剪取出泥蚶的外套膜、内脏和鳃，然后将以上部位放入研磨器中并加入 1000μL 超纯水进行研磨，研磨完成后，用移液枪吸取 100μL 研磨液加入 EP 管中。

②裂解：加入 RA2 液 500μL，充分颠倒混匀 1min。

③吸附：将样本裂解液吸入内套管中，在冷冻高速离心机中 13000r/min 离心 2min。

④清洗：弃去外套管中的液体，向内套管中加入 500μL 洗液（Wash Buffer），在冷冻高速离心机中 13000r/min 离心 2min，重复此过程 1 次。

⑤取出内套管，弃去外套管中液体，套回内套管，不加洗液，在冷冻高速离心机中 13000r/min 离心 2min。

⑥将内套管移入新的 EP 管中，在膜中央滴加 30μL 洗脱液（Elute Buffer），室温静置 2min，然后在冷冻高速离心机中 13000r/min 离心 2min，获得总 RNA。采用琼脂糖凝胶电泳检查 RNA 完整性。

2. RNA 反转录成 cDNA

（1）实验原理

反转录用生工的 M-MLV 逆转录试剂盒。原理：由一条 RNA 单链转录为互补 DNA（c）DNA 称作"逆转录"，由依赖 RNA 的 DNA 聚合酶（逆转录酶）来完成。

（2）实验用品

1）材料

步骤（一）所提取的总 RNA 样品液。

2）试剂

Promge M-MLV 逆转录试剂盒

引物	序列（5′—3′）
Oligo(dT)-adaptor	GGCCACGCGTCGACTAGTACT$_{16}$
RV-M（reverse）	GAGCGGATAACAATTTCACACAGG

由上海生物工程公司合成。

3）仪器

超净工作台、制冰机、冷冻高速离心机、移液枪、恒温水浴锅、PCR 仪。

（3）实验步骤

1）DNase I 消化 RNA 样品中的 DNA。

总 RNA	$1\sim6\mu L(1\mu g)$
RQ1 RNase-Free DNase $10\times$Reaction Buffer	$1\mu L$
RQ1 RNase-Free DNase	$2\mu L$
RNase E 抑制剂	$1\mu L(2.5U)$

Nuclease-free water 调至 $10\mu L$。

在 37℃ 下温浴 30 min；再向每个反应体系中加入 $1\mu L$ Stop solution，65℃ 10min 灭活 DNase I。

2）RNA 变性

在 0.2mL 的 PCR 管中依次加入：

总 RNA(DNase I 处理过的)	$1\sim2\mu g$
Oligo dT	$2\mu L$

70℃ 热变性 5 min，冰浴 2 min 后，稍离心。

3）反转录变性 RNA

在已完成变性反应的 PCR 管中依次加入：

$5\times M-MLV$ 反应缓冲液	$5.0\mu L$
无 RNase 的 dNTP(2.5mM)	$5.0\mu L$
RNase E 抑制剂	$1.0\mu L(2.5U)$
M-MLV 反转录酶	$1.0\mu L(200U)$

无 RNase 水调节总体积至 $25\mu L$ 轻弹管壁，稍离心。42℃ 反转录 1 小时，95℃ 5 分钟灭活反转录酶。

3. 18SrRNA 基因片段 PCR 检测 cDNA 质量

（1）实验原理

用 18SrRNA 基因引物 PCR 检测逆转录的 cDNA 质量，如有清晰单一的条带，说明 cD-NA 反转录成功，能扩增出 18srRNA 基因。可用于后续的实验。

（2）实验用品

1）材料

步骤（二）制备的 cDNA。

2）试剂

DNA 电泳相关试剂。

3）仪器

超净工作台、冷冻高速离心机、移液枪、高压灭菌锅、PCR 仪、水平电泳槽、电泳仪电源、凝胶层析系统。

（3）实验步骤

采取 18SrRNA 基因片段 PCR 的方法来检测转录的 cDNA，模板为逆转录的 cDNA，PCR 反应体系 $25\mu L$。在 Microtube 管中加入灭菌超纯水 $18.25\mu L$，模板 cDNA $1\mu L$，$10\times$ PCR Buffer $2.5\mu L$，Tg-18SrRNA-F（10 mM）$1\mu L$，Tg-18SrRNA-R（10 mM）$1\mu L$，dNTP Mixture（10 mM）$1\mu L$。Taq DNA Polymerase(5u/μL)$0.25\mu L$。扩增片段所用 PCR 反应程

序:94℃变性 3min,1 个循环;94℃变性 50s,58℃退火 50s,72℃延伸 50s,35 个循环;72℃延伸 5min,1 个循环;4℃保温。然后采用琼脂糖凝胶电泳检查 PCR 产物。

4. 谷氨酰胺合成酶基因片段的扩增

(1)实验原理

根据谷氨酰胺合成酶基因片段设计正反引物,用 PCR 扩增该基因片段。

(2)实验用品

1)材料

步骤(二)提取的血细胞 cDNA。

2)试剂

①Taq 酶、dNTP、MgCl$_2$、10×buffer PCR buffer。

②引物

引物	序列(5'-3')
GS-Real-F1	TCCTGGAACCACCACAAATAAA
GS-Real-R1	CGAGTTGGAACCTTCTGCTTGA

由上海生物工程公司合成。

3)仪器

超净工作台、制冰机、冷冻高速离心机、移液枪、PCR 仪。

(3)实验步骤

从 NCBI 的 GenBank 里下载泥蚶 GS 基因的 cDNA 序列,GS-Real-F1 和 GS-Real-R1 扩增泥蚶 GS 的相应片段。

模板为血细胞 cDNA,PCR 反应体系 25 μL:

灭菌超纯水　　　　　　　　　　　　　　　17.25 μL

cDNA　　　　　　　　　　　　　　　　　　1μL

10×buffer　　　　　　　　　　　　　　　2.5μL

MgCl$_2$(25mM)　　　　　　　　　　　　　1.5μL

dNTP(10mM)　　　　　　　　　　　　　0.5μL

Forward primer(10mM)　　　　　　　　1μL

Reverse primer(10mM)　　　　　　　　1μL

Taq DNA Polymerase(5u/μL)　　　　　0.25μL

扩增片段所用 PCR 反应程序:94℃变性 3min,1 个循环;94℃变性 50s,56℃退火 50s,72℃延伸 1min,35 个循环;72℃延伸 10min,1 个循环;4℃保温。

5. PCR 产物纯化

(1)实验原理

利用 PCR 产物纯化试剂盒,根据膜结合 DNA 的原理,去除 dNTP 等 PCR 反应体系,纯化出较纯的 PCR 产物,用于后续的连接、转化等实验。

(2)实验用品

1)材料

步骤(四)所得的 PCR 产物。

2)试剂

①PCR 产物凝胶回收试剂盒(Promega)。

②DNA 琼脂糖凝胶电泳相关试剂。

③TE 缓冲液。

3)仪器

超净工作台、冰箱、冷冻高速离心机、移液枪、PCR 仪、水平电泳槽、电泳仪电源、凝胶成像系统。

(3)实验步骤

PCR 产物在 1.2% 的琼脂糖凝胶中进行电泳,经过凝胶成像系统(VDS)观察照相后切下特异目的条带,用 PCR 产物凝胶回收试剂盒(Promega)回收 DNA,方法按试剂盒说明手册进行,最后 DNA 溶解于 TE 中,—20℃保存备用。

6. PCR 产物连接 T 载体

(1)实验原理

DNA 分子的体外连接就是在一定条件下,由 DNA 连接酶催化两个双链 DNA 片段组邻的 5′端磷酸与 3′端羟基之间形成磷酸酸脂键的生物化学过程,DNA 分子的连接是在酶切反应获得同种酶互补序列基础上进行的。

(2)实验用品

1)材料

①步骤(五)纯化回收的 PCR 产物。

②pMD18-T vector

x 试剂

Solution Ⅰ:连接缓冲液,DNA 连接酶。

3)仪器

超净工作台、冰箱、冷冻高速离心机、移液枪、PCR 仪、水平电泳槽、电泳仪电源、凝胶成像系统。

(3)实验步骤

pMD18-T vector	$0.5~\mu L$
Solution Ⅰ	$5~\mu L$
回收的 DNA	$4~\mu L$
终体积	$10\mu L$

16℃连接过夜。

7. 感受态细胞制备(CaCl$_2$ 法)和转化

(1)实验原理

DNA 重组分子体外构建完成后,必须导入特定的宿主(受体)细胞,使之无性繁殖并高效表达外源基因或直接改变其遗传性状,这个导入过程及操作称为重组 DNA 分子的转化(transformation)。本实验以大肠杆菌(TOP10)菌株为受体细胞,用 CaCl$_2$ 处理受体菌使其处于感受态,然后与目的基因连接的 pMD18-T vector 重组质粒共保温实现转化。转化后需要筛选出含有重组质粒的单菌落,本实验中采用蓝白斑筛选结合抗性筛选进行鉴定。pMD18-T vector 上带有 AmpR 基因而谷氨酰胺合成酶(GS)基因片段和大肠杆菌(TOP10)菌株没有,故转化受体菌后只有带有 pMD18-T 的转化子才能在含有氨苄青霉素的培养基上存活,而不带 pMD18-T 的转化子或没有转化的细菌不能存活。

蓝白斑筛选原理:T 载体上有 β-半乳糖苷酶基因(LacZ)的调控序列和 N 端 146 个氨基酸的编码序列,这个编码区中有一个多克隆位点。大肠杆菌(TOP10)菌株中含 C 端编码序列。在各自独立的情况下,载体和 DH5α 编码的 β-半乳糖苷酶的片段都没有酶活性。T 载体转化大肠杆菌(TOP10)菌株后,二者融为一体,转化子会合成具有酶活性的 β-半乳糖苷酶。这种 LacZ 基因上缺失近操纵基因区段的突变体与带有完整的近操纵基因区段的 β-半乳糖苷酸阴性突变体之间实现互补的现象叫 α-互补。由 α-互补产生的 Lac＋细菌较易识别,它在生色底物 X-Gal(5-溴-4 氯-3-吲哚-β-D-半乳糖苷)下存在,被 IPTG(异丙基硫代-β-D-半乳糖苷)诱导形成蓝色菌落。当外源片段插入 T 载体的多克隆位点会导致载体上读码框架改变,表达蛋白失活,产生的氨基酸片段失去 α-互补能力,因此在同样条件下含重组质粒的转化子在生色诱导培养基上只能形成白色菌落。

实验中,通常蓝白筛选是与抗性筛选一同使用的。含 X-gal 的平板培养基中同时含有一种或多种与载体所携带抗性相对应的抗生素,这样,一次筛选可以判断出:未转化的菌不具有抗性,不生长;转化了空载体,即未重组质粒的菌,长成蓝色菌落;转化了重组质粒的菌,即目的重组菌,长成白色菌落。

(2)实验用品

1)材料

大肠杆菌(TOP10)单菌落。

2)试剂

①LB 液体培养基:蛋白胨(tryptone)10g,酵母提取物(yeast extract)5g,NaCl 10g,溶于 800mL 去离子水,用 5M NaOH 调 pH 至 7.2～7.4,加水至总体积 1000mL,灭菌;

②0.05mol/L 的 $CaCl_2$:称取 0.28g $CaCl_2$(无水,分析纯),溶于 50mL 重蒸水中,定容至 100mL,高压灭菌;

③含 15％甘油的 0.05mol/L 的 $CaCl_2$:称取 0.28 $CaCl_2$(无水,分析纯),溶于 50mL 重蒸水中,加入 15mL 甘油,定容至 100mL,高压灭菌;

④液氮。

3)仪器

超净工作台、恒温培养箱、摇床、分光光度计、制冰机、冷冻离心机、移液枪、水浴锅、高压灭菌锅。

(3)实验步骤

1)感受态细胞的制备

①挑选大肠杆菌(TOP10)单菌落,在装有 5mL LB 液体培养基的试管中培养过夜。倒入装有 100mL LB(接种比例应在 1∶100～1∶50 之间)液体培养基的 1000mL 三角瓶中,在 37℃培养 3～4h(OD600 达到 0.5)。

②将培养好的细菌转至冰预冷的 50mL 离心管中,在冰上放置 10min。

③4℃下 4000rpm 离心 10min,回收细胞。(以下工作在超净工作台中进行)

④弃上清,将管倒置 1min,使培养基流尽。

⑤每个 50mL 离心管中加入 20mL 冰预冷的 0.05M CaCl₂ 重悬。

⑥4℃,4000rpm 离心 10min,回收细胞。

⑦每个 50mL 培养液用 2mL 冰预冷含 15% 甘油 0.05M 的 CaCl₂ 重悬。

⑧以每管 0.2mL 分装,用液氮速冻后—80℃保存备用。

2)转化

①取 200μL 感受态细胞,加 5μL 连接液,轻轻混匀,冰上放置 30min。

②42℃热击 90s,冰上放置 2min。

③加 200μL LB 培养基,37℃ 200rpm 振荡培养 1h。

④室温 4000rpm 离心 5min,吸出部分上清,用剩余培养基悬浮细胞。

⑤将细菌涂布于预先用 20μL,0.1M IPTG 和 100μL 20mg/mL 的 X-gal 涂布的氨苄青霉素平板。

⑥将平板在 37℃正向放置 1h 吸收多余液体,倒置培养过夜。

⑦10~16h 后,检查平板并用 PCR 法确认 T 载体中插入片段的长度大小。

8. 泥蚶 GS 基因的 3′ RACE

(1)实验原理

先利用 mRNA 的 3′末端的 poly(A)尾巴作为一个引物结合位点,以 Oligo(dT)作为锁定引物在反转录酶 MMLV 作用下,反转录合成标准第一链 cDNA。利用该反转录酶具有的末端转移酶活性,在反转录达到第一链的 5′末端时自动加上 3~5 个(dC)残基,退火后(dC)残基与含有 SMART 寡核苷酸序列 Oliogo(dG)通用接头引物配对后,转换为以 SMART 序列为模板继续延伸而连上通用接头。然后用一个含有部分接头序列的通用引物 UPM(universal primer,UPM)作为上游引物,用一个基因特异引物 2(GSP 2 genespecific primer,GSP)作为下游引物,以 SMART 第一链 cDNA 为模板,进行 PCR 循环,把目的基因 5′末端的 cDNA 片段扩增出来。最终,从 2 个有相互重叠序列的 3′/5′-RACE 产物中获得全长 cDNA,或者通过分析 RACE 产物的 3′和 5′端序列,合成相应引物扩增出全长 cDNA。

(2)实验用品

1)材料

2)试剂

①引物

引物	序列(5′-3′)
GS-Real-F1	TCCTGGAACCACCACAAATAAA
GS-Real-F2	ATCCTGGAACCACCACAAATAAA
Oligo(dT)-adaptor	GGCCACGCGTCGACTAGTACT16
anchor primer AP	GGCCACGCGTCGACTAGTAC

由上海生物工程公司合成。

3)仪器

超净工作台、恒温培养箱、摇床、分光光度计、制冰机、冷冻离心机、移液枪、水浴锅、PCR

仪、ABI 3730 测序仪。

（3）实验步骤

根据泥蚶 GS 序列再设计正向引物 GS-Real-F1 和 GS-Real-F2。

①以血细胞总 RNA 为模板，Oligo(dT)为引物，反转录合成第一链 cDNA，方法同前。

②以合成的 cDNA 为模板，GS-Real-F1 和 Oligo(dT)为引物进行第一次 PCR，PCR 反应条件为：94℃变性 3min，1 个循环；94℃变性 1min，60℃退火 1min，72℃延伸 1min，30 个循环；72℃延伸 10min，1 个循环；4℃保温。

③将第一次 PCR 产物稀释 20 倍，取 1μL 作为模板进行半巢式 PCR，引物为 GS-Real-F2 和 anchor primer AP，PCR 反应条件为：9℃变性 3min，1 个循环；94℃变性 50s，57℃退火 50s，72℃延伸 1min，35 个循环；72℃延伸 10min，1 个循环；4℃保温。

④电泳、DNA 片段回收、连接、转化、测序。

9. 泥蚶 GS 基因的 5′RACE

（1）实验原理

先利用 mRNA 的 3′末端的 poly(A)尾巴作为一个引物结合位点，以 Oligo(dT)作为锁定引物在反转录酶 MMLV 作用下，反转录合成标准第一链 cDNA。利用该反转录酶具有的末端转移酶活性，在反转录达到第一链的 5′末端时自动加上 3～5 个(dC)残基，退火后(dC)残基与含有 SMART 寡核苷酸序列 Oliogo(dG)通用接头引物配对后，转换为以 SMART 序列为模板继续延伸而连上通用接头。然后用一个含有部分接头序列的通用引物 UPM(universal primer，UPM)作为上游引物，用一个基因特异引物 2(GSP 2 genespecific primer，GSP)作为下游引物，以 SMART 第一链 cDNA 为模板，进行 PCR 循环，把目的基因 5′末端的 cDNA 片段扩增出来。最终，从 2 个有相互重叠序列的 3′/5′-RACE 产物中获得全长 cDNA，或者通过分析 RACE 产物的 3′和 5′端序列，合成相应引物扩增出全长 cDNA。

（2）实验用品

1）试剂

①引物

引物	序列(5′-3′)
GS-Real-R1	CGAGTTGGAACCTTCTGCTTGA
GS-Real-R2	GGTGCTGTGGGTTCAAAGTCTAA
Oligo(dG)-adaptor	GGCCACGCGTCGACTAGTACG$_{10}$
anchor primer AP	GGCCACGCGTCGACTAGTAC

由上海生物工程公司合成。

2）仪器

超净工作台、恒温培养箱、摇床、分光光度计、制冰机、冷冻离心机、移液枪、水浴锅、PCR 仪、ABI 3730 测序仪。

（3）实验步骤

①以血细胞总 RNA 为模板，GS-Real-R1 为引物，反转录合成第一链 cDNA，方法同前。

②用 PCR 产物纯化试剂盒(TaKaRa)纯化 cDNA。

③以末端转移酶(TdT,TaKaRa)为 cDNA 加尾：

5×TdT buffer	5 μL
dCTP(10mM)	0.5 μL
cDNA	10 μL
BSA buffer(0.1%)	6.25 μL
超纯水	2.25 μL

94℃保温 3 min,冰上放置,加入 TdT 酶 1 μL,混匀,37℃保温 10min,65℃保温 10min,失活 TdT,置—20℃保存;

④以加尾 cDNA 为模板,GS-Real-R1 和 Oligo(dG)-adaptor 为引物进行第一次 PCR,PCR 反应程序为:94℃变性 4min,1 个循环;94℃变性 50s,55℃退火 50s,72℃延伸 1min,30 个循环;72℃延伸 10min,1 个循环;4℃保存。

⑤将第一次 PCR 产物稀释 20 倍,取 1μL 作为模板进行半巢式 PCR,引物 GS-Real-R2 和 AP,PCR 反应条件采取降落式(touchdown)程序:94℃变性 3min,1 个循环;94℃变性 40s,60℃退火 1min,72℃延伸 1min,10 个循环,退火温度每循环降低 0.5℃;94℃变性 40s,55℃退火 1min,72℃延伸 1min,25 个循环;72℃延伸 10min,1 个循环;4℃保存。

⑥电泳、DNA 片段回收、连接、转化、测序同前。

10. 谷氨酰胺合成酶基因的生物信息学分析

将 3′ RACE 和 5′ RACE 所得的序列进行拼接,以获得泥蚶谷氨酰胺合成酶基因的 cDNA 全长;为验证其全长的正确性将所测得序列利用 NCBI 网站(http://www.ncbi.nlm.nih.gov)上的 BLAST 工具进行数据库基因序列的相似性及同源性查找,并利用这些序列进行基因同源性的比较,用 DNAMAN5.2.2 软件进行 cDNA 全长 ORF 分析。根据所测得基因的 cDNA 序列推导其氨基酸序列,用 MEGA3.1 软件的 Neighbor-joining 的方法构建 GS 的进化树。并利用 Expasy 网站(http://www.expasy.ch)提供的蛋白质组和序列分析工具(Proteomicsand sequence analysis tools)对其进行分析。用 NetNGlyc1.0 软件(http://www.cbs.dtu.dk/services/NetNGlyc/)对蛋白序列进行分析,预测可能存在的糖基结合位点,用 InterProScan 软件预测功能域(http://www.ebi.ac.uk/Tools/InterProScan/)。

11. 泥蚶 GS 基因在各组织中的表达情况

(1)实验原理

定量提取各组织的 RNA,反转成 cDNA,用 GS 基因引物与 18SrDNA 引物检测各组织中 cDNA 的相对表达量,从而检测各组织中该基因的表达情况。

(2)实验用品

1)试剂

①引物

引物	序列(5′-3′)
GS-Real-F1	TCCTGGAACCACCACAAATAAA
GS-Real-R1	CGAGTTGGAACCTTCTGCTTGA

由上海生物工程公司合成。

2）仪器

超净工作台、恒温培养箱、摇床、分光光度计、制冰机、冷冻离心机、移液枪、水浴锅、PCR仪、ABI 3730 测序仪。

（3）实验步骤

试验所用泥蚶采自泥蚶养殖场，壳长 20 ± 10mm，在水族箱中充气暂养 7 天，使其适应实验室内养殖环境。取健康海湾扇贝，并分离不同组织，包括鳃、血细胞、内脏、外套膜和闭壳肌，提取总 RNA 用于组织特异性表达分析。定量反转的 cDNA，用引物 GS-Real-F1 和 GS-Real-R1，采用 RT-PCR 的方法检测各组织中 GS 基因的表达情况。在 Microtube 管中加入灭菌超纯水 18.25μL，模板 cDNA 1μL，10×PCR Buffer 2.5μL，GS-Real-F1（10 mM）1μL，GS-Real-R1（10mM）1μL，dNTP Mixture（10mM）1μL，Taq DNA Polymerase（5 u/μL）0.25μL。扩增片段所用 PCR 反应程序：94℃ 变性 3min，1 个循环；94℃ 变性 50 s，58℃ 退火 50s，72℃ 延伸 50s，35 个循环；72℃ 延伸 5min，1 个循环；4℃ 保温电泳检测。

五、结果展示

1. 泥蚶血液和组织总 RNA 的提取电泳图

用 1% 的琼脂糖凝胶电泳检测 RNA 是否有降解。结果显示（图 4-4-1）血液有 28S、18S、5.8S 三条带，外套膜、内脏、鳃只有 28S、18S 两条带，且各条带特异性较好，条带间没有拖带，表明 RNA 提取效果较好。从上述结果中说明提取的总 RNA 质量良好。

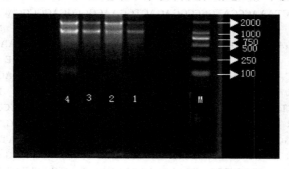

图 4-4-1　泥蚶血液和组织总 RNA 的提取电泳图
注：1 为血液，2 为外套膜，3 为内脏，4 为鳃，M 为分子 Marker

2. 泥蚶 GS 的 cDNA 和氨基酸序列分析

通过 RACE 的方法获得的 Tg-GS 全长 cDNA 为 1762 个碱基，其中开放阅读框为 1104 个碱基，编码 367 个氨基酸。cDNA 全长中还包含 5′ 非编码区（5′-UTR）的 65 个碱基，一个长的 3′ 非编码区（3′-UTR）的 593 个碱基，以及终止密码子 TGA 和加尾信号 AATAAA 以及多聚 A 尾巴。Tg-GS 的氨基酸序列中有三个潜在的 N-糖基化位点（Asn-115，Asn-145 和 Asn-251）（图 4-4-2）。序列结构分析表明 Tg-GS 含有一个谷氨酰胺合成酶 N 端结构域（29-106AA），一个 C 端结构域（114-361AA）（图 4-4-3）。Tg-GS 的推导分子量为 41.36KDa，AT/CG 的比例为 61/39，理论等电点为 5.808。

```
  1 GAAGTCAAATCGAGTAAGAAGAGGAATAATATCTCTGGAAGAACTCTAGAATCTCATAAC
 61 ACGAGATGACTACTGCAACATTTAGTCGAGTCGAAACGGAGAAGGCGTCTCTGGACAGAT
  1       M  T  T  A  T  F  S  R  V  E  T  E  K  A  S  L  D  R
121 ATATGGCCTTAGACCAGCCTGATGACCGTGTCATGTGCGAGTATATTTGGATTGACGGAA
 19       Y  M  A  L  D  Q  P  D  D  R  V  M  C  E  Y  I  W  I  D  G
181 TGGAGAAGGCATTAGAAGCAAATGTAGAACCGTAGACTTTGAACCAAAGGCAGCTAAAG
 39       T  G  E  G  I  R  S  K  C  R  T  V  D  F  E  P  K  A  A  K
241 AATTGCCGGTATGGAATTTTGACGGCTCCAGTACGTACCAGGCAGAGGGATCGAACTCCG
 59       E  L  P  V  W  N  F  D  G  S  S  T  Y  Q  A  E  G  S  N
301 ACATGTACCTTACCCCAGTAGCTTTATTTAACGACCCGTTTAGACGTGGAAAAAATAAAC
 79       D  M  Y  L  T  P  V  A  L  F  N  D  P  F  R  R  G  K  N  K
361 TGGTGTTGTGTGAAGTCTACAAATACAACAAAAAACCAGCAGAGACTAATAGACGTAAAA
 99       L  V  L  C  E  V  Y  K  Y  N  K  K  P  A  E  T  N  R  R
421 CATGTAAAGAAGTTATGGACAAAGCAGCATCGGAACTCCCATGGTTCGGTATAGAACAGG
119       T  C  K  E  V  M  D  K  A  A  S  E  L  P  W  F  G  I  E  Q
481 AATACACTTTACTGGACAATGATGGACATCCATTCGGCTGGCCAAAGAACGGTTACCCTG
139       E  Y  T  L  L  D  N  D  G  H  P  F  G  W  P  K  N  G  Y  P
541 GTCCTCAAGGGCCTTATTACTGCGGTGTTGGAGCTAATAAAGTCTACGGAAGGGACATTA
159       G  P  Q  G  P  Y  Y  C  G  V  G  A  N  K  V  Y  G  R  D  I
601 TTGAGGCACACTGCAGGGCCTGTTTGTATGCTGGTGTTAAAATCTGTGGTTGTAATGCGG
179       I  E  A  H  C  R  A  C  L  Y  A  G  V  K  I  C  G  C  N  A
661 AGGTTATGCCAGCACAGTGGGAATTCCAAGTAGGACCTTGTGAAGGTATTGATATGGGAG
199       E  V  M  P  A  Q  W  E  F  Q  V  G  P  C  E  G  I  D  M  G
721 ATCATCTATGGATCGGCAGGTACCTCCTCCATCGTGTAGCTGAAGACTTTGGTGTTATCG
219       D  H  L  W  I  G  R  Y  L  L  H  R  V  A  E  D  F  G  V  I
781 TTAGCTTCGACCCTAAACCCATGCCCGGAGACTGGAACGGCGCAGGCGCACATACAAACT
239       V  S  F  D  P  K  P  M  P  G  D  W  N  G  A  G  A  H  T  N
841 ACAGTACAAAAGAAATGAGAGAAGAGGGCGGGCTGAAGCACATAGAAAATGCAATAGAAA
259       Y  S  T  K  E  M  R  E  E  G  G  L  K  H  I  E  N  A  I  E
901 AAATGTCAAAACATCACGCAAAACACATTAAAGCATACGATCCAAATGAGGGACAAGATA
279       K  M  S  K  H  H  A  K  H  I  K  A  Y  D  P  N  E  G  Q  D
961 ACGCGAGACGACTTACAGGATTCCACGAGACTTCAAGTATTCACGATTTCTCAGCAGGTG
299       N  A  R  R  L  T  G  F  H  E  T  S  S  I  H  D  F  S  A  G
1021 TTGCCAATCGCGTGCTAGTATACGTATTCCCCGCCAGGTCGCAGAAGATGGCTATGGCT
319       V  A  N  R  G  A  S  I  R  I  P  R  Q  V  A  E  D  G  Y  G
1081 ACCTTGAAGACAGACGACCTTCATCAAACTGTGATCCATACTCCGTTACTGAAATTATTG
339       Y  L  E  D  R  R  P  S  S  N  C  D  P  Y  S  V  T  E  I  I
1141 TAAGGACTACACTTTTAGATGAAATGTGAACAATCGTGCATAAAAATATATACATGTAG
359       V  R  T  T  L  L  D  E  M  *
1201 CTGCCATTTTATATTTACTTCTTATTCATGTTGCTATGGGAAAAGGCGGAGACATTTAAT
1261 CACCATGGTTACGCTAGTATAAATGACTTAATCACCATGGTTACTCGTCATTTTTTTTAT
1321 GATTTAATCACCATAGTTACGCTTATTACTAGTAAATGACTCAGAAGAAATGTTTTATTT
1381 GTAAGTTAAAAGGAATATAAAACGGATATTGCATATAATTTACAATTTGCTGCCAGAGGA
1441 CCTAATGATTTTTAAATGTGATTATGAAACTTGTTACATAATCATCTACGATCACGCGTT
1501 TTCATCATGGTGGGAATCTTTCATCGAACATGTCATTGTGTATAGAACATTTAAGTTAAC
1561 CAAGTGTAACGAGAGTAACAAAAAAGAGAAATATTTTTAACTGTGTTTTTACTGTCTGAC
1621 TTTTGGCATTTATTGATATAAATATATTGTATATATGATATGTAAAATTCTTATTGGACT
1681 GTCAGATTTTATTTCACGCATGATGCAATATGTTTTTAACAAATAAGTATTTTTTTTTA
1741 TAAAAAAAAAAAAAAAAAAAAA
```

图 4-4-2　泥蚶 GS cDNA 序列及推导的氨基酸序列

方框里的字母为起始密码子（ATG）、终止密码（TGA）和多聚尾信号（AATAAA）。N-糖基化位点用灰色背景表示。

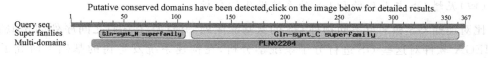

图 4-4-3　泥蚶 GS N 端和 C 端结构域

3. 泥蚶 GS 氨基酸序列比对分析

泥蚶 GS 的氨基酸序列用 ClustalW 与 NCBI 上选取的 GS 序列进行了比对，从图 4-4-4 中发现，Tg-GS 与其他物种 GS 相似度比较高。与意蜂（Apis mellifera）的相似度为 70%，与斑马鱼（Danio rerio）的相似度为 73.64%，与人的相似度 74.24%，与同是贝类的太平洋牡蛎（Crassostrea gigas）的 GS 相似度为 81.71%。以上 5 种物种进行多序列比对相似度达到 78.36%。Tg-GS 与四个物种比对有 5 个高度保守的功能域：FDGSS，GVKICGC-NAVEVMPAQWE，KPMPGDWNGAGAHTNY ST（ATP-binding site），NRGASIRIPR（Glutamate binding site），LEDRRPSSNCDP。

表 4-4-1　泥蚶 GS 氨基酸序列比对物种表

中文名称	拉丁文	简写	注册号
泥蚶	Tegillarca granosa	Tegr	
意蜂	Apis mellifera	Apme	NP—001164445.1
太平洋牡蛎	Crassostrea gigas	Crgi	CAD90162.1
斑马鱼	Danio rerio	Dare	NP—878286.2
人	Homo sapiens	Hosa	NP—001028216.1

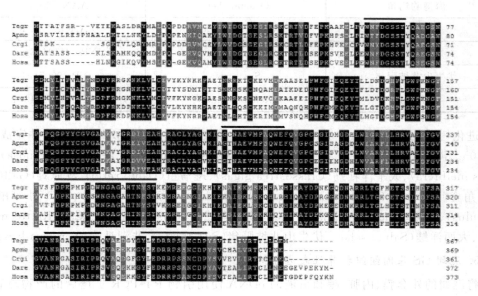

图 4-4-4　泥蚶 GS 氨基酸序列比对结果

　　一致的序列用暗色背景,相似序列用灰色背景。5 个功能域用上标线表示,泥蚶(Tegr)、意蜂(Apme)、太平洋牡蛎(Crgi)、斑马鱼(Dare)、人(Hosa)。

　　(四)泥蚶 GS 与其他物种 GS 的系统进化树分析

　　比对泥蚶 GS 和来自不同物种 GS 的氨基酸序列,并计算了它们之间序列的相似度,利用 MEGA 软件对这些 GS 进行分子系统学分析,在构建系统发生树的基础上研究了泥蚶 GS 的分类归属以及与其他物种 GS 之间的进化关系,结果如图 4-4-5。从图中可以看出,Tg-GS 属于无脊椎动物分支的 GS Ⅱ群,与同是贝类的太平洋牡蛎(Crassostrea gigas)GS 亲缘关系比较近,聚为一个分支;然后与鱼类和哺乳类关系较近,与昆虫和植物关系较远,与传统分类地位相符。

表 4-4-2　泥蚶 GS 氨基酸序列进化树物种表

中文名称	拉丁文	注册号
泥蚶	Tegillarca granosa	
意蜂	Apis mellifera	NP-001164445.1
太平洋牡蛎	Crassostrea gigas	CAD90162.1
斑马鱼	Danio rerio	NP-878286.2
人	Homo sapiens	NP-001028216.1
红原鸡	Gallus gallus	NP-990824.1
角鲨	Heterodontus francisci	AAD34721.1
莴苣	Lactuca sativa	CAA42689.1
小家鼠	Mus musculus	CAA34381.1
虹鳟	Oncorhynchus mykiss	NP-001117786.1
海湾豹蟾鱼	Opsanus beta	AAN77155.1
褐鼠	Rattus norvegicus	AAC42038.1
大西洋鲑	Salmo salar	NP-001134684.1
伏牛山北坡野猪	Sus scrofa	NP-999074.1
非洲爪蟾	Xenopus laevis	NP-001082548.1

　　进化树采用 Neighbor-JoiningMethod 法(邻接法)构建,用 MEGA3.1 软件完成,标尺为 0.05。泥蚶的 GS 已标示。各种名的中文名参照如下:泥蚶(Tegillarca granosa)、意蜂(Apis mellifera)、太平洋牡蛎(Crassostrea gigas)、斑马鱼(Danio rerio)、红原鸡(Gallus gallus)、角鲨(Heterodontus francisci)、人(Homo sapiens)、莴苣(Lactuca sativa)、小家鼠(Mus musculus)、虹鳟(Oncorhynchus mykiss)、海湾豹蟾鱼(Opsanus beta)、褐鼠(Rattus norvegicus)、大西洋鲑(Salmo salar)、伏牛山北坡野猪(Sus scrofa)、非洲爪蟾(Xenopus laevis)。

　　5.泥蚶 GS 基因组织特异性表达分析

　　将泥蚶的外套膜、内脏、鳃和血液的 cDNA 使用引物 RT-PCR 扩增后的产物琼脂糖凝胶电泳,结果显示(图 4-4-6)外套膜、内脏、鳃和血液均含有谷氨酰胺合成酶基因,并且依据

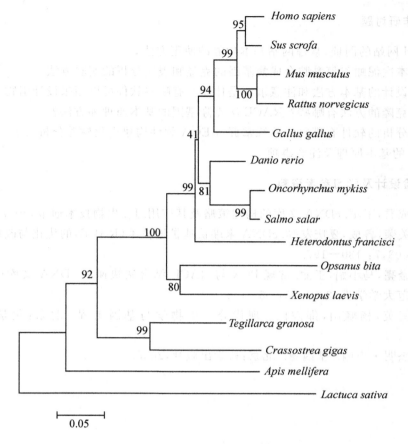

图 4-4-5　泥蚶 GS 和来自不同物种 GS 的系统进化树分析

电泳图中样本的浓度可以推测出,Tg-GS 基因在血细胞中表达水平最高,其次是外套膜和鳃,在内脏中的表达水平较低。

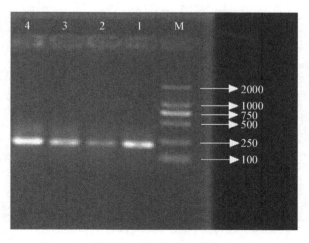

图 4-4-6　泥蚶 GS 基因组织特异性表达分析

注:M 为 Marker,1 为外套膜,2 为内脏,3 为鳃,4 为血液。

六、合作研讨题

1.NCBI 网站的网址,掌握网站基本功能的使用方法。

2.简述本次泥蚶谷氨酰胺合成酶基因的克隆和表达分析的实验方法。

3.引物设计的基本方法和注意事项是什么? 有哪些软件可以用来设计引物?

4.基因克隆的方法有哪些? RACE 法克隆基因的基本原理和方法?

5.基因分析的软件有哪些? 熟练掌握 MEGA 软件构建进化树并分析。

6.PCR 的基本原理及注意事项。

七、实验设计及学习参考资料

[1] 杨成君,王军.cDNA 文库的构建策略及其应用[J].生物技术通报,2007,1:5—9.

[2] 李关荣,鲁成,夏庆友等.cDNA 末端快速扩增技术(RACE)的优化与改良[J].生命科学研究,2003,7:180—197.

[3] 戚金亮,马小娟,王丽.常规 PCR 与 RACE 结合法快速从 cDNA 文库中克隆基因[J].首都师范大学学报,2004,25:55—59.

[4] 李海英,杨峰山,邵淑丽.现代分子生物学与基因工程.北京:化学工业出版社,2008.

[5] 本杰明·卢因.基因Ⅷ.北京:科学出版社,2005.

第五部分 附 录

一、氨基酸符号及相应的密码子

表 1 简并碱基符号

符号	N	B	D	H	V	K	M	R	S	W	Y
碱基	任意	非A	非C	非G	非T	G/T	A/C	A/G	C/G	A/T	C/T

表 2 氨基酸符号及相应的密码子

氨基酸	英文全称	三字母符号	单字母符号	密码子
丙氨酸	Alanine	Ala	A	GCN
半胱氨酸	Cysteine	Cys	C	TGY
天冬氨酸	Aspartate	Asp	D	GAY
谷氨酸	Glutamate	Glu	E	GAR
苯丙氨酸	Phenylalanine	Phe	F	TTY
甘氨酸	Glycine	Gly	G	GGN
组氨酸	Histidine	His	H	CAY
异亮氨酸	Isoleucine	Ile	I	ATH
赖氨酸	Lysine	Lys	K	AAR
亮氨酸	Leucine	Leu	L	TTR/CTN
甲硫氨酸	Methionine	Met	M	ATG
天冬酰胺	Asparagine	Asn	N	AAY
脯氨酸	Proline	Pro	P	CCN
谷氨酰胺	Glutamine	Gln	Q	CAR
精氨酸	Arginine	Arg	R	CGN/AGR
丝氨酸	Serine	Ser	S	TCN/AGY
苏氨酸	Threonine	Thr	T	ACN
缬氨酸	Valine	Val	V	GTN
色氨酸	Tryptophan	Trp	W	TGG
酪氨酸	Tyrosine	Tyr	Y	TAY

二、常用限制性内切酶酶切位点及缓冲液

表 3　常用限制性核酸内切酶酶切位点及缓冲液

限制性核酸内切酶	盐浓度	识别顺序	限制性核酸内切酶	盐浓度	识别顺序
BamH I	中	G↓GATCC	Bgl II	低	A↓GATCT
EcoR I	高	G↓AATTC	EcoR V	高	GAT↓ATC
$Hind$ III	中	A↓AGCTT	Nco I	高	C↓CATGG
Kpn I	低	GGTAC↓C	Sin I	低	G↓G(A/T)CC
Nde I	中	CA↓TATG	SnaB I	低	TAC↓GTA
Pst I	中	CTGCA↓G	Sph I	低	GCATG↓C
Sac I	低	CCGC↓GG	Sat II	低	CCGC↓GG
Sal I	高	G↓TCGAC	Xho I	高	C↓TCGAG
Sca I	中	AGT↓ACT	Xma I	低	C↓CCGGG
Xba I	高	T↓CTAGA	Sma I	低	C↓CCGGG

（1）根据各种酶所需的盐浓度，原则上常配制高盐、中盐和低盐贮存液，但仍以使用各厂家配备的缓冲液为佳。

10×低盐缓冲液：100mmol/L Tris-HCl（pH 7.5），100mmol/L MgCl₂，100mmol/L DTT；

10×中盐缓冲液：100mmol/L Tris-HCl（pH 7.5），100mmol/L MgCl₂，10mmol/L DTT，0.5mol/L NaCl；

10×高盐缓冲液：500mmol/L Tris-HCl（pH7.5），100mmol/L MgCl₂，10mmol/L DTT，1mol/L NaCl；

（2）酶的最佳酶解条件请参阅各厂家的使用说明。不同酶的酶解条件不同。同一种酶由于不同厂家的产品纯度不一，酶解条件也有差别。

三、常用市售酸的浓度

溶质	分子式	相对分子质量	mol/L	g/L	质量百分比	相对密度	配1L 1M溶液加入的 mL 数
冰乙酸	CH_3COOH	60.05	17.4	1045	99.5	1.05	57.5
盐酸	HCl	36.5	11.6	424	36	1.18	86.2
硝酸	HNO_3	63.02	15.99	1008	71	1.42	62.5
高氯酸	$HClO_4$	100.5	11.65	1172	70	1.67	85.8
磷酸	H_3PO_4	80.0	14.7	1445	85	1.70	68.0
硫酸	H_2SO_4	98.1	18.0	1766	96	1.84	55.6

四、常用蛋白质分子量标准参照物

蛋白质（高分子量标准参照）	Mr	蛋白质（中分子量标准参照）	Mr	蛋白质（低分子量标准参照）	Mr
肌球蛋白	212 000	磷酸化酶 B	97 400	碳酸酐酶	31 000
β-半乳糖苷酶	116 000	牛血清清蛋白	66 200	大豆胰蛋白酶抑制剂	21 500
磷酸化酶 B	97 400	谷氨酸脱氢酶	55 000	马心肌球蛋白	16 900
牛血清清蛋白	66 200	卵清蛋白	42 700	溶菌酶	14 400
过氧化氢酶	57 000	醛缩酶	40 000	肌球蛋白（F1）	8 100
醛缩酶	40 000	碳酸酐酶	31 000	肌球蛋白（F2）	6 200
		大豆胰蛋白酶抑制剂	21 500	肌球蛋白（F3）	2 500
		溶菌酶	14 400		

五、常用缓冲液的配制

1. 甘氨酸—盐酸缓冲液（0.05mol/L，pH2.2～3.6）

X 毫升 0.2 mol/L 甘氨酸＋Y 毫升 0.2 mol/L HCl，再加水稀释至 200mL。

pH	X	Y	pH	X	Y
2.2	50	44.0	3.0	50	11.4
2.4	50	32.4	3.2	50	8.2
2.6	50	24.2	3.4	50	6.4
2.8	50	16.8	3.6	50	5.0

甘氨酸分子量＝75.07，0.2 mol/L 甘氨酸溶液含 15.01g/L。

2. 磷酸氢二钠—柠檬酸缓冲液（pH2.2～8.0）

pH	0.2mol/L Na_2HPO_4（mL）	0.1mol/L 柠檬酸（mL）	pH	0.2mol/L Na_2HPO_4（mL）	0.1mol/L 柠檬酸（mL）
2.2	0.40	19.60	5.2	10.72	9.28
2.4	1.24	18.76	5.4	11.15	8.85
2.6	2.18	17.82	5.6	11.60	8.40
2.8	3.17	16.83	5.8	12.09	7.91
3.0	4.11	15.89	6.0	12.63	7.37
3.2	4.94	15.06	6.2	13.22	6.78
3.4	5.70	14.30	6.4	13.85	6.15
3.6	6.44	13.56	6.6	14.55	5.45
3.8	7.10	12.90	6.8	15.45	4.55
4.0	7.71	12.29	7.0	16.47	3.53
4.2	8.28	11.72	7.2	17.39	2.61
4.4	8.82	11.18	7.4	18.17	1.83
4.6	9.35	10.65	7.6	18.73	1.27
4.8	9.86	10.14	7.8	19.15	0.85
5.0	10.30	9.70	8.0	19.45	0.55

0.2mol/L Na_2HPO_4，35.61g/L $Na_2HPO_4 \cdot 2H_2O$（Mr＝178.05）；

0.1mol/L 柠檬酸：21.01g/L $C_4H_2O_7 \cdot H_2O$（Mr＝210.14）。

3. 乙酸—乙酸钠缓冲液(0.2mol/L,18℃,pH3.6~5.8)

pH	0.2mol/L NaAc(mL)	0.2mol/L HAc(mL)	pH	0.2mol/L NaAc(mL)	0.2mol/L HAc(mL)
3.6	0.75	9.25	4.8	5.90	4.10
3.8	1.20	8.80	5.0	7.00	3.00
4.0	1.80	8.20	5.2	7.90	2.10
4.2	2.65	7.35	5.4	8.60	1.40
4.4	3.70	6.30	5.6	9.10	0.90
4.6	4.90	5.10	5.8	9.40	0.60

0.2mol/L NaAc：27.22g/L Na₂Ac·3H₂O(Mr=136.09)。

4. 磷酸盐缓冲液

(1)磷酸氢二钠－磷酸二氢钠缓冲液(0.2mol/L,pH5.8~8.0)

pH	0.2mol/L Na_2HPO_4(mL)	0.2mol/L NaH_2PO_4(mL)	pH	0.2mol/L Na_2HPO_4(mL)	0.2mol/L NaH_2PO_4(mL)
5.8	8.0	92.0	7.0	61.0	39.0
5.9	10.0	90.0	7.1	67.0	33.0
6.0	12.3	87.7	7.2	72.0	28.0
6.1	15.0	85.0	7.3	77.0	23.0
6.2	18.5	81.5	7.4	81.0	19.0
6.3	22.5	77.5	7.5	84.0	16.0
6.4	26.5	73.5	7.6	87.0	13.0
6.5	31.5	68.5	7.7	89.5	10.5
6.6	37.5	62.5	7.8	91.5	8.5
6.7	43.5	56.5	7.9	93.0	7.0
6.8	49.5	51.0	8.0	94.7	5.3
6.9	55.0	45.0			

Na_2HPO_4·2H₂O 分子量=178.05,0.2 mol/L 溶液为 35.61g/L。
Na_2HPO_4·12H₂O 分子量=358.22,0.2 mol/L 溶液为 71.64g/L。
NaH_2PO_4·H₂O 分子量=138.01,0.2 mol/L 溶液为 27.6g/L。
NaH_2PO_4·2H₂O 分子量=156.03,0.2 mol/L 溶液为 31.21g/L。

(2)磷酸氢二钠－磷酸二氢钾缓冲液(1/15 mol/L,pH4.92~8.18)

pH	1/15mol/L Na_2HPO_4(mL)	1/15mol/L KH_2PO_4(mL)	pH	1/15mol/L Na_2HPO_4(mL)	1/15mol/L KH_2PO_4(mL)
4.92	0.10	9.90	7.17	7.00	3.00
5.29	0.50	9.50	7.38	8.00	2.00
5.91	1.00	9.00	7.73	9.00	1.00
6.24	2.00	8.00	8.04	9.50	0.50
6.47	3.00	7.00	8.34	9.75	0.25
6.64	4.00	6.00	8.67	9.90	0.10
6.81	5.00	5.00	8.18	10.00	0
6.98	6.00	4.00			

Na_2HPO_4·2H₂O 分子量=178.05,1/15mol/L 溶液为 11.876g/L。
KH_2PO_4 分子量=136.09,1/15mol/L 溶液为 9.078g/L。

5. Tris - HCl 缓冲液(0.05M,25℃,pH7.1~8.9)

50mL 0.1mol/L 三羟甲基氨基甲烷(Tris)溶液与 XmL 0.1mol/L 盐酸混匀后,加水稀释至 100 mL。

pH	X	pH	X
7.1	45.7	8.1	26.2
7.2	44.7	8.2	22.9
7.3	43.4	8.3	19.9
7.4	42.0	8.4	17.2
7.5	40.3	8.5	14.7
7.6	38.5	8.6	12.4
7.7	36.6	8.7	10.3
7.8	34.5	8.8	8.5
7.9	32.0	8.9	7.0
8.0	29.2		

三羟甲基氨基甲烷(Tris)分子量=121.14,0.1mol/L 溶液为 12.114g/L。Tris 溶液可从空气中吸收二氧化碳,使用时注意将瓶盖严。

6. 甘氨酸 - 氢氧化钠缓冲液(0.05M,pH8.6~10.6)

XmL 0.2mol/L 甘氨酸＋YmL 0.2mol/L NaOH 加水稀释至 200mL。

pH	X	Y	pH	X	Y
8.6	50	4.0	9.6	50	22.4
8.8	50	6.0	9.8	50	27.2
9.0	50	8.8	10.0	50	32.0
9.2	50	12.0	10.4	50	38.6
9.4	50	16.8	10.6	50	45.5

甘氨酸分子量=75.07,0.2mol/L 溶液含 15.01g/L。

六、分子生物学常用试剂的配制

1. 培养基

(1)LB 液体培养基:1％蛋白胨(typtone),0.5％酵母提取物(yeast extract),1％NaCl。即 10g 蛋白胨,5g 酵母提取物,10g 氯化钠溶解在 950mL 水中,用 1mol/L NaOH(约 1mL)调 pH 至 7.0,再补足水至 1L。121℃灭菌 20 分钟,备用。

(2)LB 固体培养基:在 LB 液体培养基中添加 1.5％~2％琼脂,121℃灭菌 20 分钟,备用。

(3)含 Amp 的 LB 固体培养基:将配好的 LB 固体培养基高压灭菌后冷却至 60℃左右,加入 Amp 储存液,使终浓度为 50μg/mL,摇匀后铺板。

(4)含 X-gal 和 IPTG 的筛选培养基:在事先制备好的含 100μg/mL Amp 的 LB 平板表面加 20μL 的 2％ X-gal 储液和 40μL 的 100mmol/L IPTG 储液,用无菌玻棒将溶液涂匀,置于 37℃下放置 1~2 小时,使培养基表面的液体完全被吸收。

　　100mmol/L IPTG 储液:溶解 238.3mg 的 IPTG(异丙基硫代-β-D-半乳糖苷)于 10mL 水中,用 0.22μm 滤器过滤除菌,分成小份(1mL)贮存于－20℃备用。

　　2% X-gal 储液:溶解 20mg 的 X-gal(5-溴-4-氯-3-吲哚-β-半乳糖苷)于 1mL 的二甲基甲酰胺(DMF)或二甲基亚砜,用铝箔或黑纸包裹装液管以防止受光照破坏,贮存于－20℃备用。

　　2. 缓冲液

　　(1)TE(pH 7.4,7.6,8.0):组分浓度:10mmol/L Tris-HCl,1mmol/L EDTA。

　　配制量:1L

　　配制方法:

　　1)量取下列溶液,置于 1L 烧杯中。

100 mmol/L Tris-HCl buffer(pH 7.4,7.6,8.0)	100mL
50 mmol/L EDTA(pH8.0)	20 mL

　　2)向烧杯中加入约 800mL 去离子水,均匀混合。

　　3)将溶液定容至 1L 后,高温高压灭菌。

　　4)室温保存。

　　(2)STET:0.1mol/LNaCl,10mmol/L Tris-HCl(pH8.0),1mmol/L EDTA(pH8.0)。

　　(3)TNT:10mmol/L Tris-HCl(pH8.0),150mmol/LNaCl,0.05%Tween 20。

　　(4)PBS:20mmol/L 磷酸缓冲液(pH7.4),150mmol/L NaCl。

　　3. 染料

　　(1)1%溴酚蓝(Bromophenol blue):加 1g 水溶性钠型溴酚蓝于 100mL 水中,搅拌混合直到完全溶解。

　　(2)5mg/mL 的溴化乙锭(EB,Ethidium bromide):小心称取 0.5g 溴化乙锭,转移到广口瓶中,加 100mL 水,用磁力搅拌器搅拌直到完全溶解。用铝箔包裹装液管,于 4℃贮存。工作浓度为 0.5mg/L。

　　4. 抗生素

抗生素	贮存液浓度 (mg/mL)	保存条件	工作浓度	
			严密控制型质粒	松弛控制型质粒
氨苄青霉素	50(溶于水)	－20℃	20μg/mL	60μg/mL
羧苄青霉素	50(溶于水)	－20℃	20μg/mL	60μg/mL
氯霉素	34(溶于乙醇)	－20℃	25μg/mL	170μg/mL
卡那霉素	10(溶于水)	－20℃	10μg/mL	50μg/mL
链霉素	10(溶于水)	－20℃	10μg/mL	50μg/mL
四环素	5(溶于乙醇)	－20℃	10μg/mL	50μg/mL

　　注:①以水为溶剂的抗生素贮存液应通过 0.22μm 滤器过滤除菌,以乙醇为溶剂的抗生素溶液无需除菌处理,所有抗生素溶液均应放于不透光的容器中保存。

　　②镁离子是四环素的拮抗剂,四环素抗性菌的筛选应使用不含镁盐的培养基(如 LB 培养基)。

七、琼脂糖凝胶浓度与线形 DNA 的最佳分辨范围

琼脂糖浓度	线性 DNA 最佳分辨范围(bp)
0.5%	1 000～30 000
0.7%	800～12 000
1.0%	500～10 000
1.2%	400～7 000
1.5%	200～3 000
2.0%	50～2 000

八、核酸、蛋白质的常用数据

1. 平均分子质量/Mr

每个脱氧核苷酸碱基的平均相对分子质量＝324.5 Dalton；

每个脱氧核苷酸碱基对的平均相对分子质量＝649 Dalton；

每个核苷酸碱基的平均相对分子质量＝340 Dalton；

每个氨基酸的平均相对分子质量＝110 Dalton；

双链(ds)DNA 的平均相对分子质量＝bp×660 Dalton；

单链(ds)DNA 的平均相对分子质量＝bp×330 Dalton；

RNA 的平均相对分子质量＝bp×340 Dalton。

2. 核酸

ds DNA	10 kbp＝6.60×10⁶ Dalton	1 OD$_{260nm}$＝50μg
ss DNA	10 kbp＝3.30×10⁶ Dalton (dNMP 平均分子量＝330 Dalton)	1 OD$_{260nm}$＝33μg
RNA	10 kbp＝3.45×10⁶ Dalton (NMP 平均分子量＝345 Dalton)	1 OD$_{260nm}$＝40μg

3. 蛋白质

BSA：1 OD$_{260nm}$＝1.67mg(1mg/mL＝0.6OD$_{280nm}$)；

氨基酸平均分子量＝110 Dalton。

4. 核酸↔蛋白质

1kb DNA＝333 个氨基酸编码容量＝3.7×10⁴ Dalton 蛋白；

Mr 10000 蛋白质＝270bp DNA；

Mr 30000 蛋白质＝810bp DNA；

Mr 50000 蛋白质＝1.35kp DNA；

Mr 100000 蛋白质＝2.7kp DNA。

5. 常见核酸分子的长度和相对分子质量

核酸	核苷酸数	相对分子质量
λDNA	48502(环状,dsDNA)	3.0×10^7
pBR322DNA	4363(dsDNA)	2.8×10^6
28S rRNA	4800	1.6×10^6
23S rRNA	3700	1.2×10^5
18S rRNA	1900	6.1×10^5
16S rRNA	1700	5.5×10^4
5S rRNA	120	3.6×10^4
tRNA(大肠杆菌)	75	2.5×10^4

九、菌种与 DNA 的保存

1. 菌种的保存

菌种是基因工程实验的基础,保存工作中任何微小的失误都可能造成不可挽回的损失。菌种保存工作的特性在于这是一项长期的工作,要求保存菌种在复苏后仍保持以前的生物活性与繁殖能力,不发生形态特性、生理状态及遗传性状的改变并且不允许污染其他杂菌。保存菌株的原理是利用低温、干燥、限养、隔绝空气等不利于生长与繁殖的条件将微生物的代谢活动降到尽可能低的程度以利于长期保存。

(1)短期保存:对于实验中经常用到的宿主菌以及构建重组质粒工程中未经鉴定与保存的菌株等都可用琼脂定期移植法。保存时可置一斜面或稍厚的平板,接种培养后用 Parafilm 膜封口于 4℃保存。注意培养的时间不可过长,以免细菌老化而导致生命力下降。一般一个月后需移植一次以确保菌种存活。

(2)长期保存:对于一些不经常使用的宿主菌,或经野外采集分离得到的原始菌株,都应长期保存。实验中常用半固体穿刺法与甘油冷冻保存法。半固体穿刺法需先配制琼脂浓度为固体培养基一半的半固体培养基,装于菌种管中灭菌。冷却凝固后用接种针刺入底部接种,松松套上螺帽后 37℃培养 24 小时。然后取出旋紧螺帽,用 Parafilm 膜封口,于 4℃保存。

甘油冷冻法是向液体培养基中加入已灭菌的 15%～50%甘油作为保护剂,于－70℃保存。加入保护剂的目的是尽可能减少细胞在冷冻及保存过程中所受到的伤害,并使细胞在解冻复苏过程中能正常生长。

2. DNA 保存

基因工程实验中除宿主菌及其他原始菌株外,另一需保存的项目是带有克隆片段的质粒分子。实验工作的经验表明,保存经抽提、纯化的 DNA 要比保存菌株容易得多,所以也可在保存含质粒菌株的同时再保存一份 DNA。

DNA 保存溶液中应避免重金属、苯酚与醚的氧化物存在,因为上述因素会促使磷酸二酯键的断裂;由化学断裂或是辐射引起的自由基等也会引起磷酸二酯键的断裂。此外,还要避免受到紫外线的照射,因为 320nm 波长的紫外线会引起少量 DNA 的交联,260nm 波长的紫外线还会造成 TT 二聚体,所有上述因素都会造成 DNA 的生物活性或遗传性状的改变,保存时应加以注意。

经酚或醚抽提的 DNA 长期保存前应经过沉淀或透析等处理;保存液中应加入 EDTA 以螯合重金属离子;置于低温冰箱中保存还能防止受到紫外线等的照射。常用的 DNA 可溶于 TE,4℃或—20℃保存。

十、基因工程实验注意事项

1.实验前应做好试剂的配制、用品灭菌等准备工作。配制基因工程各种试剂,必须使用双蒸水。

2.使用后的器皿必须认真清洗干净,洗完后用双蒸水冲洗三次。

3.凡是可以进行灭菌的试剂与用具都必须要经过高压蒸汽灭菌后方可使用,防止其他杂质或酶对 DNA、RNA 或蛋白质的降解。

4.凡是实验所用的一切塑料器具(EP 管、吸头等),在使用前都应装入盒子和瓶子中灭菌,且装盒或装瓶过程中都应采用镊子,或戴上一次性手套进行操作,不可以徒手去取,严防手上杂酶污染。

5.对于 EP 管、吸头与非玻璃离心管等只能湿热灭菌,然后放置在 50℃温箱中烘干后使用。每次枪头用毕应更换,不要互相污染试剂。

6.加试剂前,应短暂离心 10 秒,然后再打开管盖,以防手套污染试剂及管壁上的试剂污染枪头侧面。

7.实验中加入任何试剂后应注意样品的混匀,保温等反应后的样品也应离心甩一下后再进行下一步的实验。

8.限制性内切酶等工具酶保存于 50%的甘油中,—20℃可以长期保存。应自始至终将酶保持在 0℃以下,取酶时不能用手指接触储存酶的部分。在需要加酶的时候将酶从冰箱中取出,放在冰盒里,用完后立即放回冰箱,尽量缩短酶离开冰箱的时间。

9.微量移液器在分子生物学实验中大量使用,它们主要用于多次重复的快速定量移液。微量移液器是连续可调的、计量和转移液体的专用仪器,其装有直接读数容量计,读数由三位数字组成,在移液器容量范围内能连续调节,从上(最大数)到下(最小数)读数(图1)。一般移液器的型号即是其最大容量值。按钮向下压以及放的动作及速度要缓慢平稳。

操作方法:

1)将微量移液器按钮轻轻往下压至第一停点。

2)垂直握持微量移液器,使吸头浸入液面下几毫米,千万别将吸头直接插到液体底部。

3)缓慢平稳地松开控制按钮,吸上样液。否则液体进入吸头太快,导致液体倒吸入移液器内部,或吸入体积减少。

4)等 1 秒后将吸头提离液面,并使吸头在容器壁擦过。

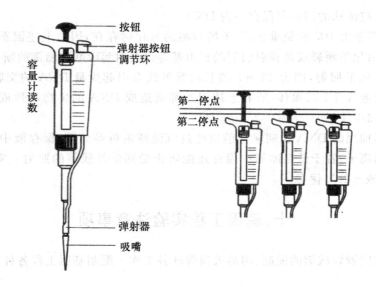

图1　微量移液器的构造

5)平稳地把按钮压到第一停点,再把按钮压至第二停点以排出剩余液体。

6)提起微量移液器,使吸头在容器壁擦过。

7)然后按吸头弹射器除去吸头。

注意事项:

1)未装吸头的微量移液器绝对不可用来吸取任何液体。

2)一定要在允许范围内设定容量,千万不要将读数的调节超出其适用的刻度范围,否则会造成损坏。

3)不要横放带有残余液体吸头的移液器。

4)不要用大量程的移液器移取小体积样品。

5)微量移液器每日用完后,应旋转到最大刻度,让弹簧恢复原形,保持弹性。

6)为了确保微量移液器的准确性,移液器必须定期进行校准。

10.在使用紫外线观察时,不要直接用眼睛直视紫外线照射区域,应隔着玻璃挡板使用,完毕后立即关灯,务必戴手套操作,以防溴化乙锭的污染。

11.配制药品取试剂时,所用的药匙不能混用,否则会造成药品污染。

12.实验过程中应做好每个样品的标记工作,如样品的名称、保存的时间,且一般在EP管上用记号笔作标记时,应在两处重复做好标记。